"科技·社会·哲学"研究论丛

河南师范大学学术专著出版基金
河南省高等学校哲学社会科学创新团队项目(2018CXTD01)
资助出版

Traditional Path and Modern Construction of Public-Private Harmony

公私和谐的传统路径与现代建构

于建东/著

科学出版社
北京

内 容 简 介

本书以“公私之辨”在当代社会生活展开的基本视域为切入点，对其在中西伦理思想史上的根源进行了考察与梳理，辨析了公私和谐的传统路径，分析了其优势与不足，探析了其可资利用的伦理文化资源，试图在此基础上探索现代社会公私和谐的路径。主要内容包括中西传统伦理思想史中的公私观、当代中国社会生活的分化与公私矛盾的凸显、公共利益与私人利益之辨、公共权力与私人权利之辨、公共道德与私人道德之辨。本书既注重历史资料的探源，又注重现实社会的延伸。

本书不仅适合中国哲学、西方哲学和伦理学专业的爱好者阅读，也适合政治哲学、公共哲学专业的爱好者阅读。

图书在版编目（CIP）数据

公私和谐的传统路径与现代建构/于建东著. —北京：科学出版社，2020.6

（“科技·社会·哲学”研究论丛）

ISBN 978-7-03-065094-8

Ⅰ. ①公… Ⅱ. ①于… Ⅲ. ①伦理思想-思想史-研究-世界 Ⅳ. ①B82-091

中国版本图书馆 CIP 数据核字（2020）第 080523 号

丛书策划：刘　溪

责任编辑：邹　聪　刘红晋　张　楠/责任校对：王晓茜

责任印制：徐晓晨/封面设计：有道文化

科学出版社 出版

北京东黄城根北街 16 号

邮政编码：100717

http://www.sciencep.com

北京建宏印刷有限公司 印刷

科学出版社发行　各地新华书店经销

*

2020 年 6 月第　一　版　开本：720×1000　B5

2021 年 7 月第二次印刷　印张：19 1/2

字数：280 000

定价：118.00 元

（如有印装质量问题，我社负责调换）

总序

"'科技·社会·哲学'研究论丛"是河南师范大学科技与社会研究所推出的一系列研究成果。迄今，河南师范大学科技与社会研究所已经有将近四十年的历史。一路走来，筚路蓝缕，实属不易。既需要再度回首，总结经验，汲取教训；更需要目光向前，凝心聚力，砥砺前行。

（一）研究所历史沿革

1982 年，新乡师范学院（1985 年更名为河南师范大学）政治教育系建立了自然辩证法研究室。1986 年 9 月，自然辩证法研究室转出，成立河南师范大学自然辩证法研究所，下设科技哲学、自然科学哲学、科学社会学三个研究室。1994 年 1 月，更名为河南师范大学科技与社会研究所（简称"研究所"）。2005 年 9 月，研究所入选河南省普通高等学校人文社会科学重点研究基地。2018 年 12 月，研究所入选河南省首届高校高端智库联盟理事单位。

研究所平台建设与哲学学科建设、人才培养密不可分。自 1984 年开始，研究所与中国人民大学、山西大学等高校联合招收培养自然辩证法（科学技术哲学）方向硕士研究生。1994 年，研究所获批科技哲学专业硕士学位授予权并开始独立招生，是河南省第一个科技哲学硕士点。至今已累计培养硕士研究生 298 人（含同等学力申请学位人员 68 人）。这些毕业生主要就职于高等学校、企业、政府机关等单位，有的成为学界翘楚、知名教授，有的成为公司高管，有的已经走上各级领导岗位。

二、目前主要研究方向

研究所现有专兼职研究人员 25 人，其中教授 7 人、副教授 11 人、讲师 7 人，具有博士学位者 20 人。2000 年以来，研究所成员共主持承担 5 项国家自然科学基金项目、9 项国家社会科学基金项目和 70 多项省部级项目，发表 SSCI、CSSCI 来源期刊及更高级别期刊论文 200 多篇，出版学术专著 20 多部。在多年的学科建设过程中，研究所已经凝练出以下四个相对稳定的研究方向。

（1）科技发展规律与科技评价研究方向。主要采用科学计量学研究手段和方法研究科学技术发展的宏观规律、微观结构及运行机制，对科技发展规律与机制做动力学揭示、结构性解析、状态和趋势描述，研究科研绩效评价和科技政策，为科技监测与评价、科技决策与科技管理提供理论借鉴和实证依据。

（2）科学技术的社会学研究方向。重视我国科技发展的社会动力、社会功能以及科学共同体行为规范的研究，注重从科学发展的外部机制研究转向科学知识生产的内部机制研究，探讨科技的社会生成机制以及科技因素在和谐社会建设中的基本问题及其解决策略。

（3）科学哲学与科学文化研究方向。既包括科学的元认识论研究，又注重从哲学层面上考察科学、文化在社会发展过程中的互动关系，注重反思科学文化内涵的哲学意蕴，关注政策层面的设计和社会实践的考察。

（4）技术哲学与技术伦理研究方向。密切关注技术发展前沿，在实证研究的基础上，努力构建现代技术伦理框架，打通科技伦理与科技立法，在制度层面规范科学技术的发展。关注企业技术创新动力以及技术成果转化等问题，为促进我国技术健康发展与产业化提供合理建议。

三、丛书出版背景和计划

当今世界，科学技术发展突飞猛进，在社会各个领域产生了深刻影响。科学技术发展与社会融合成为当代社会的发展趋势。与此同时，科学技术发展引发的环境污染、食品安全等一系列问题受到社会的广泛关注，社会对科技发展干预的诉求日益强烈。因此，有必要从多个视角探析科学技术发展的社会价值和社会影响。

近年来，河南师范大学科技与社会研究所坚持基础研究和应用研究并重，坚持区域经济与科技、社会发展实践相结合，致力于我国社会发展需要，服务于地方经济社会发展。当前，研究所正不断增强凝聚力，整合校内外优质资源，使研究工作更有社会效益，更具社会影响力，努力打造中原科技与社会发展智库。在科学出版社刘溪编辑的大力支持下，研究所决定推出河南师范大学"'科技·社会·哲学'研究论丛"，研究科技与社会互动中产生的新的理论和实践问题，服务于学科内涵建设，也为学科成员展示自己的研究成果提供一个渠道。

当前，本丛书的出版是河南师范大学科技与社会研究所的一项重要工作，是部分学科成员对已有研究工作的总结。这并不意味着我们研究工作的终结，这只是一个新的起点。虽然我们是地方师范大学，隅居一乡（河南新乡），但我们有"亦余心之所向兮，虽九死其犹未悔"的学术梦想、学术热情和社会担当。前行的路就在脚下，我们要勤勉地走下去，以便不辜负这个伟大的时代。

河南师范大学科技与社会研究所

2019年1月

前言

公私问题是中外伦理学的核心问题之一，伦理学的诸多问题都与此相关或由此衍生。爬梳中外伦理思想上的公私之论，我们能够发现在不同的文化谱系中对公私问题理解与措置上的统一和差异，而这对于我们在当今社会背景下合理地处理公私关系具有重要的启示。中国和西方在公私关系措置的问题上存在很多差异，比较突出的就是，中国传统文化压倒性的价值主张就是尽量消解或弱化“私”在现实生活中的地位和影响，而西方文化则更加强调“私”的基础性和生命本然性的意义。但是中国和西方公私之辨在价值维度上也存在着明显的共通性，即都注意到公私关系对社会和个体存在与发展的重要意义，都强调通过不同方式寻求公私关系的和谐。从中西文化对公私的赋义来看，西方传统文化看待公私问题并不完全在伦理道德的层面上予以分析，中国传统文化则习惯从伦理的视角审视公私问题，带有浓厚的道德意味，公与私都挟裹着巨大的道德力量，“崇公抑私”成为中国人的基本价值取向，深深地影响着中国的政治、经济与文化生活，其内在的逻辑矛盾，使得中国传统社会向近代社会的转型变得异常艰难。

随着改革开放的深入开展，我国的社会结构与社会生活发生了巨大的变化。在经济领域，高度集中的计划经济体制解体，国家用市场经济手段组织经济活动，避免行政权力的过度干预，商品经济得以迅速发展。在政治领域，放弃了以阶级斗争为纲的政治生活形式，并进行了政治体制改革，更加重视民主与法制建设，市民社会的兴起为民主政治奠定了良好的社会基础。在文化领域，摒弃了极左的“无我”“无私”的道德乌托邦。随着国家权力对部分经济领域和政治领域管理的逐渐调整，人们的思想获得了极大的自由，道德越来越成为人们自我肯定、自我发展、自我完善的需要。我国市场经济、市民社会与公共领域的发展引发了社会生活领域的分化。在经济生活领域，私人利益（简称私利）观念的增强要求改变传统上以国家利益、公共利益（简称公利）代替、压制私人利益的利益关系模式，要求公共利益在一定范围内尊重私人利益，不能无限制地扩张。在经济生活领域中构建私人利益与公共利益的和谐关系，实现私人利益和公共利益的良性互动，不仅有利于保护私人利益，也有利于促进公共利益的实现，增进社会福利。在政治生活领域，中国传统社会国家权力、公共权力（简称公权）挤压私人权利（简称私权）的现象发生了一定程度的变化。市场经济与市民社会的发展激发了人们的权利意识，要求国家权力与公共权力在一定范围内尊重公民的私人权利，以私人权利作为公共权力的边界。在文化生活领域，公共利益与私人利益之间的简单对立使得公共道德（简称公德）与私人道德（简称私德）之间呈现对立关系，为了实现良好的公德氛围，我们应努力构建公德与私德之间的和谐关系，二者并非非此即彼的关系，而是互相促进的共动关系。

现代化的过程，不仅仅是一个从农业文明到工业文明转变的过程，还伴随着一种社会生活方式与价值观念的转变。中国的现代化是一个更为复杂的过程，当代中国社会不仅具有现代性，而且兼具前现代性即传统社会的特点与后现代性。这使得当代中国社会公共利益与私人利益、公共权力与私人权利、公共道德与私人道德之间的矛盾和冲突显得更为复杂，公私问题说到底就是个人和社会的关系问题，而这是社会发展、历史演进和人的生存过程中所要面对的永恒矛盾。在不同的社会阶段和文化背景下，个人与社会之间的关系模式是不同的，因而处理个人与社会关系的方式也应该有所不同。但是正如历史是连续流动的，公私关系也是连贯的，因而继承我国公私观的优良传统、借鉴西方公私观的积极因素对于我国当下正确认识和应对公私问题具有重要的价值支持与鉴别的意义。研究公共利益与私人利益和谐关系的建构，有助于规制公共利益与私人利益的合理范围，提高效率，促进我国经济生活的稳定发展。研究公共权力与私人权利和谐关系的建构，有助于制约公权，保护私权，实现我国政治生活的稳定运行。研究公共道德与私人道德和谐关系的建构，有助于个人更好地进行私德修养，形成良好的社会公德，实现我国文化生活的有序进行。所以在当前社会，构建公共利益与私人利益、公共权力与私人权利、公共道德与私人道德的和谐关系就具有重要的意义。

近年来，随着人们对公共生活的关注，我国学术界的研究也逐渐聚焦于良好的公共生活及其秩序如何实现等问题。但很多学者却囿于西方的话语体系，一些研究成果直接照搬西方的范畴，而不考察其在传统文化中的源流，没有注意到同样的范畴在不同的文化背景下呈现出来的较大差异，从而弱化了其研究成果对于当下中国社会的指导意义和价值。片面地赞美传统西方公私关系的模式或者片面地肯定中国传统公私关系的和谐都是不科学的。本书试图从中国和西方文化比较的视域切入，考察我国传统公私之辨的模式与路径，考察我国传统公私关系的建构方式与西方文化中的公私关系有什么区别与联系，以及传统公私之辨在当代社会发展过程中呈现出来的矛盾与问题是什么，试图从公私之辨在当代社会展开的基本领域入手，探索当代建构和谐公私关系的路径，为当代社会良好的公共生活和私人生活的建设提供理论支持。

除了导论和结语外，本书共分五章。第一章梳理了中国和西方传统伦理思想史中的公私观，分别指出了中国与西方文化对公私范畴的发展阶段的划分和不同赋义。第二章分析了当代中国社会生活的分化与公私矛盾的凸显，揭示了公私和谐之于社会和谐的重要意义。第三章从公共利益与私人利益的角度展现了当前我国社会公共利益与私人利益的矛盾以及建构二者和谐关系的路径。随着改革开放与市场经济的发展，私人利益逐渐被认同并被合法化，而公共利益主要是以公共权力为保证来实现的，这无疑需要协调公共利益与私人利益的矛盾。因此研究当代中国公共利益与私人利益和谐关系的建构对于我们在当今社会背景下合理地处理公私关系是大有裨益的。第四章从公共权力与私人权利的角度展现了当前我国社会公共权力与私人权利的矛盾以及建构二者和谐关系的路径。传统儒家“重公抑私”的公私权观强调公权的至上性与优先性，这导致了私人权利的萎缩。这种公私权观促成了传统政治生活的和谐，但其内在的逻辑矛盾阻碍了传统社会的现代化。随着市场经济与市民社会的兴起，私权崛起，法治凸显，我们必须在新的历史条件下建构公私权的和谐。第五章从公共道德与私人道德的角度展现了当前我国社会公共道德与私人道德的矛盾以及建构二者和谐关系的路径。当代中国私德与公德的矛盾显现，一方面，一部分人为了追逐私利，私德败坏，破坏公共利益与社会秩序，侵蚀公共道德与社会风气；另一方面，国家道德代替公共道德，在全社会倡导高层次的“毫不利己”，忽视了个体权益与私德生长环境的培育。因此，我们应当从个体权利出发建构当代中国公德与私德的和谐关系。

正如本书所说的，公私之辨是永不完结的。百余年来，中国人在寻求国家富强和民族振兴的道路上苦苦探寻，现在，我们比历史上任何时期都更接近中华民族伟大复兴的目标。斗转星移，我们也需要在新的社会背景下探寻公私和谐的路径，将公私之辨续写下去。倘若能对和谐社会的目标有所助益，那就是我辈之幸。

于建东
2018 年 11 月

目录

导　论

公私问题是伦理思想史上的重要问题之一，这对范畴也是中外伦理学的核心范畴之一，伦理学的其他诸多问题或多或少都与此相关或由此衍生。对中外伦理思想上的公私之论进行梳理和比较研究，能够发现在不同的文化谱系中对公私问题理解与措置上的统一和差异，这是为了以思想史上的成败得失作为鉴戒，而这对于我们在当前人民日益增长的美好生活需要不断凸显的背景下合理地处理公私关系、树立公私分明的价值观、促进社会公平正义和人民幸福、助力中华民族的崛起具有重要的意义。通过对中西方公私观措置模式的研究我们发现了很多差异，比较明显的就是中国传统文化压倒性的价值主张即尽量弱化“私”在现实生活中的地位和影响，而西方文化则不全是从道德的角度出发看待“私”，“私”在西方的文化赋义中具有更加基础性和生命本然性的意义。二者不仅具有较大的差异，也存在着明显的共通之处，即中西方的公私之辨都注意到无处不在、无时不在的公私关系对于协调国家、社会和个体之间存在与发展的重要意义，都强调通过不同方式寻求公私关系的和谐。总的来说，从中西文化对公私的赋义来看，西方传统文化看待公私问题则并不完全在伦理道德的层面上予以讨论，经过时间的漫长沉淀，中国传统文化则更习惯从伦理的视角审视“公私之辨”，公在道德上取得的正当性、崇高性、相对于“私”的压倒性的地位与“私”在道德上的不正当性，都深深地嵌入我们的日常生活。但是，任何事物都是一分为二的，其内在包含的逻辑矛盾，又与现代社会不相适应，阻碍着中国传统社会的现代化转型。

一、本书写作的缘起和意义

1. 写作的缘起

改革开放对我国社会的影响是方方面面的，就经济领域而言，社会主义市场经济取代了高度集中的计划经济，政府的行政权力减少了对经济的干预，时至今日，市场在资源配置中所发挥的作用越来越凸显；就政治领域而言，政治体制稳定有序地进行改革，民主和法治被提到了重要的位置，阶级斗争为纲的政治形式被抛弃，市民社会开始逐渐兴起，为我国政治体制改革和完善奠定了坚实的基础；就文化层面而言，特殊时期的道德理想主义的乌托邦开始瓦解并逐渐消散，社会主义价值观得到确认，社会主义文化呈现出繁荣发展的态势。政治权力自身的受限与平衡，以及对经济领域和文化领域干预力度的削减，使得人们的思想得到了解放，社会活力进一步被释放，创新能力进一步加强。社会生活领域随着市场经济的发展、市民社会的兴起，发生了较大的分化。在经济生活层面，私人利益得到尊重和认可，这使得人们的私人利益观念得到增强，人们开始更多地关注自身的生活状况。当然，关注与追逐自身的私人利益并不等于自私自利和利己主义，也不是漠视公共利益，而是主张在允许个体追求合理、合法的私人利益的基础上努力实现公与私的和谐共赢，和谐的关系不仅有助于私人利益的保护，也能够有效地提升公共利益。在政治生活层面，政治体制的稳步改革在一定程度上提升了民众的权利意识，私人权利被越来越多的人重视，同时，国家权力与公共权力也得到了一定的规约。在文化生活层面，改革开放一方面带来了社会主义文化的繁荣，另一方面也使得西方不良的文化搭着市场经济的“顺风车”来到了我国，人们的道德受到了侵扰，道德失范现象频发。公德与私德的边界不明晰，发展也都不够完备，本该是公德规范调节的领域却充斥着私德规范，这是道德力量的一种僭越。我们应努力构建公德与私德之间的和谐关系，以及二者互相促进的共动关系。

2. 写作的意义

社会生活是由多种因素构成的一系列极为复杂的、多层次的社会现象，经济生活、政治生活与文化生活不能涵盖社会生活的全部，但是一般来讲，经济生活、政治生活与文化生活是社会生活的支点，是构成社会生活的主要因素，通过分析经济生活、政治生活与文化生活，可以获得关于社会生活的大致图景。通过研究经济生活、政治生活与文化生活中的公私问题，使公与私保持适度的张力，可以使公与私达到和谐状态，为当代中国社会合理处置公私关系提供有意义的借鉴。现代化的过程，不仅仅是一个从农业文明到工业文明的转变过程，还伴随着一种社会生活方式与价值观念的转变。中国的现代化是一个更为复杂的过程，因为我们现代化的过程“不再是传统的历时性，而是时空经过高度压缩了的共时性”①。也就是说，当代中国社会，不仅具有现代性，还兼具前现代性即传统社会的特点与后现代性。这个特点使得当代中国公共生活领域与私人生活领域的分化不充分，导致当代中国社会公共利益与私人利益、公共权力与私人权利、公共道德与私人道德之间的矛盾和冲突显得更为复杂。公私问题的本质是个人和国家、社会的关系问题，而这个矛盾是任何社会在生存和发展的过程中都要面对的。在不同社会阶段和文化背景下，处理个人与国家、社会关系的方式也应该随着不同的历史文化背景而有所不同。但是正如历史是连续流动的，公私关系也是永不完结的，因而继承我国公私观的优良传统、借鉴西方公私观的积极因素对于我国当下正确认识和应对公私问题具有重要的价值支持和鉴别的意义。

第一，研究公共利益与私人利益的和谐关系，有助于明确公共利益与私人利益的合理范围，促进我国经济生活的稳定发展。

① 高兆明：《制度公正论：变革时期道德失范研究》，上海：上海文艺出版社，2001 年版，第 5 页。

建构和谐的公共利益与私人利益关系首先要矫正公共利益本位论与私人利益本位论。公共利益本位论是指当公共利益与私人利益发生矛盾和冲突时，强调公共利益的优先性与至上性，私人利益完全处于从属和次要地位的观点。为了解决二者的矛盾与冲突，要求私人利益做出彻底的妥协或牺牲。一般来说，强调整体主义价值观的思想流派都属于公共利益本位论，中国传统伦理思想基本上属于这种公共利益本位论。其优点在于以公共利益为中心协调公共利益与私人利益的冲突和矛盾，要求私人利益做出妥协与牺牲，对于社会秩序的稳定是相当有效的。缺点在于这种社会整合方式是以牺牲私人利益与效率为原则的，它过分地压抑私人利益与个体的积极性，最终会导致生产力发展缓慢，损害公共利益。私人利益本位论是指当公共利益与私人利益发生矛盾和冲突时，强调私人利益相对于公共利益的绝对优先性与至上性，反对以公共利益之名牺牲私人利益。主张私人利益本位论的伦理思想家一般以个人主义作为其伦理的支撑。其优点在于以个体作为价值终极目的，使个体获得相对的独立，极大地解放和发展了生产力，提高了社会生产的效率。缺点在于存在着使现代社会碎片化的可能，消解了人们对公共利益的主动追求，使得社会整合难以有效完成。

实质上，公共利益与私人利益的关系是辩证的、对立统一的，而这无所谓优越与否，在保持一定张力的情况下，可以达到和谐状态，不能片面强调一方而忽视另一方的价值与意义。一方面，公共利益的实现离不开对私人利益的尊重和保障，否定私人利益的公共利益是虚假的；另一方面，私人利益的维护和实现与公共利益密切相关，公共利益的实现为维护和保障私人利益提供了基本的、必要的前提。市场经济激发了人们对利益的渴望与欲求，并为私人利益的实现提供了广阔的空间与机会。市场经济对人们利益的肯定表现在政治、法律上就是私有产权制度的确立。私有产权制度制约了公共权力的无限扩张，划定了国家权力运行的边界。国家权力是一种有限权力，即使以公共利益之名，也应当通过法律与正当的程序，整合私人利益。在市民社会与公共领域视域下确立私人利益的合理范围，能够在此基础上实现公共利益与私人利益关系的和谐互动，从而提高效率，实现社会经济生活的公平正义，保证经济生活的稳定发展。

第二，研究公共权力与私人权利的和谐关系，有助于在公共权力和私人权利之间形成适度的张力，形成公私分明的和谐政治生活。

建构和谐的公共权力与私人权利关系不同于“大公权、小私权”与“小公权、大私权”的公私权关系。“大公权、小私权”的公私权关系认为国家权力是国家政治、经济、文化生活的主宰，国家权力应无条件地介入社会生活的所有领域并畅行无阻。它不是从明确私人权利的角度规定人与人之间的关系，而是强调个人对国家应尽的义务，个人应牺牲合理的权利甚至生命来实现社会关系的和谐。公共权力成为社会的核心，对于实现社会阶段性的目标具有立竿见影的效果，但是对公共权力过分地依赖，导致公共权力凌驾于一切，当公共权力与私人权利冲突时，牺牲私人权利维护公共权力就成为不容置疑的真理，私人权利沦为公共权力的附属物，公共权力反过来异化为私人权利的对立面，而丧失了它源于私人权利并服务于私人权利的本意与价值。“小公权、大私权”的公私权关系认为个人拥有天赋的、不可剥夺的神圣权利，倡导个人自由和社会自治，国家权力是私人权利的派生物，源于私人权利的让渡，主张把国家权力限制在一定的范围内。自由主义理论是这种公私权关系的典型代表，它认为个人权利与自由是最重要的社会价值，主张通过法律的形式确立主权在民、三权分立、有限政府的原则限制国家权力，使保护私人权利得以充分实现。保护与尊重私人权利有利于确立个体的主体性价值地位，个体的创造力能够得到充分发挥，推动市场经济与社会的发展，但是不加约束的私人权利容易导致私欲的泛滥，引发个人与社会的两极对立，导致发生社会碎片化的可能，作为“守夜人”的国家，也就失去了整合社会的功能。

公共权力与私人权利的关系也是辩证的、对立统一的，不能片面强调一方而忽视另一方的价值与意义。一方面，私人权利是公共权力的源泉与目的，离开了私人权利，公共权力就失去了存在的价值与基础；另一方面，公共权力是私人权利的保障，没有公共权力，私人权利也就无法得以实现。现代社会是一个以保护私人权利为基础的社会，国家权力、公共权力对社会生活的无节制把控，对私人权利的压抑容易造成社会对国家的过分依赖，造成社会生活的僵滞，严重阻碍着社会迈向现代化的步伐。一个私人权利得不到保护的民族是一个没有生机与活力的民族。保护私人权利是保证公共权力存在的合法性与合理性基础，在保护私人权利的基础上实现公共权力与私人权利的和谐关系是公共权力平稳顺利运行的保障，有助于实现和谐的公私分明的政治生活。

第三，研究公共道德与私人道德的和谐关系，有助于进一步加强公共道德和私人道德建设，形成良好的社会风气，推动思想文化的健康发展。

建构和谐的公共道德与私人道德的关系要纠正只重私人道德或只重公共道德的倾向，以及私人道德压倒公共道德的倾向与公共道德压倒私人道德的倾向。单纯重视私人道德的倾向以追求个体的内在超越为目的，以成人成圣为境界达到内心的向善，以内求于己为道德修养的方法，“道德并不是社会强加于个人的外在的约束力量，而是人心天生具有的内在的自觉要求，换言之，道德是自律的，而非他律的”①。中国传统社会家国同构的特点，使得儒家伦理注重个体私德的培养难以超出家族伦理的范围，从而使得我国传统中缺乏真正的公共生活，也就不会产生处理公共事务的道德规范与德行要求。儒家这种重私人道德、轻公共道德的倾向导致公共道德与私人道德的错位，“纵览中国传统道德，可以归纳和概括出十八条基本规范，即公忠、正义、仁爱、中和、孝慈、宽恕、谦敬、诚信、礼让、自强、持节、明智、知耻、勇毅、节制、廉洁、勤俭、爱物”②，其中大多数德目都是个体道德修养的原则，只有少数符合社会公德的要求，即便这样，这些少数德目也被用来为加强封建专制服务。单纯重视公共道德的倾向以国家道德代替真正的

① 马振铎、徐远和、郑家栋：《儒家文明》，北京：中国社会科学出版社，1999 年版，第 191 页。
② 罗国杰：《中国传统道德（规范卷）》，北京：中国人民大学出版社，1995 年版，第 14 页。

社会公德，提倡无条件的“大公无私”、“毫不利己，专门利人”、无私奉献等原则，以代替个体私德的培养，模糊了私人领域的边界，影响了私人权益。这种大肆宣扬的政治道德认为：“‘完美’的人是大公无私的人，道德教育因此就是克服和否定自利的冲动，把人从私欲与利己之心中解放出来，把自己完完全全地变成由‘真理’和‘道德’改造和加工的对象……‘无我’的道德教育以动听的道德口号，动员受（此处原文为‘求’）教育者在集体主义的精神规约下，追求圣徒似的道德人格。”[①]其以崇高的道德使命来压抑自己的自由意志与道德选择。这种强制性的国家道德不仅侵害了个体的基本权利与道德自由，使得社会伪善盛行，而且使个体失去了自觉承担道德责任与道德义务的能力。

公共道德与私人道德的关系也是辩证的、对立统一的。一方面，私人道德是公共道德的基础，个体私德修养的提高有助于提高社会公德水平，改善社会风气；另一方面，良好的公共道德环境是产生私人道德涵养的社会前提。社会公德是衡量社会道德水平的风向标，是维系社会秩序的重要手段。良好的社会公德为个人美德的形成提供了适宜的道德环境，并对“私德浊下者”形成巨大的道德压力。公共道德与私人道德不是截然对立而是辩证统一的，它们都是我们的社会生活所不可或缺的，“无私德则不能立，合无量数卑污虚伪残忍愚懦之人，无以为国也。无公德则不能团，虽有无量数束身自好谦谨良愿之人，仍无以为国也”[②]。每一个社会成员养成的良好私德，都有助于社会形成良好的社会风尚，推动我国思想文化的健康发展，并为经济生活与政治生活提供必需的价值支撑。

二、国内外研究现状

在中外传统伦理思想史中，如何看待公与私的关系问题一直是人们道德

---

① 金生鈜：《德性与教化》，长沙：湖南大学出版社，2003 年版，第 325~326 页。

② 梁启超：《饮冰室合集（专集第三册）》，北京：中华书局，2015 年版，第 12 页。

观念和道德生活的基本问题，公与私的关系和作用形式等问题衍射到社会的经济、文化、伦理等社会生活的方方面面，导致了中国与西方社会生活的诸多不同，产生了很多相关的文献著作。有关公私关系的研究著作，散见于哲学、政治学、法学、行政管理学等领域，这些间接素材为我们研究本论题提供了丰富的资料来源与重要启示，也为后人的探究留下了广阔的研究空间。但是直接以公私关系的和谐建构为研究对象，涵盖公共利益与私人利益、公共权力与私人权利、公共道德与私人道德的研究著作，尚不多见。

1. 有关公共利益与私人利益的研究

西方社会对公共利益与私人利益的研究起步较早，在古希腊时期就开始探讨公共利益，迄今，哲学、伦理学、政治学、法学、管理学对公共利益的兴趣依然浓厚，产生了大量有关公共利益与私人利益的著作。从《理想国》《尼各马可伦理学》到《政府论》《社会契约论》《人性论》再到《历史理性批判文集》《法哲学原理》，西方哲人关于公共利益与私人利益的思想和著作为当代中国合理地处理公私关系提供了借鉴。尤其是亚当·斯密的《道德情操论》认为人是利己的，但在“看不见的手”的指导下，可以形成整个社会公私利益和谐的良性秩序，为我们从思想上破除公共利益与私人利益的对立、构建二者的和谐关系提供了重要的理论支撑。国内有关公共利益与私人利益的研究著作和论文多集中在政治哲学、法学与管理学中，而且就公共利益与私人利益二者来说，更多地侧重于公共利益的概念及其实现的程序，对私人利益的关注较少。肖顺武的《公共利益研究——一种分析范式及其在土地征收中的运用》主要从法律的视角研究了公共利益在土地征收过程中的实现问题。该书对公共利益的概念界定进行了有益的、积极的探索，并以听证程序力图对公共利益实现的法律程序进行大胆创新。但是由于目前公共利益的模糊性，对其含义仍未达成一致意见。王利明教授在其《界定公共利益：物权法不能承受之重》一文中说：“在物权法中界定公共利益的概念是十分困难的，仅仅寄望于通过物权法对公共利益概念的界定，来解决征收中存在的问题，是物权法所不能承受之重。”[①]刘熙瑞在其《中国公共管理》一书中说：“现实中是否存在着一种符合每一个人或多数人的公共利益，并没有普遍一致的标准和意见，有人甚至认为明确定义公共利益是不可能的。”[②]其他研究著作还有中共中央党校胡朝阳的博士学位论文《公共利益研究——基于政治哲学视角的分析》，其从政治哲学的视角考察了公共利益的历史形态，分析了公共利益的基本范畴，提出了我国公共利益的现实保障。苏州大学范沁芳的博士学位论文《西方公共利益观解读》则从法学视角研究了西方历史上的公共利益观。吉林大学范振国的博士学位论文《公共利益的法律界定与限制研究》从法学的角度研究了我国公共利益实现的原则以及对个人利益的限制。南开大学房德玖的博士学位论文《公共利益问题探究——从公共理性的视角看》从公共理性的视角研究了公共利益。苏州大学李兵的博士学位论文《论行政法上公共利益对私人利益的限制》从法学的视角研究了公共利益限制私人利益的必要性与措施。

以上研究成果都在一定程度上涉及公共利益的研究，遍及政治哲学、法学、管理学等学科，其对公共利益和私人利益的论述为本书从伦理学的视角研究公共利益与私人利益和谐关系的构建提供了重要的文献来源及理论基础。

2. 有关公共权力与私人权利的研究

国外关于公共权力与私人权利的研究经久不衰，经典著作散见于西方伦理学家的著作中，例如，亚里士多德的《政治学》、马基雅弗利的《君主论》、霍布斯的《利维坦》、洛克的《政府论》、孟德斯鸠的《论法的精神》等。不同时期的研究者的侧重点往往不同，例如，亚里士多德、马基雅弗利是从政治哲学的视角研究权力的，霍布斯、洛克、孟德斯鸠则是从法哲学的角度研究权力的。20 世纪之前，研究权力的专著不多。1938 年英国哲学家罗素

① 王利明：《界定公共利益：物权法不能承受之重》，《法制日报》，2006 年 10 月 21 日，第 3 版。
② 刘熙瑞：《中国公共管理》，北京：中共中央党校出版社，2004 年版，第 26 页。

出版了《权力论》一书，以权力为专题，比较了各种权力形态，论述了权力与政体、道德、组织、个人的关系，提出了人的权力欲是无限的、必须限制权力的主张。1978 年美国社会学家丹尼斯·朗出版了《权力论》一书，对权力的定义（控制权和行动权）、权力的形式（武力、操纵、权威和说服）、权力的基础（个人资源和集体资源），以及权力的用途等有关权力的诸方面做了深入的剖析与全面论述。但是该书是以美国的政治制度为模式来研究权力的，带有明显的意识形态色彩。其他影响较大的研究文献有：美国学者亨廷顿在《变化社会中的政治秩序》一书中论及权力的现代化；法国学者夸克在其《合法性与政治》一书中论及权力的公共性与合法性；还有美国学者赫伯特·考夫曼与维克托·琼斯发表于《公共行政评论》的《权力的神秘性》一文；康德的《法的形而上学原理》、阿克顿的《自由与权力》、德沃金的《认真对待权利》则从法哲学的视角赋予自由与权利神圣不可侵犯性，阐述了限制权力的必要性与重要性；施特劳斯的《自然权利与历史》则阐述了西方自然权利的发展史。这些研究文献主要从政治学与法学的角度研究公共权力，为我们从伦理学视角研究公权与私权的和谐提供了理论基础。

随着现代化的不断发展，我国出现了大量从法治与治理腐败的视角研究权力的著作与论文。傅兆龙 1991 年出版的《国家权力制约论》，比较了中外国家权力制约机制的历史，结合我国民主政治建设的现实，考察了我国权力制约的途径与机制，具有积极的意义。王浦劬的《政治学基础》、康晓光的《权力的转移——转型时期中国权力格局的变迁》、李景鹏的《权力政治学》、高兆明和李萍的《现代化进程中的伦理秩序研究》、张文显的《权利与人权》等阐述了与公共权力相关的概念，厘清了公共权力与政治权力、国家权力、社会权力的关系，追溯了公共权力、国家权力从传统社会的无限权力到现代社会的有限权力的演变。张晋藩的《中国法律的传统与近代转型》、张文显的《法哲学范畴研究》、赵宝云的《西方六国权力制衡机制通论》、夏勇的《人权概念起源》、叶皓的《西方国家权力制约论》则从法哲学范畴揭示了中西方历史上制约权力、保护权利的模式。万俊人的《现代公共管理伦理导论》、周永坤的《规范权力——权力的法理研究》、阎德民的《中国特色权力制约和监督机制构建研究》、林喆的《权力腐败与权力控制》、郭道久的《以社会制约权力：民主的一种解析视角》与钱俊君的《权力之善——社会主义政治权力善的探析》则把权力滥用与权力腐败区别开来，从法理学、政治学与管理学的角度探讨了限制权力、保护权利的原则和方法方式。罗能生的《产权的伦理维度》则从伦理学的视角出发，研究了产权伦理的内涵、结构和功能，阐释了保护产权的重大伦理意义，是为数不多的考察与保护私人权利的伦理学著作。其他国内研究文献还有武汉大学安东的博士学位论文《国家权力控制论》、苏州大学姜朝晖的博士学位论文《权力论：合法性合理性研究》、湖南师范大学杨冬艳的博士学位论文《西方公共行政正义研究》、吉林大学曾水英的博士学位论文《理解政治权力——权力问题的西方政治思想史考察》等，从法学、政治学、管理学的视角提供了公共权力的研究文献。目前我国直接以公权与私权和谐关系的建构为研究对象，以对立统一的视角保护私权、制约公权的研究文献尚不多见。

经过多年的发展，国内文献对权力与公共权力的著述颇丰，散见于法学、政治学、管理学等领域，从伦理学的视角研究权力的文献较少，而且主要侧重于如何限制公共权力，对私人权利保护的研究仍然存在很多争议，其中是否应当把私人权利提升至公共利益的地位加以保护、赋予私权以“神圣不可侵犯性”的问题是当前学界讨论的热点问题。

3. 有关公共道德与私人道德的研究

国外关于社会公德的研究散见于各种伦理学著作中。公共道德与私人道德是一个历史范畴，其思想源头可以追溯到古希腊哲学，柏拉图在其《理想国》中提出了“勇敢”“节制”“智慧”“正义”四元德，并关注个体道德的完满。在西方伦理思想史上，对公共道德的研究始于把社会道德与个人道德分离的宗教改革运动，“宗教改革家的道德假设所造成的影响最大、时间最长的后果，也许是他们区分了个人道德与社会道德”[①]。马基雅弗利在西方伦理思想史上第一次把政治与道德、公共道德与私人道德分开，他认为将适合于私人生活领域的道德标准用于政治领域是不道德的。在西方伦理思想史上明确提出公德与私德概念的是 19 世纪的英国伦理学家、功利主义创始人边沁。边沁分别使用 public ethics 与 private ethics 来表示公德与私德概念，密尔则进一步使用了社会道德与个人道德的表达方式。进入近代社会以后，道德哲学都把道德视为对制度规则的遵守，无论是洛克、卢梭、休谟还是康德，都把制度规则视为维系社会的基础，而美德则是一个人按照制度规则履行其责任的道德力量。公平正义的制度是个人道德修养的前提，没有正当性的制度，个人的道德修养就会失去客观性标准。康德在其《历史理性批判文集》一书中说：“良好的国家体制并不能期待于道德，倒是相反地一个民族良好道德的形成首先就要期待于良好的国家体制。”[②]约翰·罗尔斯在其《正义论》中也说：“在对个人的要求能够提出之前，必须确定正义制度的内容。”[③]罗尔斯把正义视为社会制度的首要价值，遵守公平正义的社会制度是现代社会公德最起码的要求，也是个体美德修养的目标。

我国学者根据社会需要，对社会公德进行了深入的研究，出版了大量的著作论文，著作有范英的《社会公德概论》《社会公德漫话》、朱步楼的《社会公德手册》、江南雨的《社会公德学习读本》、焦国成的《公民道德论》、曾建平的《社会公德引论》、席彩云的《当代社会公德教育研究》、吴潜涛主编的论文集《论公共伦理与公德》等，这些著作系统地研究了社会公德的演化、社会公德的层次、社会公德的要求与当代中国社会公德建设的途径等。罗国杰的《道德建设论》、黄钊的《三德教育论纲》、倪愫襄的《伦理学导

---

① [美] R. T. 诺兰：《伦理学与现实生活》，姚新中，等译，北京：华夏人民出版社，1988 年版，第 68 页。

② [德] 康德：《历史理性批判文集》，何兆武译，北京：商务印书馆，1990 年版，第 130 页。

③ [美] 约翰·罗尔斯：《正义论》，何怀宏、何包钢、廖申白译，北京：中国社会科学出版社，1988 年版，第 105 页。

论》、田秀云的《社会道德与个体道德》、许启贤的《道德文明新论》、崔宜明的《道德哲学引论》、龚群的《以德治国论》、李建华的《中国官德》、金生鈜的《德性与教化》、詹世友的《道德教化与经济技术时代》等著作论及了社会公德、职业道德与家庭美德，并提出了社会公德的指导原则与教育方法。但是笔者认为以上著作对社会公德的研究仍未能明确区分国家道德与社会公德的界限，仍然存在以国家道德代替社会公德的宣传教育，这种不怕牺牲、无私奉献、大公无私、毫不利己、专门利人的国家道德是一种理想的、先进的道德要求，是一种精英式道德教育，在社会主义道德规范体系中属于高层次的道德要求。当代中国的道德教育侧重于高层次的精英式道德教育，而社会公德教育被认为是细枝末节，处于不受重视的地位。与人们的日常生活息息相关的社会公德和社会公共生活的道德原则被轻视，如不随地吐痰、不乱扔垃圾纸屑、不在公共场合大声喧哗等，仅靠强制性的道德教育或灌输，将会消解个体的道德责任意识，造成社会伪善成风，败坏社会风气，不利于我国公民道德素质的提高。我国社会公德建设应当明确区分国家道德与社会公德的界限，以消极性的社会公德（消极性的社会公德并没有负面的意思，指“有所守”的社会公德行为）为中心，在此基础上强调乐于助人、尊老爱幼、文明礼貌等积极性的社会公德，以保护公民个人的权益为基础构建公民公德与私德的和谐关系，不能倡导那种无原则的大公无私、“毫不利己，专门利人”。从这个角度出发，国内对公德与私德的研究尚处于起步阶段，为数不多的研究成果主要有肖群忠的著作《伦理与传统》、陈弱水的著作《公共意识与中国文化》、张博颖的论文《中国革命道德与当代中国国家伦理内涵的确立和发展》《“市民社会”视域中的公民道德建设》《试析中国国家主导的公民道德建设之合理性》等，还有湖南师范大学廖加林的博士学位论文《现代视域下公共道德基础的研究》、湖南师范大学江滔的硕士学位论文《论当前我国公德建设的应有视域》。吴潜涛的《当代中国公民道德状况调查》采用调查问卷的形式为我国社会公德建设提供了第一手的调查数据和建设思路。

以上著作论文研究了传统美德的现代价值，阐述了现代公德的社会基础与现代公德建设的应有视角，为本书的写作奠定了坚实的理论基础。但是由于传统伦理文化与现实社会的影响，制度规则尚未能作为社会公德的有效基础而存在，公德与私德和谐关系的建构任重而道远。

三、本书的基本思路、研究方法与主要观点

1. 基本思路

本书坚持马克思主义的辩证唯物主义与历史唯物主义，结合当前我国社会公私关系和谐建构的迫切任务，以中外伦理思想史上公私关系的历史形态为理论价值参照，在当前我国市场经济、市民社会的发展引起的社会经济、政治、文化生活分化的背景下，深入研究我国社会经济、政治与文化生活的公共利益与私人利益、公共权力与私人权利、公共道德与私人道德三对范畴和谐关系的建构。本书共分五章，第一章研究了中西方伦理思想史上不同阶段处理公私关系的不同历史形态，中国传统文化压倒性的价值主张就是尽量从道德上消解或弱化“私”在现实生活中的地位和影响，而西方文化则更加强调“私”的基础性和生命本然性的意义。但是中西公私之辨在价值维度上也存在着明显的共通性，即都注意到公私关系对社会和个体存在与发展的重要意义，都强调通过不同途径寻求公私关系的和谐。第二章分析了当代中国现代化与市场经济发展过程中社会经济、政治和文化生活的分化。现代化对于当代中国社会来说，确实给其带来了社会生活方式与价值观念的深刻变革，用一句话来概括就是，“由过去的一元封闭社会转变成了多元开放的社会”①。由于传统伦理文化的影响与当代中国社会发展的不充分，当代中国社会不仅具有现代性，而且兼具前现代性即传统社会的特点与后现代性，带来了我国社会经济、政治和文化生活的复杂性。第三章则开始探讨经济生活

---

① 肖群忠：《伦理与传统》，北京：人民出版社，2006年版，第49页。

中公共利益与私人利益的和谐建构。随着改革开放与市场经济的发展，私人利益逐渐获得道德上的正当性，而公共利益主要是以公共权力为保障来实现的，这无疑需要协调当代中国公共利益与私人利益的矛盾。研究当代中国公共利益与私人利益和谐关系的建构对于我们在当今社会背景下合理地处理公私关系是大有裨益的。第四章则探讨政治生活中公共权力与私人权利的和谐建构。随着市场经济与市民社会的发展，人们越来越重视自己的权利，这不可避免地引起和加深了私权与公权的冲突，如何协调二者的矛盾与冲突、建构和谐的公权与私权的关系，成为我国的当务之急。本书认为，当代中国建构公权与私权的和谐关系首先要确立私权的正当性，然后从权力制约权力、法律制约权力、权利制约权力、社会制约权力、道德制约权力等方面加强对公权的限制，把公权限制在一定的范围内，使私权免于公权的无限扩张。第五章探讨文化生活和道德生活中公共道德与私人道德和谐关系的建构。笔者认为，公共道德与私人道德的关系是辩证的、对立统一的，二者在现代社会的凸显与公共领域和私人领域的逐渐分化密切相关，私人道德的修养固然重要，但是公共生活和公共秩序对公共道德的需要也是与日俱增的，不能片面强调一方而忽视另一方的价值与意义，更不能陷入非此即彼、彼增我减的二元对立。

2. *研究方法*

（1）文献法。本书以文献法为基本方法，搜集、整理了中西方伦理思想史上的大量文献，并对这些文献进行阅读、鉴别、归纳、评价、概括，在既有研究成果的基础上提炼总结，为进一步的研究提供知识支撑与依据。这是本书进行研究的基础性工作，也是本书研究结论可信度的基本保障。本书充分借助文献法，阅读了大量有关市民社会、公共领域、中西方传统伦理思想史中公私之辨的资料，力求对中西方传统伦理思想在公私问题理解与措置上的统一和差异做出客观公正的评价，获取必要的思想资源，以期在我国现代化建设的过程中继承我国伦理思想的优良传统，借鉴传统西方伦理思想的优秀遗产，合理处置公私关系，实现公与私的和谐互动。

（2）历史分析法。所谓历史分析法，就是把历史事件、现象、人物与理论置于特定的历史条件下进行分析，其目的在于透过对公私关系的历史形态的分析，研究它们发展变化的客观环境与原因，以便我们能够吸取与总结这种公私关系模式的经验教训，为我们今天合理处置公私关系提供可以借鉴的方案。

（3）综合研究法。公私关系的合理处置是涉及哲学、法学、经济学、政治学、管理学等各个学科的一个重要的理论和实践问题。每一个学科对公共利益与私人利益、公共权力与私人权利、公共道德与私人道德的研究都有着自身独特的视角，我们借鉴这些学科研究公私关系已经取得的理论成果及其研究方法，通过这种多学科互相借鉴、综合分析研究公私关系的方法，力图取得一定的突破性成果，建构当代中国和谐的公私关系。

3. 主要观点

（1）本书试图采用义利之辨、理欲之辨、群己之辨、天人之辨等范畴分析的方法梳理中国传统伦理思想史中的公私之辨，力图呈现不同的中国传统伦理思想公私关系的图景，区别于其他学者分析各家分派的公私之辨的方法。中国传统文化习惯上从伦理的视角审视公私问题，带有浓厚的道德意味，公与私都挟裹着巨大的道德力量，“崇公抑私”成为中国人的基本价值取向，深深地影响着中国的政治、经济与文化生活。西方传统文化对待公私问题并不完全在伦理道德的层面上予以争辩，与西方在公私关系措置的问题上不同，中国传统文化压倒性的价值主张就是尽量消解或弱化“私”在现实生活中的影响。

（2）本书主张从辩证统一视角看待公私关系，在对立统一的基础上提出了构建和谐公私关系的途径，避免了“头痛医头，脚痛医脚”的偏执。公与私的关系是辩证的、对立统一的，不能陷入非此即彼的二元对立状态。一方面，公的实现离不开对私的尊重，否定私的公是虚假的；另一方面，对私的尊重与公密切相关，公的实现为维护私提供了基本的、必要的前提与环境。

（3）本书通过对经济生活、政治生活、文化生活的考察，概括总结并力图展示我国社会生活公私关系的全貌，为当代社会合理处置公私关系探寻合理的途径。目前我国直接以公私关系的和谐建构为研究对象，涵盖公共利益与私人利益、公共权力与私人权利、公共道德与私人道德的研究著作尚不多见。因此，探索公共利益与私人利益、公共权力与私人权利、公共道德与私人道德的和谐将有助于达致社会的和谐。

第一章 中西传统伦理思想史中的公私观

公私之辨在中西方传统伦理思想史上具有不同的模式与价值导向上的差异,中国传统文化是一种伦理型文化,它倾向于从伦理的视角审视公私之辨,使得公私范畴都带有浓厚的道德意味,呈现出高度颂扬公的价值、极力贬抑私的价值的基本模式,由此“崇公抑私”“重义轻利”成为中国人的基本价值取向,深深地烙入我们的世界观、人生观与价值观,影响着中国的政治、经济与文化生活。而西方传统文化对待公私问题则并不完全在伦理道德的层面上予以争辩。中西方在公私关系措置的问题上存在很多差异,最为明显的就是,中国传统文化压倒性的价值主张就是尽量消解或弱化私在现实生活中的地位和影响,而从整个西方文化发展的脉络来看,虽然不否认它们对公的重视,但西方更侧重于以自然性给私赋义,更加强调私作为生命本然性的意义。然而,中西文化中的公私之辨也有明显的共通性,即都注意到了公私关系对社会和个体存在与发展的重要意义,都强调协调公私关系来谋求社会生活的和谐有序。

第一节　中国传统伦理思想史中的公私观

公私问题牵涉着中国传统伦理文化的诸多层面和领域,中国传统文化谱系中的“公”主要有三种内涵指涉：第一种是统治者或政府之事，即公务，可引申为统治者或政府的利益。甲骨文中就已经有“公”字，其最初的含义指涉人物，如周公、昭公等封建诸侯。由封建诸侯引申到封建诸侯处理的事务，由此，“公”就具有了公务、政务、统治者事务的含义。例如，《左传》说：“公事有公利。”①《诗经》说：“雨我公田，遂及我私。”②这里的“公”意指国家或政府。公的这个含义一直延续至今，影响深远。第二种是普遍或全体之意。《礼记》说：“大道之行也，天下为公。”③天下不是一个人的天下，而是天下人的天下。这层意义上的“公”最突出的特性是，它基本上是规范性的观念，“公”的范围如何界定经常不是重点，重要的是人应当具有普遍的关怀。④因此，这层意义上的“公”往往代表人民与社会的福祉，具有浓厚的道德色彩，挟裹着巨大的压倒一切私的道德力量，成为被广为接受的观念。第三种是天理、公平之意。“公”的这层含义是从第二种意义中引申出来的，是普遍之“公”的体现，是人们行为的尺度与标准。《吕氏春秋》曰：“公则天下平矣。平得于公。”⑤《战国策》曰：“法令至行，公平无私。”⑥程颐曰：“理者天下之至公。”⑦朱熹曰：“仁义根于人心之固有，天理之公也。”⑧《说文解字》对公的解释为：“公：平分也。”⑨天理是一种普遍的、恒久存在的天地之至德的体现。普遍的、抽象的“公”借助于天理、公平，具体化为有效的、可操作化的工具。

在中国的传统道德文化中，私与公相对，主要指称私利或私欲。《韩非

①《左转·昭公三年》。

②《诗经·小雅·大田》。

③《礼记》。

④ 陈弱水：《公共意识与中国文化》，北京：新星出版社，2006 年版，第 77 页。

⑤《吕氏春秋·贵公》。

⑥《战国策·秦策一》。

⑦《周易程氏传》卷一。

⑧《孟子集注·梁惠王上》。

⑨ 许慎：《说文解字》，北京：中华书局，1963 年版，第 28 页。

子》曰："背私谓之公。"①许慎的《说文解字》也说："韩非曰，公，平分也。从八，从厶。八犹背也。韩非曰：背厶为公。"②与"公"在道德上受到普遍支持或赞誉相反，中国传统伦理文化对"私"基本上持否定或贬抑的态度。

中国传统社会处理公私关系的基本态度是重公义，轻私利、私心，即崇公抑私。这种基本价值导向对中国后世影响很大，延续了几千年，构成了中华民族伦理思维和道德生活的基本方式及主导方向，形成了中华民族精神世界的基本特质。一方面，中国传统的崇公抑私这种公私关系模式对后来的君主专制中央集权制度的形成和发展产生了推动与加强的作用，也衍射到中国的经济、文化、伦理等社会生活的方方面面；另一方面，这一公私之辨处置公私关系的方式包含的内在逻辑矛盾，使得中国古代社会向现代社会转型异常艰难。

公私之辨，是我国伦理思想史上不同时期各家各派一以贯之的思想主题，春秋战国时期就已经提出了崇公抑私的命题，至于秦汉，"天下为公"的理念已基本形成。"大公无私""以公灭私""崇公抑私"构成了中国伦理文化的基本主题。中西方文明发展的特殊路径形成了其在公私问题上界限分明的思维和理论特征。与西方文明发展的路径不同，中华文明较早地形成了整体主义的精神特质，以儒家为主体的中华文化重义轻利，主张为道义而献身，不断地追求成人与成圣的境界。由这种整体主义的精神特质出发，中国传统伦理思想史上的公私之辨主要经历了先秦时期、两宋时期与明末清初三个阶段，通过义利之辨、理欲之辨、群己之辨、天人之辨展开，在道德修养论和境界论中也有所体现。

---

①《韩非子·五蠹》。

② 许慎：《说文解字》，北京：中华书局，1963 年版，第 28 页。

一、先秦时期的公私之辨

（一）义利之辨

义利之辨是中国传统伦理思想史上的核心问题，是先秦时期公私之辨展开的主要形式。程颢曰：“天下之事，唯义利而已。”[①]朱熹曰：“义利之说，乃儒者第一义。”[②]陆九渊也说：“学无深浅，首在辨义利。”[③]他还说：“凡欲为学，当先识义利公私之辨。”[④]义利之辨于春秋末期正式形成，延续至今。义利之辨在春秋战国时期出现了“百家争鸣”的高潮，继之有两汉、两宋、明末清初等发展阶段。义利之辨实质上是公私之辨的一种反映，义利之争是公私之争的一种表现。

许慎在《说文解字》中把义解释为：“義，己之威仪也，从我羊。”[⑤]“我”是执“戈”站在“禾”旁边的人，是保护自身利益意识与行为的体现。而“羊”则具有“聪明、公正、无私”等品质，因而是美善吉祥的象征[⑥]。義字“羊上我下”的结构表明，中国的先贤一开始就要求人们注重追求正当的个人利益。由“羊”“我”联合而成的“義”，就有以“我”的力量捍卫美善的事物及其所代表的价值、以美善统驭人对自身利益的追求之意。相对于“义”字而言，“利”字的含义追溯起来要简单许多。“利”字见于甲骨文及钟鼎文中，从词源上讲，“利”字从禾从刀，以刀割禾表示收获谷物，又有锋利、锐利之意。“利”的本意为“使用农具从事农业生产，以采集自然果实或收割成熟的庄稼”[⑦]。而谷物能够满足和维持人的基本物质需要，因此引申为能够满足人们基本的物质和精神生活所需要的财富、功利、好处。

①《河南程氏遗书》卷十一。

②《与延平李先生书》，《朱子文集》卷二十四。

③《朱子语类》卷二十。

④《陆九渊集·语录下》。

⑤ 许慎：《说文解字》，北京：中华书局，1963 年版，第 267 页。

⑥ 丁山：《中国古代宗教与神话考》，上海：龙门联合书局，1961 年版，第 287 页。

⑦ 郭沫若：《郭沫若全集·考古编（第 1 卷）》，北京：科学出版社，1982 年版，第 88 页。

例如《国语》曰："夫利，百物之所生也，天地之所载也，而或专之，其害多矣。"① "利，最初为一种农器具。引申为锋利，又进一步引申为利害之利。伦理学意义上的'利'字，也就是利益。在古代伦理思想史上，利字一般在三种意义上使用：一是泛言有利，二是众人之利，三是一己之利。"②由此可见，"利"就是能够满足人们生活需要的物质利益，可拓展为可以转化为物质利益的其他因素，如权力、地位、名誉等。所谓"义利之辨"，就是在处理社会问题上围绕着取义还是取利展开的论辩，其实质就是人们在处理社会关系时道义原则与功利原则这两种价值取向的论辩。

1. 儒家的义利之辨

儒家自孔子开始，高举"义先于利""先义后利"的大旗，认为义利是人们的生活所必需的，但是做人应当"见利思义""义以为上"。孔子把"义"作为处理义利关系和社会关系的根本道德原则，奠定了儒家义利观的基本价值导向。孔子曰："君子之于天下也，无适也，无莫也，义之与比。"③孔子认为，义是君子的待人接物所依赖的准则，因此把义作为君子立身处世的根本。孔子看重义的价值，主张见利思义，他说："富与贵，是人之所欲也。不以其道得之，不处也。贫与贱，是人之所恶也，不以其道得之，不去也。"④富有显贵，是人人都想得的，贫穷卑贱，是人人都嫌弃的。君子应该以正当的手段来求富贵、去贫贱。如果凭借不正当的手段得到富贵，君子是不屑一顾的。卑贱的生活，如果不采用正当的手段摆脱它们，君子也会"安贫乐道"。所以孔子反对不劳而获、急功近利，主张通过正当手段获得个人利益，把义放在首位。

①《国语·周语上》。

② 焦国成：《中国伦理学通论》，太原：山西教育出版社，1997年版，第151页。

③《论语·里仁》。

④《论语·述而》。

《论语》曰“子罕言利”[①]，但孔子并不否定人求富贵的天性和个人对利益的追求与获取，他主张把求利放在第二位。孔子曰：“富而可求也，虽执鞭之士，吾亦为之。如不可求，从吾所好。”[②]孔子认为，如果富贵可求，即使是地位低下的职事，他也愿意去做，从一定程度上肯定了人们对实际利益的追求。追求“生人之用”的利，是每个人的本能，孔子认为，“贫而无怨难，富而无骄易”[③]。但是，如果一味地去求利，而没有义的规约，就会导致不良后果，个人的正当利益，就会滑向个人私利。“放于利而行，则多怨。”[④]想多有利于自己，必然害于别人，所以多招怨。孔子主张以义来促生利，并惠及老百姓，这是为政之大利。孔子倡导要循义而行，追求国家、人民的公利、大利，而勿贪小利、私利。孔子曰：“百姓足，君孰与不足？百姓不足，君孰与足。”[⑤]人民富裕了，就不会只有君主贫困。人民贫困了，就不会只有君主独自富有。孔子把人民之公利置于君主利益之上，并作为君主为政的首要任务。义能生利，老百姓富足了，不仅对人民自身有利，而且对统治者也是“善莫大焉”。

在义利关系上，孟子继承了孔子的思想，主张“先义后利”“见利思义”。孟子曰：“非其道，则一箪食不可受于人；如其道，则舜受尧之天下，不以为泰。”[⑥]又曰：“非其义也，非其道也，一介不以与人，一介不以取诸人。”[⑦]显然，与孔子一样，孟子把是否“义”作为取利的前提和标准。“非其有而取之者盗也。”[⑧]不义，一箪食都不可取；义，则取天下也不为过。孟子强调了以义为本、先义后利、以义制利的义利关系，只有这样才能维持国家秩

①《论语·子罕》。
②《论语·述而》。
③《论语·宪问》。
④《论语·里仁》。
⑤《论语·颜渊》。
⑥《孟子·滕文公下》。
⑦《孟子·万章上》。
⑧《孟子·万章下》。

序的正常运行。

孟子反对先利而后义，把义看作是人们行为的道德准则，但是他并不否认物质利益是人之生活所必需。不仅如此，孟子大力倡导对人民之公利的追求。孟子发展了孔子“惠民”的思想，认为统治者必须要保证老百姓有一定数量的“恒产”，国家的统治才能稳定。孟子肯定人对基本物质利益的需要，主张追求人民之公利，公利即义。由此可见，孟子在义利关系上坚持“怀义去利”“舍生取义”的观点。

2. 墨家的义利之辨

墨子作为墨家的创始人与代表人物，与儒家一样，也很重视“义”的价值，墨子曰：“万事莫贵于义。”①墨子贵“义”，把“义”作为一种崇高的道德理想。他说：“所谓贵良宝者，为其可以利也。而和氏之璧、隋侯之珠、三棘六异，不可以利人，是非天下之良宝也。今用义为政于国家，国有必富，人民必众，刑政必治，社稷必安。所为贵良宝者，可以利民也，而义可以利人，故曰：义，天下之良宝也。”②墨子把义视为比和氏之璧、隋侯之珠、三棘六异更为贵重的“天下之良宝”。墨子更把义看作通行于天下的根本道德法则，他说：“天下有义则生，无义则死；有义则富，无义则贫；有义则治，无义则乱。然则天欲其生而恶其死，欲其富而恶其贫，欲其治而恶其乱。此我所以知天欲义而恶不义也。”③但是，与“子罕言利”的孔子和“舍生取义”的孟子不同，墨子直接把“义”规定为“利”，“义，利也”④，由此，墨子提出了其“贵义”“尚利”的利益关系论。

墨子主张言利，把“利”当作“义”的内容、目的和标准。墨子所说的

①《墨子·贵义》。
②《墨子·耕柱》。
③《墨子·贵义》。
④《墨子·经上》。

“利”，主要是指“天下大利”或他人之利，是“国家百姓人民之利”[①]。墨子曰：“仁人之事者，必务求兴天下之利，除天下之害。”[②]又曰：“仁人之所以为事者，必兴天下之利，除去天下之害，以此为事者也。”[③]墨子认为，天下之利与害，就在于人与人之间的“兼”与“别”。所以墨子主张“兼以易别”[④]，即“以兼相交相利之法”，取代“别相恶，交相贼”。墨子把“义”作为获取个人利益的途径，并把“义”视为“可以利人”的“天下之良宝”，由此可见，墨子坚持“义，利也”的功利主义义利关系论。

3. 道家的义利之辨

从“无为”的原则出发，老子认为，仁义道德本身就是诱发人们求取私利的根源，是“下德”。仁义道德产生以后，社会就有了善恶之标准，并以此为标准形成社会的基本秩序。但是，这也导致人们为求善的美名而不择手段，产生了许多欺世盗名的不道德现象。老子认为，仁义道德从来就不是天生的，它们是“无为”之道丧失的结果。《老子》曰：“大道废，有仁义。智慧出，有大伪。六亲不和，有孝慈。国家昏乱，有忠臣。”[⑤]无为自然的大道之世里社会和谐，国家安治。正是不尊奉“无为”之道制定了道德规范而导致了种种不道德的行为。《老子》认为儒墨的仁义道德规范扼杀人性，诱发人们爱利贪欲，成为贪利者的假借之器。庄子对儒墨倡导的仁义道德进行了猛烈的批判。《庄子》曰：“爱利出乎仁义，捐仁义者寡，利仁义者众。夫仁义之行，唯且无诚，且假乎禽贪者器。”[⑥]不仅如此，仁义道德的说教及其社会范围内的推行，不仅破坏社会风气，而且破坏人素朴的天性。人性的堕落导致人们竞相卷入名利之争，产生了许多借仁义之名而行贪利之实的伪君子，

①《墨子·非命上》。
②《墨子·兼爱下》。
③《墨子·兼爱中》。
④《墨子·兼爱下》。
⑤《老子》第十八章。
⑥《庄子·徐无鬼》。

造成“彼窃钩者诛，窃国者为诸侯。诸侯之门而仁义存焉”[①]等社会乱象。

老子认为个人只要有能满足自然生命需求之利就可以了，不应该过多地追求声色货利。《老子》曰：“五色令人目盲；五音令人耳聋；五味令人口爽；驰骋畋猎，令人心发狂；难得之货，令人行妨。是以圣人为腹不为目，故去彼取此。”[②]过多地追求声色货利，会产生很多社会问题。所以老子反对统治者对百姓的残酷剥削和压迫，老子要求统治者“无为”而治，《老子》曰：“我无为而民自化，我好静而民自正，我无事而民自富，我无欲而民自朴。”[③]庄子追求的是齐是非、齐万物、齐生死、齐善恶，直至万物一齐、道通为一的“逍遥游”，即一种“无所待”之游，他将老子的义利思想推到极致，反对一切追求义利的行为，反对“以利自累”[④]，认为一切仁义财货都是身外之物，只有生命是最可贵的。庄子的义利思想既反对求利，也反对求义，是对当时社会深刻矛盾的反映。

4. *法家的义利之辨*

韩非子是法家的重要代表人物，他认为人都有趋利避害的本性，并将人性概括为“自为心”，那么试图用仁义道德来规范人们的行为是无济于事的，唯一行之有效的方法就是法，由此韩非子批判了儒墨的仁义道德。韩非子认为，只有依靠“因人情”的严刑峻法才能使天下安治。韩非子曰：“夫严家无悍虏，而慈母有败子。吾以此知威势之可以禁暴，而德厚之不足以止乱也。”[⑤]处理血亲关系要用法不用德。对待老百姓是这样，对待臣子也是这样。韩非子曰：“为人臣者畏诛罚而利庆赏，故人主自用其刑德，则群臣畏其威而归其利矣。”[⑥]

与儒墨不同，“韩非子认为，只有维护以封建君主为代表的国家利益的

①《庄子・胠箧》。
②《老子》第十二章。
③《老子》第五十七章。
④《庄子・让王》。
⑤《韩非子・显学》。
⑥《韩非子・二柄》。

行为和思想，才称得上是仁义的”[①]。韩非子所说的“人主之公义”又称“人主之公利”，是指“明法制，去私恩，夫令必行，禁必止”；其“人臣之私义”又称匹夫之“私便”，是指“必行其私，信于朋友，不可为赏劝，不可为罚沮”。韩非子认为公与私是根本对立的，主张废私立公，他说：“私义行则乱，公义行则治”，“私行立而公利灭矣”。[②]在这种情况下，只能是维护“人主之公义或公利”而去“人臣之私义或私便”。韩非子曰：“匹夫有私便，人主有公利。不作而养足，不仕而名显，此私便也。息文学而明法度，塞私便而一功劳，此公利也。”[③]所谓“废私立公”就是要求臣民都必须绝对遵守法制，实即要求绝对服从封建君主的专制统治。这就是韩非子以法代德、“不务德而务法”的非道德主义思想的实质所在。[④]

（二）群己之辨

人既作为群体而存在，又作为个体而存在，“群”与“己”是人类生存的两个维度。正确处理群己关系，实现群己关系的和谐，是中国古代先贤思考的重大问题之一。“群己问题是指社会价值和个体价值的关系问题。它主要包括社会群体利益与个人利益，社会群体共性与个性特性两重关系。”[⑤]一般来说，“己”是指具体的个人，而“群”则是由众多的个人构成的社会群体，可以用来指称天下、国家或社会。“群己之辨”在我国传统伦理思想史上关注的是个人与群体、个体价值与群体价值之间关系的辩论。“群己之辨”发端于孔子，对中国社会政治制度的安排和社会的价值导向有重大影响。中国传统儒家伦理思想“天人合一”的思维方法，把整个宇宙、天下、国家和

① 王泽应：《义利并重与义利统一》，长沙：湖南人民出版社，2001 年版，第 47 页。

②《韩非子・饰邪》。

③《韩非子・八说》。

④ 朱贻庭：《中国传统伦理思想史》，上海：华东师范大学出版社，2003 年版，第 194 页。

⑤ 赵馥洁：《价值的历程——中国传统价值观的演变》，北京：中国社会科学出版社，2006 年版，第 46 页。

社会看作一个整体，个体只有在整体中才能体现其价值和意义，决定了中国传统“乐群贵和”的基本价值取向。总体而言，从先秦儒家到程朱理学，中国哲学中占主导地位的价值体系基本上是注重整体与群体的整体主义。[①]“全部儒家道德理论都是为了论证个体必须服从整体，整体的利益绝对高于个体的利益；个人必须归属于关系，只有在特定的关系中才能确定自己的存在，才能明确自己的责任和义务，一句话，才能成为真正的道德主体。”[②]中国传统的“群己之辨”坚持以群体为本位，强调个体对群体的责任与义务，彰显了中国传统“尚公抑私”乃至“大公无私”的社会价值导向。中国传统伦理思想维护与高扬“群”的利益和价值，突显了“公”的价值与精神力量，克制与贬低“己”的利益与价值，压抑了“私”的作用。

1. 儒家的群己之辨

中国的“群己之辨”发源于孔子。孔子仁礼统一的伦理思想包含着对群体及社会秩序的高度重视。孔子认为，个体价值体现于群体价值的实现。《论语》曰：“子路问君子。子曰：‘修己以敬。’曰：‘如斯而已乎？’曰：‘修己以安人。’曰：‘如斯而已乎？’曰：‘修己以安百姓。’”[③]孔子强调了群体的价值，把“礼”作为社会稳定的外在约束，把“仁”作为个体道德自律的内在约束。“志士仁人，无求生以害仁，有杀身以成仁。”[④]为了践行“仁”这一最高的道德义务，就是牺牲个体的生命也在所不惜。其实质就是个体必须服从群体，也就是个人必须服从家庭、宗族、国家和民族的利益。[⑤]孔子“重群贵和”的思想形成了儒家乃至中国文化在处理群己关系上的基本原则，对形成“尚公抑私”的中华文化影响很大。

---

① 杨国荣：《晚明群己之辨的演进》，《河北学刊》，1990 年第 2 期，第 100 页。

② 张怀承、唐凯麟：《成人与成圣：儒家伦理道德精粹》，长沙：湖南大学出版社，1999 年版，第 72 页。

③《论语・宪问》。

④《论语・卫灵公》。

⑤ 朱贻庭：《中国传统伦理思想史》，上海：华东师范大学出版社，2003 年版，第 50 页。

与孔子一样，荀子也非常重视群体价值，并把“能群”作为人与动物区分的重要标志，“人之生，不能无群”[①]。在荀子看来，礼是人“能群”的重要原因。荀子认为“人君者，所以管分之枢要也”[②]，通过“礼以定伦”[③]实现“名分使群”[④]，使每个人在封建社会的等级制中各安其分。

与孔子一样，荀子将群体价值的实现作为个体价值的归宿。荀子曰：“从命而利君谓之顺。”[⑤]荀子还是把群体至上的原则放在第一位。“当然，较之孔孟，荀子的群体原则已经获得了新的内涵：对群体的注重首先与‘制天命而用之’的要求相联系，而合群则作为驾驭自然的保证而构成了人的存在前提”，“从这一意义上看，荀子将合群提到重要地位，无疑体现了超越孔孟的历史视野。然而，另一方面，荀子又把群体理解为一种等级结构，并由此出发来规定个体，从而使个体进一步从属于等级序列，就此而言，荀子似乎又较孔孟更接近于整体主义的价值原则。总之，作为原始儒学的主要代表，孔孟荀在群己之辨上既表现出相近的价值取向，又内在地蕴含着各自的特点，它使儒学对中国文化的影响，呈现出颇为复杂的形态”。[⑥]

2. 墨家的群己之辨

墨子的学说是以群体价值的实现为目标的。墨子处理“群己之辨”的基本原则是“兼相爱，交相利”[⑦]，反映了其群体至上的价值取向。“兼爱”要求个体必须兼顾其他社会成员的利益，并把“别”，即只爱自己，利己而不爱别人，视为“天下之大害者与”[⑧]!

① 转引自王先谦：《荀子集解》，北京：中华书局，1988年版，第179页。
②《荀子·富国》。
③《荀子·致士》。
④《荀子·富国》。
⑤《荀子·臣道》。
⑥ 杨国荣：《先秦儒学群己之辨的演进》，《孔子研究》，1992年第3期，第57页。
⑦《墨子·兼爱中》。
⑧《墨子·兼爱下》。

墨子“重群”的思想还表现为其“尚同”的原则。墨子曰：“天子之所是皆是之，天子之所非皆非之……察天下之所以治者，何也？天子唯能一同天下之义，是以天下以治也。”①墨子主张“尚同”主要是确保政令统一，实现良好的社会秩序。但是在“尚同”的原则下，个体的意愿与价值淹没在群体的意愿与价值之中。墨子“尚同”的思想以个体服从群体为基本价值取向，压抑了个性的发展，催生了王权专制主义。“尚同与尊天相应，尚贤与明鬼相应。……尊天是绝对的神权统治，尚同便是绝对的王权统治。……当然王之上也还有天，王也得上同于天。但天是什么?天不过是王的影子，故结果王的意志就是天的意志，王的是非就是天的是非。而反过来，所谓天志，实在也不过就是王志了。”②

3. 道家的群己之辨

道家特别重视个体价值，老子与庄子是其代表人物。庄子首先批评了其他学派求同的主张。庄子曰：“世俗之人，皆喜人之同乎己，而恶人之异于己也。同于己而欲之，异于己而不欲者，以出乎众为心也。夫以出乎众为心者，曷常出乎众哉！”③老庄的“群己之辨”表现出重视个体的价值取向。老子曰：“众人皆有余，而我独若遗。我愚人之心也哉！俗人昭昭，我独昏昏。俗人察察，我独闷闷。澹兮其若海，飂兮若无止。众人皆有以，而我独顽且鄙。我独异于人，而贵食母。”④。庄子曰：“出入六合，游乎九州，独往独来，是谓独有。独有之人，是谓至贵。”⑤老子阐述了其“为而不争”的群己关系论。老子曰：“圣人之道，为而不争。”⑥人应该像水一样，“夫

①《墨子·尚同上》。

② 郭沫若：《十批判书》，上海：东方出版社，1996年版，第105~106页。

③《庄子·在宥》。

④《老子》第二十章。

⑤《庄子·在宥》。

⑥《老子》第八十一章。

唯不争，故天下莫能与之争”[①]。只有“无为”才能保全自身。“持而盈之，不如其已。揣而锐之，不可长保。金玉满堂，莫之能守。富贵而骄，自遗其咎。功遂身退，天之道也。”[②]在重视个体生命方面，老子、庄子与杨朱是相同的。庄子关注个人自由，表现了他超脱的精神。由此可见，老庄的“群己之辨”把个体价值放在了突出地位。

在重视个人价值的前提下，老子和庄子的群己观还是有些差别的。老子虽有“成私”“身存”的观点，然就其思想总体来看，仍以探求社会之治道为主旨。而庄子则不同，在庄子看来，现实的社会就是束缚个人身心的“不善”之物，从而把个人与社会对立起来，突出了人的个体存在。[③]

4. 法家的群己之辨

韩非子以君主利益代替国家利益，君主成为群体的代表，主张“去私心，行公义”，韩非子所谓的“公”，就是“人主之公义”。[④]在韩非子看来，维护君主的利益就是维护国家大利，要维护君主的利益，必须遵守与君主意志相统一的“法”。

韩非子认为，人人要遵守法令，凭借法律就能去私行公，“夫立法令者，以废私也。法令行而私道废矣”[⑤]。韩非子曰：“匹夫有私便，人主有公利。不作而养足，不仕而名显，此私便也；息文学而明法度，塞私便而一功劳，此公利也。”[⑥]在韩非子看来，君主所代表的公与匹夫所代表的私是不相容的。韩非子的“群己之辨”以君主代替国家，把君主利益放在了突出地位。

---

①《老子》第二十二章。

②《老子》第九章。

③ 朱贻庭：《中国传统伦理思想史》，上海：华东师范大学出版社，2003 年版，第 113 页。

④《韩非子・饰邪》。

⑤《韩非子・诡使》。

⑥《韩非子・八说》。

（三）天人之辨

天人之辨是中国伦理思想史上的重要问题，是中国传统文化的核心内容之一。中国传统道德的一个基本特征就是强调天人合德，它把人类社会的道德看作是本体意义上的客观必然规定。中国传统文化的天人之辨，就是确定人的道德本性、人伦秩序和伦理纲常的理论基础。天人之辨的理论从总体上说是在承认天的绝对性和至上性、人的被规定性的前提下，分辨人的道德本性的善恶、道德责任的根据、道德能力的大小和道德境界的高低。[①]天人之辨从天人合德的角度为人与道德设定本体论根据，把“天”确立为人与道德的本原。那么天人之辨就是有关天与人、天道与人道、本体与道德关系的辩论。从伦理学的角度看，中国传统的“天人之辨”把“天”视为道义之天，把“人”视为欲利之人。天人之辨强调“天道”的“绝对性”“至上性”“超越性”，对于人的“权威性”，要求以“天道”为中心实现“天人合一”，形成了天“公”或“无私”的品格。因此“公”成为“天”的性质，“私”则成为“人”的象征，天人之辨就具有了“公私之辨”的特性。

天是中国传统伦理思想史上最古老的范畴之一，其最初的含义是人的头顶。随着人们认识水平的发展，天逐渐成为一个哲学范畴，其内涵也逐渐丰富起来。张怀承认为天的范畴主要有五种内涵：①天空；②上帝神；③命运；④自然；⑤万物的本体、宇宙间一切存在所依存的根据。[②]

人是相对于天而存在的概念。在中国传统哲学中，人的范畴主要有三种含义：①宇宙间存在的一种族类；②区别于其他物类的一种有德行的存在；③天地间唯一的主体性存在。[③]在中国伦理思想史上，人的内涵丰富而又复

① 张怀承：《天人之辨：中国传统伦理道德的近代转型》，长沙：湖南教育出版社，1998 年版，第 47 页。

② 张怀承：《天人之辨：中国传统伦理道德的近代转型》，长沙：湖南教育出版社，1998 年版，第 48~50 页。

③ 张怀承：《天人之辨：中国传统伦理道德的近代转型》，长沙：湖南教育出版社，1998 年版，第 50~51 页。

杂，概而言之，可以从自然人与社会人两个方面来界定人。自然人指称人的自然属性或动物性，社会人指称人的道德属性。“自然人”是指人是“宇宙间存在的生理外形上不同于其他动物的一个族类”①。这个意义上的人还是动物，其自然性与其他动物是相同的。《列子》曰：“有七尺之骸，手足之异，戴发含齿，倚而趣者，谓之人。”②《荀子》曰：“饥而欲饱，寒而欲暖，劳而欲休，此人之情性也。”③这就是人的自然性。儒家认为，“人之所以异于禽兽者几希”④，因此把道德作为区别人与动物的根本属性和标志。在中国传统伦理文化中，道德是人最重要的社会性。王夫之曰：“恻隐、羞恶、恭敬、是非，唯人有之，而禽兽所无也。”⑤把道德作为人的本质属性的观点在中国传统伦理思想史中占主导地位。

1. 儒家的天人之辨

对于夏商周神学化的天人观，孔子刻意采取一种避而不谈的态度，削弱了这种至上神的人格化色彩，降低了其神性，“子不语怪、力、乱、神”⑥，而且“敬鬼神而远之”⑦。

孔子提出了“道德之天”，孔子曰“天生德于予”⑧，阐述了其人道本于天道的思想，蕴含了“天人合一”的思想。这种人道由于本于天道，所以一开始就带有一种超越性，孔子强调“天”对“人”的这种超越性，从而使“天”具有了“主宰之天”的色彩。在孔子看来，人要顺应天命，天命不可违，“死生有命，富贵在天”⑨。但是，在天命面前，人不是完全被动的，

① 陈瑛：《中国伦理思想史》，长沙：湖南教育出版社，2002 年版，第 220~221 页。
②《列子 · 黄帝》。
③《荀子 · 性恶》。
④《孟子 · 离娄下》。
⑤《读四书大全说》卷十。
⑥《论语 · 述而》。
⑦《论语 · 雍也》。
⑧《论语 · 述而》。
⑨《论语 · 颜渊》。

天是“可知”的，人要主动上达天命。“知天命”然后才能“从心所欲，不逾矩”[①]。

孟子继承与发展了孔子的天人之辨，将“天”视为“自然之天”“主宰之天”“道德之天”，“自然之天”强调“天”的客观性和规律性，“主宰之天”强调“天”的不可违背性，“道德之天”强调道德本于“天”。

与孔子一样，孟子也认同主宰之天，这是周人“天命论”的发展。孟子曰：“莫之为而为者，天也；莫之致而至者，命也。”[②]孟子强调天命不可违，曰：“天下有道，小德役大德，小贤役大贤；天下无道，小役大，弱役强。斯二者，天也。顺天者存，逆天者亡。”[③]但是人在天命面前不是完全被动的，顺还是逆“天之道”也是人的主观选择。

孟子还发展了孔子的“道德之天”，提出了尽心、知性、知天的观点，阐明了天是道德的根源的主张。孟子曰：“诚者，天之道也。思诚者，人之道也。”[④]孟子在强调天威的同时，并未否定人的主观能动性，“思诚”即人的主观能动性的发挥。孟子的目标是“知天”，通过赞天地之化育，实现“天人合一”。

荀子认为，天的变化有其自身的客观规律，所以要“明于天人之分”，荀子的意思是要表明天与人各有自己固有的职责和功能，不可以混同。在此基础上，荀子提出了“制天命而用之”的思想。荀子倡导在遵循自然规律的前提下发挥主观能动性，合理地利用自然，而不是片面地强调征服自然。“如是，则知其所为，知其所不为矣，则天地官而万物役矣。其行曲治，其养曲适，其生不伤，夫是之谓知天。”[⑤]

---

①《论语·为政》。

②《孟子·万章上》。

③《孟子·离娄上》。

④《孟子·离娄上》。

⑤《荀子·天论》。

2. 道家的天人之辨

如果说道家的老子是从天道观的正面推倒了原始天命观的权威，从而奠定了哲学天人合一观含义的宇宙论基础[①]，那么儒家的孔子是从人道观的侧面突破了原始天命观的限制，从而奠定了哲学天人合一观含义的人生论基调[②]。老子伦理思想的最高范畴是“道”，道“先天地生”，是万物的本原，也是宇宙的最高法则。“道生一，一生二，二生三，三生万物。”[③]道的至上性排除了主宰之天的神秘意志与权威。因此，道与有意志的人格神有着本质区别。

在此基础上，老子提出了其天人观，老子曰：“人法地，地法天，天法道，道法自然。”[④]人道要效法于天道，才能实现天下大治。“老子的这些论述表明，他扬弃了原始天命观而建立了哲学天道观。老子的天人思想已经属于真正哲学意义上的天人合一观。换句话说，中华哲学天人合一观到了老子这里已基本形成。”[⑤]庄子继承了老子“天人之辨”的思想，提出了“无以人灭天，无以故灭命”[⑥]的观点。庄子反对以人道戕害天道，主张以天道为人道的准则。在庄子看来，天道明显是高于人道的。庄子认为只有人道服从于天道，才能复归于天道。

中国传统的“公”观念的“普遍”“全体”之义挟裹着巨大的道德力量，对中国人的精神世界产生了极大的影响，“和‘天’的观念的发展有关，在

---

① 侯宏堂：《“天人合一”观早期发生历程》，《安庆师范学院学报（社会科学版）》，2000年第5期，第81页。

② 侯宏堂：《“天人合一”观早期发生历程》，《安庆师范学院学报（社会科学版）》，2000年第5期，第82页。

③《老子》第七章。

④《老子》第二十五章。

⑤ 侯宏堂：《“天人合一”观早期发生历程》，《安庆师范学院学报（社会科学版）》，2000年第5期，第81页。

⑥《庄子·秋水》。

这方面，道家扮演了关键的角色”[①]。《老子》曰：“天长地久。天地所以能长且久者，以其不自生，故能长生。是以圣人后其身而身先，外其身而身存。以其无私，故能成其私。”[②]老子之“天道”的品格是“公”而“无私”，所以人道要效法天道。同样，《庄子》曰：“天无私覆，地无私载，天地岂私贫我哉？”[③]由此，“天道”与“人道”之“公”或“无私”确立了其宇宙论根据，从而获得了“普遍”“全体”的超越意义。

3. 墨家的天人之辨

墨子的“天志”是一个有好恶之分的“人格神”。“墨子讲天志，纯是用来做兼爱主义的后援。质言之，是劝人实行兼爱的一种手段罢了。”[④]“他的‘天志’即老天爷的意志，也就是‘天下之明法’，是他的规矩。”[⑤]为了实现天下大治的政治理想，墨子借用天志来作为人们行为的标准。墨子曰：“昔三代圣王禹、汤、文、武，此顺天意而得赏也；昔三代之暴王桀、纣、幽、厉，此反天意而得罚者也。”[⑥]墨子希望“天志”的存在使人们趋善而不为恶，从而实现天下大治。墨子曰：“天之行广而无私，其施厚而不德，其明久而不衰，故圣王法之。”[⑦]天是“圣王法之”的对象。墨子讲天鬼不是出于虔诚的信仰，而只是为人的行为制定一个外在的标准。[⑧]墨子的“天志”只是用来奖善罚恶的工具，因此，其顺“天志”的天人关系论就具有功利主义的色彩。墨子认为传统天命观是为君权神授观念张本的，但他主张发挥主观能动性，把自己的命运掌握在自己的手中，具有积极意义。

---

① 陈弱水：《公共意识与中国文化》，北京：新星出版社，2006年版，第78页。

②《老子》第七章。

③《庄子·大宗师》。

④ 梁启超：《饮冰室合集（专集第十一册）》，北京：中华书局，2015年版，第22页。

⑤ 郭沫若：《十批判书》，北京：科学出版社，1956年版，第105页。

⑥《墨子·天志上》。

⑦《墨子·法仪》。

⑧ 张永义：《墨子与中国文化》，贵阳：贵州人民出版社，2001年版，第118页。

二、两宋时期的公私之辨

（一）理欲之辨

理欲之辨是中国传统伦理思想的重要范畴，是义利之辨的进一步深化与展开。义利之辨是理欲之辨的思想源头与理论渊源，理和义是对等的范畴，遵循天理就是义。欲和利也是紧密相连的。“义者，天理之所宜。”①实际上，理欲之辨就是义利之辨，只是二者展开的层面和角度不同，“凡有所为而然者，皆人欲之私，而非天理之所存，此义利之分也”②，义利之别，就是理欲之别。理欲之辨是中国传统伦理思想“天命之谓性”内在逻辑的展开与深化，是义利之辨落实到道德和人心关系的必然结果。而理欲之辨也在新的历史条件下把义利之辨推到了一个更高的理论层次。“义作为行为的规范，不能仅仅建立在个人的利益追求之上，因为个人之利总是有特殊的一面，不同个体之间的利益往往彼此冲突，在此基础上很难形成普遍的准则。理则体现了社会人伦普遍的、本质的联系，惟有以此为根据，才能使义（规范）超越特殊的功利计较，成为普遍的行为准则。”③理欲之辨倚重于内在的道德自律，依靠主体的道德自律把义利之辨推向了更加自觉、更加深入的程度。“理欲之辨从先秦开始，到宋明达到高峰。把理欲问题纳入人性体系，是从张载开始的。”④

“理”的本义是指玉的纹理，后引申为规律、规则和规范，上升为一种普遍性的存在。例如，“奋至德之光，动四气之和，以著万物之理”⑤。这里的“理”就有规律的意思。把“理”运用于社会领域，就具有了规范之意，用来指称礼、义等道德规范。程朱理学把“理”提升为宇宙的根本法则，“理”

①《论语集注·里仁》。

②《南轩文集·孟子讲义序》。

③ 杨国荣：《从义利之辩到理欲之辩》，《河北学刊》，1994年第3期，第33页。

④ 陈谷嘉：《宋代理学伦理思想研究》，长沙：湖南大学出版社，2006年版，第163页。

⑤《礼记·乐记》。

既是物之理，又是人伦之理，成为宇宙万物的本体。二程曰："万物皆是一理，至如一物一事虽小，皆有是理。"①朱熹曰："宇宙之间，一理而已。天得之而为天，地得之而为地。"②理即道德的本根。

"欲"的主要含义是感性之欲望、欲求和私利之欲望、人欲之私。感性欲求之意较为普遍，是人人都有的普遍之欲，是天理。例如，"饮食男女，人之大欲存焉"③。这种"欲"是人的自然生存所必需。如果人的感性欲望与欲求超出了一定的度，就变成了人欲之私。"不以其道得之"的富与贵，就是人欲之私，这层意义上的"欲"往往与礼义道德相对立而存在。这种"欲"是要"克治"的。

张载把人性分为"天地之性"和"气质之性"，认为"天地之性"是"无不善"的。张载曰："湛一，气之本。"④而"气质之性"则是与形体俱生的人性，"气质之性"是人的饮食男女等自然需要。在张载看来，人的饮食男女等自然需要是不可灭的，"饮食男女皆性也，是乌可灭"⑤？但过分追求人欲之私，就会伤害"天理"，"克己要当以理义战退私己"⑥。张载曰："盖人人有利欲之心，与学正相背驰，故学者要寡欲。"⑦二程在宋代的"理欲之辨"中奠定了理欲对立的基本价值走向。二程认为人心"蔽于人欲"是导致理欲对立的主要缘由。二程曰："人心私欲，故危殆。道心天理，故精微。灭私欲则天理明矣。"⑧因此二程主张"灭私欲"。二程所要灭的"私欲"是"欲之甚"，是"蔽于自私"的欲。二程曰："利者，众人所同欲也。专欲益己，其害大矣。欲之甚，则昏蔽而忘义理；求之极，则侵夺而

①《二程遗书》卷十五。
②《朱子文集》卷七十。
③《礼记·礼运》。
④《正蒙·诚明》。
⑤《正蒙·乾称》。
⑥《易说·下经·大壮》。
⑦《经学理窟·学大原上》。
⑧《二程遗书》卷二十四。

致仇怨。”[①]对于“公其心，不失其正理，与众同利，无侵于人”[②]的“利”，二程还是肯定的。

朱熹是宋代理学的集大成者，他继承了二程“理欲之辨”的主旨。朱熹认为天理与人欲是对立的。朱熹曰：“天理人欲，不容并立。”[③]“人之一心，天理存，则人欲亡；人欲胜，则天理灭，未有天理人欲夹杂者。”[④]朱熹还用“公私之辨”来展开“理欲之辨”，他认为理与欲的对立，就是公与私的对立，天理人欲之分就是公私之分。朱熹曰：“仁义根于人心之固有，天理之公也；利心生于物我之相形，人欲之私也。”[⑤]又曰：“人心之公，每为私欲所蔽。”[⑥]那么如何做到天理流行呢？朱熹曰：“学者须是革尽人欲，复尽天理，方始是学。”[⑦]

面对宋代“积贫积弱”的社会现实，李觏、王安石、陈亮、叶适等思想家反对理学“存天理，灭人欲”的主张，提出要把功利与道义统一起来，他们主张由主体内在的道德修养转向主体外在的行为事功，力图扭转内忧外患的局面。王安石的义利思想，主要提出了“理财乃所谓义”即“以义理财”的义利关系论。王安石曰：“孟子所言利者，为利吾国（如曲防、遏籴），利吾身耳。至狗彘食人食则检之，野有饿莩则发之，是所谓政事。政事所以理财，理财乃所谓义也。一部《周礼》，理财居其半，周公岂为利哉？”[⑧]“理财”是谋民之“公利”，是治国之本，“理财乃所谓义”。“生天下之财”“供天下之费”是“以义理财”的本质所在。陈亮批评传统儒家的“义利之辨”，不言功利，使道德成为空泛的说教。陈亮说：“为士者耻言文章行义，

①《周易程氏传》卷三。
②《周易程氏传》卷三。
③《孟子集注·滕文公上》。
④《朱子语类》卷十三。
⑤《孟子集注·梁惠王上》。
⑥《朱子语类》卷十三。
⑦《朱子语类》卷十三。
⑧《答曾公立书》。

而曰‘尽心知性’，居官者耻言政事书判，而曰‘学道爱人’。相蒙以欺，以尽废天下之实，则亦终于百事不理而已。”[①]陈傅良在《至陈同甫书》中把陈亮的主张概括为：“功到成处，便是有德；事到济处，便是有理。”[②]这样，陈亮把道德考量的标准由主体内在的修养转向主体外在的行为功效之上。[③]陈亮批评那些腐儒，“尽废天下之实”，宋王朝已经山河破碎，还安于一隅，空谈“性命之说”。陈亮主张挽救民族于危亡，而不应拘泥于传统道德价值导向的束缚。叶适曰：“仁人正谊不谋利，明道不计功，此语初看极好，细看全疏阔。古人以利与人，而不自居其功，故道义光明。后世儒者，行仲舒之论，既无功利，则道义者乃无用之虚语耳。”[④]其明确把功利视为道义的基础，反对离开功利空谈道义。叶适主张“以利和义，不以义抑利”[⑤]，倡导在功利的基础上把利与义统一起来，从而“成其利，致其义”[⑥]。王安石、陈亮、叶适等人对宋代理学义利、理欲之辨的道德说教进行了严厉的批驳，但是由于中国传统社会以自然经济为基础的“重农抑商”的经济结构与以家族主义为基础的“家国同构”的社会结构的影响，以“重义轻利”“崇公抑私”为价值取向的儒家公私观始终占据了中国传统伦理思想的主导地位。

（二）群己之辨

张载用外在客观的宇宙本体提升了儒家道德义务的神圣性，把儒家“重群”的“群己之辨”提升到一个新的高度。张载“重群”的思想主要体现在其“民胞物与”的主张上。“义理之天”的宇宙本体使群体价值具有了本体论依据，把个体的道德义务视为神圣的使命，群体价值相对于个体价值就具

①《送吴允成运干序》。

② 陈傅良：《至陈同甫书》。

③ 唐凯麟、陈科华：《中国古代经济伦理思想史》，北京：人民出版社，2004年版，第347页。

④《习学记言》卷二十三。

⑤《习学记言序目》。

⑥《习学记言序目》。

有了一种超越性。张载认为，只要人们做到“民相趣如骨肉……谋人如己，谋众如家”[①]，就能实现社会和谐。“宋儒这种民胞物与的观念，尽管仍再现了先秦儒家从亲子伦常关系向外辐射的思路，但它无疑又使儒家的仁道原则获得了更为宽广的内涵。”[②]

程朱以存道心与灭人心来彰显群体价值。朱熹曰：“只是这一个心，知觉从耳目之欲上去，便是人心；知觉从义理上去，便是道心。”[③]什么是道心呢？“道心者，兼得理在里面。惟精是无杂。”[④]所以存天理就是要以道心为主，而以“人心”表现出来的“我”，则是“私有底物”[⑤]。朱熹曰：“己者，人欲之私也。”[⑥]又曰：“大凡人有己则有私。”[⑦]如何去除私欲呢？“不获其身，不见其身也，谓忘我也。无我则止矣。”[⑧]由此可见程朱对以道心维系的群体价值和社会秩序的重视，以及对人心维系的私欲及个体价值的贬低。

不仅如此，对群体价值的关注，是君子的重要特质。二程曰：“君子之志所虑者，岂止其一身？直虑及天下千万世。小人之虑，一朝之忿，曾不遑恤其身。”[⑨]另外，程朱以天理与私欲的对立映射道心与人心的对立，“不是天理，便是私欲”，“无人欲即皆天理”[⑩]，赋予道心维系的群体价值和社会秩序以无上的神圣色彩，极大地压抑了个体价值。“新儒学的无我说，在程朱那里取得了整体（社会等级结构）至上的形式。程朱之强化整体，与

①《经学理窟·学大原上》。

② 杨国荣：《善的历程：儒家价值体系研究》，上海：上海人民出版社，2006年版，第199页。

③《朱子语类》卷七十八。

④《朱子语类》卷七十八。

⑤《朱子语类》卷六十二。

⑥《论语或问》卷十二。

⑦《朱子语类》卷二十九。

⑧《周易程氏传》卷四。

⑨《二程遗书》卷十。

⑩《二程遗书》卷十五。

本体论上突出普遍的天理有着逻辑的联系”，“一理统万物体现于群己关系，便展开为社会大我对个体小我的制约。事实上，作为大我化身的道心，正是天理的内化。这样，本体论上的万物上本于一理，实质上构成了群己关系上自我从属于整体的形而上根据”。[①]

陆王学派主张“心即理”，直接将心规定为天理的化身，较之程朱，更加注重个体主观能动性的发挥。但他们与程朱一样，陆王也把群体价值放在第一位。王阳明特别强调个人的社会责任，他说：“大人者，以天地万物为一体者也，其视天下犹一家，中国犹一人焉”，“岂惟大人，虽小人之心亦莫不然”。[②]与程朱一样，陆王加强了天理的内在制约，要求无己无我。陆九渊曰：“此理乃是宇宙之所固有。”[③]又曰：“此理在宇宙间，未尝有所隐遁，天地之所以为天地者，顺此理而无私焉耳。人与天地并立而为三极，安得自私而不顺此理哉。”[④]由此陆九渊曰：“诚知此理，当无彼己之私。”[⑤]王阳明也说：“人心本是天然之理，精精明明，无纤介染着，只是一无我而已。”[⑥]“从张载到程朱，从程朱到陆王，宋明新儒学力图对个体与整体，自我与群体作出适当的定位，并由此在群己关系上建立合理的价值取向。然而尽管他们从不同的角度对个体原则与群体原因作了有意义的考察，并在某种程度上表现出主体性的自觉，但就总体而言，整体主义仍被置于主导的地位。”[⑦]

（三）天人之辨

从本质上说，“天人合一”始终是宋代理学天人关系理论的基点，简言之，天人关系即“天”与“人”相融相合的关系。张载以太虚之气为天，在

① 杨国荣：《善的历程：儒家价值体系研究》，上海：上海人民出版社，2006 年版，第 221~222 页。
②《大学问》。
③《陆九渊集·与朱元晦》卷二。
④《陆九渊集·与朱济道》卷十一。
⑤《陆九渊集·与吴子嗣》卷十一。
⑥《传习录下》。
⑦ 杨国荣：《善的历程：儒家价值体系研究》，上海：上海人民出版社，2006 年版，第 226 页。

张载看来，万物的本体是无意识的元气之天。天是人性的本原，“天地之塞，吾其体；天地之帅，吾其性”[①]。张载曰：“性与天道合一存乎诚。天所以长久不已之道，乃所谓诚。仁人孝子所以事天诚身，不过不已于仁孝而已。”[②]“天”以“诚”为其道德含义。张载曰：“天人不须强分，《易》言天道，则与人事一滚论之，若分别则只是薄乎云尔。自然人谋合，盖一体也，人谋之所经画，亦莫非天理。”[③]“儒者则因明致诚，因诚致明，故天人合一。”[④]这种“天人合一”是人性本于天德基础上的“合一”。人要超越“有我”之形体所限，修德才能实现“天人合一”，不能勉强。

二程提出了“天人本无二，不必言合”[⑤]的观点，在天人观上推进了张载的观点。与张载把太虚之气视为天不同，二程以理为天。二程曰：“天者理也。”[⑥]理即天道也是人道，理的特性是善。值得一提的是，把天理提升为宇宙万物的最高本体，是二程首倡，二程以“公”或“无私”来解读“天理”的品性。二程曰：“父子君臣，天下之定理，无所逃于天地之间。安得天分不有私心，则行一不义，杀一不辜，有所不为。有分毫私，便不是王者事。”[⑦]又曰：“仁之道，要之只消道一公字。公只是仁之理，不可将公便唤作仁。公而以人体之，故为仁。”[⑧]

朱熹继承了二程“天人之辨”的思想，把天理视为宇宙万物的本原。朱熹的宇宙观，也是其道德观。朱熹在对“天”本义的看法上，基本上重复和肯定了二程的天理论，并无新的阐发。[⑨]天理是善的，是社会伦理纲常之本

①《正蒙·乾称》。
②《正蒙·诚道》。
③《易说·系辞下》。
④《正蒙·乾称》。
⑤《二程遗书》卷六。
⑥《二程遗书》卷十二。
⑦《二程遗书》卷五。
⑧《二程遗书》卷十五。
⑨ 陈谷嘉：《宋代理学伦理思想研究》，长沙：湖南大学出版社，2006年版，第84页。

原，是社会的当然之则，而且天理是客观存在的。朱熹认为，纯善的理即“天命之性”与气质之性结合，受到气质之性的“蔽固”，从而影响天理之善的展现。因此，人们要尽心穷理达至“天人合一”，“故尽其心而可以知性知天，以其体之不蔽而有以究夫理之自然也”①。朱熹主张革除“气质之性”之蔽，复归纯善的“理之自然”。

朱熹曰：“至于天下之物，则必各有其所以然之故与所当然之则，所谓理也。”②又曰：“天道流行，造化发育，凡有声色貌象而盈于天地之间者，皆物也。既有是物，则其所以为是物者，莫不各有其当然之则而自不容已，是皆得于天之所赋，而非人之所能为也。”③朱熹把“所以然之故”和“所当然之则”都视为“非人之所能为也”的必然，是一种道德宿命论的说教。这种说教在确立了朱熹“天理”的普遍性、超越性、永恒性与绝对性的同时，也赋予了“天理之公”普遍性、超越性、永恒性与绝对性，使得“天理之公”成为压倒一切对立面的巨大精神力量，成为中国人精神世界的至上道德准则。朱熹的道德本体论对于封建道德纲常的另一个重要意义，就是把封建的道德准则——“当然之则”归于“必然”的范畴，从而完成了对中国伦理思想史上“道德宿命论”的理论总结。④

陆九渊和王阳明作为宋明心学一系的代表，提出了人心就是天理的观点，把“心”提升为宇宙万物的本体。理由心所派生，“心之体甚大，若能尽我之心，便与天同”⑤。陆九渊曰：“四方上下曰宇，往古来今曰宙。宇宙便是吾心，吾心即是宇宙。”⑥与朱熹的客观之“理”不同，陆九渊的“理”变成了主观之“心”，但是“理”的内容都是一样的，都是仁义礼智等社

①《朱文公文集》卷六十七。
②《大学或问》。
③《大学或问》。
④ 朱贻庭：《中国传统伦理思想史》，上海：华东师范大学出版社，2003 年版，第 385 页。
⑤《陆九渊集》卷三十五。
⑥《杂说》。

会的伦理纲常。陆九渊曰："仁即此心也，此理也。"[①]"理"是普遍的、永恒的。陆九渊曰："千万世之前有圣人出焉，同此心同此理也；千万世之后；有圣人出焉，同此心同此理也；东南西北海有圣人焉，同此心同此理也。"[②]

与陆九渊一样，"心"也是王阳明学说的最高范畴。只是王阳明用"良知"代替了"心"，把"良知"提升为宇宙万物的本体。在王阳明看来，性、心、理与良知名称不同，实则一回事。"缘天地之间，原只有此性，只有此理，只有此良知，只有此一件事耳。"[③]王阳明把"良知"看作宇宙万物的本体。他认为良知人人皆有，"是非之心，人皆有之，即所谓良知也"[④]。与朱熹、陆九渊一样，王阳明的"良知"，也是社会的伦理纲常。"致良知"也就是"胜私复理"，"无私意障碍"[⑤]。程、朱、陆、王的共同目的都是"论证封建道德的永恒性和合理性"[⑥]。

三、明末清初的公私之辨

（一）义利之辨

李贽公开倡导"人必有私"的义利思想。这里的"私"，是不损害他人利益的私心，是人的自然人性。因此，"人必有私"，这是普遍的。李贽提出以私为善，反对儒家传统的义利之辨。他说："夫善言即在乎迩言之中。"[⑦]因此"夫欲正义，是利之也。若不谋利，不正可矣。吾道苟明，则吾之功毕矣，若不计功，道又何时而可明也？今曰圣学无所为，既无所为矣，又何以

①《陆象山全集·与曾宅之》卷一。
②《杂说》。
③ 王守仁：《王阳明全集（第一册）》，上海：上海古籍出版社，2014年版，第95页。
④ 王守仁：《王阳明全集（第一册）》，上海：上海古籍出版社，2014年版，第211页。
⑤ 王守仁：《王阳明全集（第一册）》，上海：上海古籍出版社，2014年版，第7页。
⑥ 朱贻庭：《中国传统伦理思想史》，上海：华东师范大学出版社，2003年版，第407页。
⑦《明灯道古录》卷下。

为圣为乎？”[①]

李贽继承了泰州学派“百姓日用是道”[②]的主张，倡导穿衣吃饭即人伦物理。他说：“穿衣吃饭，即是人伦物理；除却穿衣吃饭，无伦物矣。世间种种皆衣与饭类耳，故举衣与饭而世间种种自然在其中，非衣饭之外更有所谓种种绝与百姓不相同者也。”[③]李贽充分肯定了人的物质生活需要的合理性，是对陈亮、叶适“事功之学”的继承和发展，是对传统义利之辨的公开挑战。

黄宗羲认为，“有生之初，人各自私也，人各自利也”。人生来就有“自私”“自利”的本性。“好逸恶劳，亦犹夫人之情也。”在这种情况下，“天下有公利而莫或兴之，有公害而莫或除之”，“兴天下之利，除天下之害”的需要呼唤着君主的产生。君主的职责就是满足天下万民“自私”“自利”的要求。但是君主“敲剥天下之骨髓，离散天下之子女，以奉我一人之淫乐”，黄宗羲认为，君主正是“天下之大害”，提出了天下与万民高于君主的主张。[④]

在王夫之看来，义和利都很重要，义是“立人之道”，利是“生人之用”。王夫之曰：“立人之道曰义，生人之用曰利。出义入利，人道不立；出利入害，人用不生。智者知此者也，智如禹而亦知此者也。”[⑤]王夫之认为，满足人们生活需要的物质资料是人生存所必需的，“利者，民之所依也”[⑥]，但是，王夫之认为义利的重要性不可同日而语：“义之必利，而利之非可以利者。”[⑦]因此，义先于利，不可离义谈利。王夫之认为，义的价值要

---

① 李贽：《藏书（卷二）》，北京：中华书局，1959年版，第544页。
② 王艮：《王心斋全集》，南京：江苏教育出版社，2001年版，第72页。
③ 李贽：《李贽文集（第七卷）》，北京：社会科学文献出版社，2000年版，第4页。
④《明夷待访录·原君》。
⑤ 王夫之：《尚书引义（卷二）》，北京：中华书局，1962年版，第36页。
⑥ 王夫之：《尚书引义（卷一）》，北京：中华书局，1962年版，第5页。
⑦ 王夫之：《尚书引义（卷二）》，北京：中华书局，1962年版，第36页。

高于利的价值。如果离义谈利，“小人之数数于利也，则未有不为凶危之都者矣”[①]。王夫之继承了传统儒家的义利观，主张严辨义利，认为“义利之分，利害之别”[②]，把“义”同“善”直接联系起来，未超越正统儒家的价值立场。

（二）理欲之辨

王夫之认为天理与人欲都是人之性，但是天理与人欲在人性中的地位和作用是不同的。他区分了“公欲”与“私欲”，提倡“公欲”，反对“私欲”。王夫之曰：“天理、人欲，只争公私诚伪。”[③]“公欲”有两层含义：首先，人人皆有的合理欲望。王夫之曰：“天下之公欲，即理也；人人之独得，即公也。”[④]其次，人人各遂其欲即为公。王夫之曰：“人欲之各得，即天理之大同；天理之大同，无人欲之或异。”[⑤]“人所必不可有者，私欲尔。”[⑥]私欲是“同我者从之，异我者违之”[⑦]之欲，是与普遍性的公欲相对立的人欲之私。对于这种“私欲”，王夫之主张遏制。

戴震对程朱理学“存天理，灭人欲”的理欲观进行了无情的揭露和彻底的批判。戴震曰：“后儒不知情之至于纤微无憾，是谓理。而其所无理者，同于酷吏之所谓法。酷吏以法杀人，后儒以理杀人，浸浸乎舍法而论理死矣，更无可救矣！”[⑧]

戴震曰：“理也者，情之不爽失也，未有情不得而理得者也。”[⑨]理就

---

① 王夫之：《尚书引义（卷二）》，北京：中华书局，1962年版，第36页。
② 王夫之：《尚书引义（卷二）》，北京：中华书局，1962年版，第38页。
③《读四书大全说》卷六。
④《张子正蒙注》卷四。
⑤《读四书大全说》卷四。
⑥《张子正蒙注》卷四。
⑦《张子正蒙注》卷二。
⑧《与某书》。
⑨《孟子字义注疏》卷上。

是人的情欲“发而中节”，没有人的情欲也就无所谓理。“欲”是人的自然欲望。戴震曰：“凡有血气心知，于是乎有欲，性之征于欲，声色臭味而爱畏分；既有欲矣，于是乎有情，性之征于情，喜怒哀乐而惨舒分。”[①]因此“理者存乎欲者也”[②]。不仅如此，戴震认为“欲”是推动人类生存发展的原动力。戴震曰：“有欲而后有为，有为而归于至当不可易之谓理；无欲无为，又焉有理！”[③]“欲”推动着自然界和人类生生不息地去追求、去创造。

戴震把“欲”与“私”划分开来，认为二者是有差别的。戴震认为“欲”不是“私”，“欲之失为私，私则贪邪随之矣”，“情之失为偏，偏则乖戾随之矣”。[④]对于欲望，戴震主张“节欲”，反对“穷欲”。戴震曰：“天理者，节其欲而不穷人欲也。是故欲不可穷，非不可有。”[⑤]“戴震对程、朱理学伦理思想的批判，是明末清初兴起的反理学思潮的终结。”[⑥]

（三）群己之辨

李贽以王阳明的良知学说为出发点，认为私是人的本性，发展出“重己”的群己观。李贽认为，童心是人的自然生存之欲望，是人心所固有的，其基本特质是“私”。由童心说出发，李贽肯定了个体存在的价值。李贽曰：“夫天生一人，自有一人之用，不待取给孔子而后足也。”[⑦]李贽反对无条件地牺牲个人利益，他说：“为己便是为人，自得便是得人。”[⑧]李贽看到了个体存在的价值，空前地突出了个体价值的重要性，对批判封建专制主义忽视个体价值有重要意义，但同时李贽也忽视了个体在社会中应当承担的责任，

---

①《孟子字义注疏》卷上。
②《孟子字义注疏》卷上。
③《孟子字义注疏》卷下。
④《孟子字义注疏》卷下。
⑤《孟子字义注疏》卷上。
⑥ 朱贻庭：《中国传统伦理思想史》，上海：华东师范大学出版社，2003年版，第505页。
⑦《焚书·答耿中丞》卷一。
⑧《李温陵集·答周柳塘》卷四。

走向了个人主义的极端。李贽曰："我以自私自利之心，为自私自利之学，直取自己快当。"[①]

黄宗羲首先肯定了人有自私的本性。黄宗羲曰："有生之初，人各自私也，人各自利也。"[②]君主的责任是要满足天下万民"自利"的欲求，但是君主专制却导致君主为了满足自己的私欲而置万民于不顾。为君者"以我之大私为天下之大公"，"屠毒天下之肝脑，离散天下之子女，以博我一人之产业……然则为天下之大害者，君而已矣"。[③]在这里，黄宗羲明确反对以君主个人利益代替天下万民的利益。不仅如此，黄宗羲也反对以君主代表天下万民。黄宗羲曰："故我之出而仕也，为天下，非为君也；为万民，非为一姓也。"[④]其明确反对"视天下人民为人君橐中之私物"[⑤]的思想。"在黄氏那里，个体（己）与整体（天下之人）的统一，并不是以整体吞并个体为前提，而是以个体利益（自利）的充分实现为基础。这种看法已多少逸出了封建的正统观念而开始向近代意义上的群己之辨靠拢。尽管它对个体与整体的关系之理解本质上仍是抽象的，但它毕竟在否定王阳明所维护的整体主义的同时，又多少克服了李贽将为己自利推向极端之弊。"[⑥]

王夫之对中国传统的"群己之辨"进行了总结。他反对"无我"，主张"有我"。王夫之曰："言无我者，亦于我而言无我尔。如非有我，更孰从而无我乎！于我而言无我，其为淫遁之辞可知。"[⑦]王夫之的"我"与宋儒一样，是在道德修养的范围内所言的。王夫之曰："我者，大公之理所凝也。"[⑧]宋儒把心分为道心与人心，与宋儒道心之存为有我、人心之去为无

---

①《李温陵集·答寄留都》卷四。
②《明夷待访录·原君》。
③《明夷待访录·原君》。
④《明夷待访录·原君》。
⑤《明夷待访录·原臣》。
⑥ 杨国荣：《晚明群己之辩的演进》，《河北学刊》，1990年第2期，第105~106页。
⑦《思问录·内篇》。
⑧《思问录·内篇》。

我不同，王夫之把“我”视为道心与人心的统一。王夫之曰：“形色者，我之函也，而或曰：圣人无我，不亦疑于鬼而齐于木石禽虫之化哉？故知：仁，有函者也；圣人有我者也。有我以函而后可实。欲其理乎！小体其大体乎！人心其道心乎！”[①]在王夫之看来，“我”作为理欲统一的主体，是自身的主宰。王夫之曰：“志之自主者，人也。”[②]王夫之继承了儒家注重独立个体人格的传统，他说：“裁之于天下，正之于己，虽乱而不与俱流，立之于己，施之于天下，则凶人戢其暴，诈人敛其奸，顽人砭其愚，即欲乱天下，而天下犹不乱也。”[③]

王夫之倡导有我，强调了个体价值，但是仍然将群体价值放在第一位。王夫之曰：“既以身任天下，则死之与败，非意外之凶危。”[④]在清儒那里，群体范畴发生了分化，明确区分了君主、国家与天下这些群体范畴的不同。顾炎武曰：“有亡国，有亡天下。亡国与亡天下奚辨？曰：易姓改号，谓之亡国。仁义充塞，而至于率兽食人，人将相食，谓之亡天下。”[⑤]王夫之也明确指出：“一姓之兴亡，私也；而生民之生死，公也。”[⑥]在摒弃以君主为代表的“虚幻整体”的基础上，王夫之要求实现群与己的统一。王夫之曰：“以天下论者，必循天下之公。”[⑦]顾炎武曰：“合天下之私，以成天下之公，此所以为王政也。”[⑧]在他们看来，天下之公即为万民利益的总称，以此区别于君主所代表的国家利益。天下之公是“合天下之私”而成的，是对每一个个体价值的尊重。

---

①《诗广传》卷五。

② 王夫之：《尚书引义（卷六）》，北京：中华书局，1962年版，第164页。

③《续春秋左氏传博议》卷下。

④《读通鉴论》卷二十八。

⑤《日知录》卷一十三。

⑥《读通鉴论》卷一十七。

⑦《读通鉴论·叙论》。

⑧《日知录》卷三。

（四）天人之辨

王夫之继承了荀子、张载、柳宗元和刘禹锡的天人之辨思想，对中国传统的天人观进行了总结。王夫之认为气是宇宙间唯一的实体。王夫之曰："阴阳二气充满太虚，此外更无他物，亦无间隙，天之象，地之形，皆其所范围也。"[①]理也是气，"理即是气之理，气当得如此便是理"，"是岂于气之外别有一理以游行于气中者乎"？[②]王夫之的"理"就是天道。人性来自天道或理。王夫之曰："天道之本然是命，在人之天道是性。"[③]王夫之认为天道与人道是合一的。王夫之曰："道一也，在天则为天道，在人则有人道。"[④]但天道与人道还是有不同的。王夫之曰："以知知义，以义行知，存于心而推行于物，神化之事也……心之所存，推而行之，无不合于理，则天不能违矣。"[⑤]自然之天的规律是客观的，人只能遵循天理而动，"知天之理者，善动以化物"[⑥]。但是，人在天道面前不是完全被动的。王夫之强调"人之所以异于禽兽"，就在于"以人道率天道"[⑦]。王夫之曰："人之道，天之道也。天之道，人不可以之为道者也。语相天之大业，则必举而归之于圣人，乃其弗能相天与，则惟天而已矣。鱼之泳游，禽之翔集，皆其任天者也。人弗感以圣自尸，抑岂曰同禽鱼之化哉？"[⑧]人之道虽然来自天之道，但却不应该"任天"，而应该"相天"，即发挥主观能动性来治理自然。王夫之曰："天与之目力，必竭而后明焉；天与之耳力，必竭而后聪焉；天与之心思，必竭而后睿焉。天与之正气，必竭而强以贞焉。可竭者天也，竭

---

①《张子正蒙注》卷一。
②《读四书大全说》卷十。
③《读四书大全说》卷三。
④ 《张子正蒙注》卷九。
⑤《张子正蒙注・神化》。
⑥《读通鉴论》卷二。
⑦《思问录・内篇》。
⑧《续春秋左氏传博议・吴征百牢篇》。

之者人也。人有可竭之成能，故天之所死，犹将生之；天之所愚，犹将哲之；天之所无，犹将有之；天之所乱，犹将治之……任天而无能为，无以为人！”[①]王夫之高度肯定人能“竭天”的意义，进而提出了“人定而胜天”[②]的口号。这种进取精神是人主观能动性的展现。

第二节　西方传统伦理思想史中的公私观

在西方文化中，与“公”对应的英文为 publicus，它起源于拉丁文的 poblicus 一词，意为人民或与人民有关的事物。publicus 一词还有“公共性”的意味。后来这个词在法语中演变为 public。英国从 17 世纪中叶开始使用“公共”（public）一词，英语中的 public 即来源于法语。public 一词的主要意思是全体人民或与人民有关的事物。从西方文字起源和发展的轨迹上看，public 在字义上一直带有人民的意味，不同于汉字的“公”以国君为语源，与“人民”的关系相当松散。[③]在西方现代社会，public 一词已经成为“政治”与“政府”的同义语。

“私”一词源于希腊文 oikos，指为了家庭的利益或持家。“私”在英文中为 private，意为 belonging to or for the use of one particular person or group only 或 personal[④]，即私人的、个人的。从私的本义来看，它还包含有脱离公共生活的意思，in private 具有“不公开地、私下地进行”的意味。“私人”在西方语境中并不完全是贬义的，而且不被 public 所包摄，它与 public“分

①《续春秋左氏传博议·吴征百牢篇》。

②《续春秋左氏传博议》卷下。

③ 陈弱水：《公共意识与中国文化》，北京：新星出版社，2006 年版，第 101 页。

④ 霍恩比：《牛津高阶英汉双解词典（第四版增补本）》，李北达编译，北京：商务印书馆，2002 年版，第 1174 页。

别具有观念上的领域性，同时并存”[①]。

一、古希腊和古罗马时期的公私观

城邦，是古希腊和古罗马社会最突出的特征，伴随了古希腊文明的始终，也是建立帝制之前古罗马社会的基本结构。[②]首先，城邦代表了古希腊文明的最高成就，从某种意义上说，古希腊文明就是城邦文明。“所谓城邦，就是一个城市连同其周围不大的一片乡村区域就是一个独立的主权国家。”[③]其次，城邦是国家。“希腊的城邦（polis），是由各种大小不一的氏族结合起来而形成的特殊的古代国家形态……城邦是不同于统一国家的一种国家形态，这是古代希腊的历史特点。”[④]最后，城邦是一种共同体。城邦是一种由氏族结合发展起来的共同体。在这样的共同体社会里，长期共同生活形成的风俗、习惯以及各种行为规范便成为人们的行为准则，构成了共同体和谐秩序的基础。[⑤]城邦里生活着拥有公民权的市民或公民以及没有公民权的奴隶与外国人。在古希腊和古罗马时期，社会普遍奉行城邦至上的公共利益观。“个人在精神上无法脱离城邦的全权……城邦是唯一的力量所在，没有什么东西能够置身度外，无论是国家的统一还是个人的自由，都不能超越它。”[⑥]

（一）柏拉图的公私观

在柏拉图看来，城邦与个人是一体的、不可分割的，个人离开城邦是无法生存的，因此城邦高于个人，城邦利益重于个人利益。柏拉图说：“在我

---

① [日] 佐佐木毅、[韩] 金泰昌：《公与私的思想史》，刘文柱译，北京：人民出版社，2009年版，第156页。

② 陈可风：《罗马共和宪政研究》，北京：法律出版社，2004年版，第14页。

③ 顾准：《顾准文存：顾准文稿》，北京：中国青年出版社，2002年版，第462页。

④ 宋希仁：《西方伦理思想史》，北京：中国人民大学出版社，2004年版，第10页。

⑤ 宋希仁：《西方伦理思想史》，北京：中国人民大学出版社，2004年版，第11~12页。

⑥ [法] 库朗热：《古代城邦：古希腊罗马祭祀、权利和政制研究》，谭立铸，等译，上海：华东师范大学出版社，2006年版，第329页。

看来，之所以要建立一个城邦，是因为我们每一个人不能单凭自己达到自足，我们需要许多东西。”①在柏拉图的伦理思想中，始终坚持城邦至上的理念。在《理想国》中，柏拉图把正义、幸福与城邦紧密联系起来，来论证城邦至上的价值。

如何实现城邦正义？柏拉图认为，要明确各个阶层的社会分工，各阶层的人们各司其职，就能实现正义和国家的最大幸福。柏拉图说：“正义就是只做自己的事而不兼做别人的事。”②柏拉图把城邦分为三个阶层：统治者、军人、生产者。对于统治者阶层来说，其最大的正义是运用其才智谋取城邦的幸福，所以柏拉图期许的统治者就是哲学王。柏拉图说：“做了统治者，他就要报酬，因为在治理技术范围内，他拿出自己全部能力努力工作，都不是为了自己，而是为所治理的对象。”③对于军人阶层来说，最大的正义就是发扬其勇敢的德行，保卫城邦，摒除内忧外患。而节制是生产者阶层的德行，他们要为社会生产物质财富，要约束其低级欲望。柏拉图认为，三个阶层各尽其责，互不越位，就能实现全民的幸福与城邦的正义。

既然城邦与国家利益是至上的，具有相对于个人与个人利益的优越性，那么在柏拉图看来，个人利益就是一种破坏城邦和谐的因素，个人利益要完全服从于城邦或国家利益。柏拉图认为，追求个人利益会导致道德腐化、城邦分化。柏拉图说：“对于人们真正的利益所在毫不关心，只是一心以那些转瞬即逝的快乐为诱饵吸引愚蠢的人们，使他们把这些东西视若神灵。……我把这种事情称为勾引，并且认为它根本不道德……因为它把快乐而不是善作为目的，它也不是一种艺术而只是一种投机。”④为了消除个人利益与公共利益的冲突，柏拉图还主张在统治者阶层废除私有财产制度，实行公共就

① [古希腊] 柏拉图：《理想国》，郭斌和、张竹明译，北京：商务印书馆，1986 年版，第 58 页。
② [古希腊] 柏拉图：《理想国》，郭斌和、张竹明译，北京：商务印书馆，1986 年版，第 154 页。
③ [古希腊] 柏拉图：《理想国》，郭斌和、张竹明译，北京：商务印书馆，1986 年版，第 30 页。
④ 转引自唐士其：《西方政治思想史》，北京：北京大学出版社，2002 年版，第 74 页。

餐制，甚至还要求废除家庭和一夫一妻制的性关系，代之以有节制的交配，并对儿童实行无差别的教育。罗素对此评论道："家庭的空间有限，以免它与城邦产生竞争。只有国家才是主人，才可拥有自由，才可有自己的意志，才能有宗教和信仰，谁要是有不同的思想，该死。"①

由此可见，柏拉图的公私观把城邦或国家利益放在第一位，将公共利益与个人利益对立起来。他看到了个人利益对国家利益的依存，主张将个人价值的实现融于对城邦公共利益的追求中，不允许与国家利益不同的个人利益。"国家利益应该放在超乎一切的地位上，以使国家能治理得很好。不应该让争吵过度以致推动公道。也不应该让暴力损害公共的善。因为一个治理得很好的国家是最可靠的庇护所，其中有着一切。如果它安全，就一切都安全；如果它被损坏了，就一切都被损坏了。"②

（二）亚里士多德的公私观

与柏拉图一样，亚里士多德在处理公民与城邦的关系上是一致的。亚里士多德也坚持城邦或国家利益至上的公私观，认为城邦利益优于个人利益，城邦是最高且最广的善。"可以说明城邦出于自然的演化，而人类自然是趋向于城邦生活的动物（人类在本性上，也正是一个政治动物）。"③亚里士多德认为，城邦是先于个人的，而且是自足的。城邦也是至善的。亚里士多德说："尽管这种善于个人和于城邦是同样的，城邦的善却是所要获得和保持的更重要、更完满的善。因为，为一个人获得这种善诚然可喜，为一个城邦获得这种善则更高尚（高贵），更神圣。"④不难看出，城邦的重要性是优于个人的。

① [英] 罗素：《西方哲学史（上卷）》，何兆武、李约瑟译，北京：商务印书馆，1976 年版，第 150~152 页。

② 北京大学哲学系：《古希腊罗马哲学》，北京：商务印书馆，1962 年版，第 115 页。

③ [古希腊] 亚里士多德：《政治学》，吴寿彭译，北京：商务印书馆，1965 年版，第 7~8 页。

④ [古希腊] 亚里士多德：《尼各马可伦理学》，廖申白译，北京：商务印书馆，2004 年版，第 6 页。

与柏拉图不同的是，虽然亚里士多德强调国家利益的至上性，但他并未忽视个人利益，而是追求个人利益与城邦利益的和谐。在亚里士多德看来，柏拉图要求完全废除财产私有，消灭个人私利是不可能的，共产共妻是有害的，这种绝对统一性甚至是导致城邦毁灭的原因。亚里士多德说："我现在所提到的，乃是苏格拉底推论的前提，即，整个城邦愈一致便愈好。但是，一个城邦一旦完全达到了这种程度的整齐划一便不再是一个城邦了，这是很显然的。因为城邦的本性就是多样化，若以整齐划一为度，那么，家庭将变得比城邦更加一致，而个人又要变得比家庭更加一致。因为作为'一'来说，家庭比城邦为甚，个人比家庭为甚。所以，即使我们能够达到这种一致性也不应当这样去做，因为这正是使城邦毁灭的原因。"①亚里士多德看到了公共利益并非完全脱离个人利益而存在，二者不是完全对立的，建立在多样性基础上的城邦和谐才是真正的和谐。

值得一提的是，柏拉图和亚里士多德的国家或城邦利益不是统治者的个人利益，而是城邦全体公民的利益。统治者就像"体育老师或舵师主要地总是致力于他所统领的全班生徒或全船水手的利益；但当教师偶或作为生徒之一而本身仍旧还是一位教师，或舵师作为众水手之一时，他附带着也获得全班或全船的利益"②。由此，亚里士多德的公私观依然把公共利益放在至上的位置上。

（三）伊壁鸠鲁的公私观

随着马其顿王朝的崛起，城邦政治渐渐淡出人们的视线，人们的目光更多地转向个人的心灵深处来寻求精神上的慰藉。西方伦理思想由此发生转向，由对城邦国家的关注，转向倡导个人价值、个人权利和实现个人幸福等

① [古希腊] 亚里士多德：《政治学》，颜一、秦典华译，北京：中国人民大学出版社，2003 年版，第 30 页。

② [古希腊] 亚里士多德：《政治学》，吴寿彭译，北京：商务印书馆，1965 年版，第 134~135 页。

问题。“一个人为了过美好的生活必须生活于城邦之外，或者即使生活在城邦之内也无论如何不应当隶属于城邦，他们已树立起一套不仅与柏拉图和亚里士多德所设想的无关而且实质上与之相反的价值标准。他们宣称，一个聪明的人将尽其所能地少与政治打交道，将决不愿意接受担任公职的责任和荣誉，把这两者看成是引起忧虑的原因而予以避免。”①

伊壁鸠鲁公私观的核心思想是个人利益至上，但是伊壁鸠鲁所说的快乐并不是指纵欲过度的快乐，而是“身体的无痛苦和灵魂的无纷扰”②。伊壁鸠鲁从个人主义的角度出发，认为快乐就是身体的健康和灵魂的平静，由此出发，伊壁鸠鲁认为“控制这些不必要的欲望才是获得真正快乐的前提”③。伊壁鸠鲁强调对快乐的追求要有节制，防止过度的个人利益侵害公共利益，客观上论证了公共利益存在的合理性。

由此可见，伊壁鸠鲁的公私观是把个人利益放在至上地位的，但是他也在此基础上努力寻求个人利益与公共利益的和谐，以化解公私利益的矛盾冲突，这是难能可贵的。

（四）西塞罗的公私观

西塞罗的公私观旨在调和公共利益与私人利益之间的关系。西塞罗认为，“把各自的个人利益与整个国家的利益融为一体，就应当是所有人的主要目标。因为，如果个人为了各种自私的目的而把本应用于公共福利的东西占为己有，那么，人与人之间的伙伴关系就会完全被摧毁”④。西塞罗深受柏拉图的影响，其公私观突显了公共利益的重要性。西塞罗说：“我们可以把以下这一点看作是确定不变的：在选择相互冲突的责任时，应把人类社会

① [美] 乔治·霍兰·萨拜因：《政治学说史（上卷）》，盛奎阳、崔妙因译，北京：商务印书馆，1986 年版，第 161 页。

② 转引自宋希仁：《西方伦理思想史》，北京：中国人民大学出版社，2004 年版，第 87 页。

③ 转引自宋希仁：《西方伦理思想史》，北京：中国人民大学出版社，2004 年版，第 88 页。

④ [古罗马] 西塞罗：《西塞罗三论》，徐奕春译，北京：团结出版社，2007 年版，第 286 页。

的利益所需要的那类责任放在首位。”[①]西塞罗认为，法律的创设也要以公共利益的实现为目的。他说：“人们都认为，创造法律是为了公民的安全、国家的长存以及人们生活的安宁和幸福。”[②]因此，统治者守法至关重要。公共利益是国家与法存在的道德基础。“国家是全体国民的事情。但一国之民不是以随便的方式集合而成的随便的人群，而是根据一致同意的正义原则结成的大量的人的集合体，是以公益为目的的合作关系。”[③]由此西塞罗否定了暴君的统治。他说：“在所有人受到独夫残酷压制的地方……你能把它称之为一个国家吗……必须澄清的是，在暴君统治的地方，国家形同虚设。”[④]因此，在西塞罗看来，个人不应当去做损害公共利益的事情。他说：“只要我们真的学过一些哲学，就应该完全相信：即使我们可以躲过神祇和凡人的眼睛，我们还是不应当做任何带有贪婪、不公正、淫欲或放纵意味的事情。”[⑤]

另外，西塞罗也强调“执政者不能随随便便打着国家的旗号侵犯个人的财产权，这是因为大家聚在一起形成社会，就是为了让它保护人们的财产不受侵犯”[⑥]。不仅如此，每个人在不损害他人利益的情况下，可以自由追求自己的利益。“在人生的赛场上也应当遵守这一规则：任何人都可以公平地追求自己的利益，谋取他所需要的一切，但无权掠夺旁人的东西。”[⑦]

西塞罗认为，“应当制定某种一般性的规则，以便每当我们称之为利的东西与我们称之为义的东西似乎发生冲突时，使我们能作出正确无误的决

① [古罗马] 西塞罗：《西塞罗三论》，徐奕春译，北京：团结出版社，2007年版，第209页。

② [古罗马] 西塞罗：《国家篇 法律篇》，沈叔平、苏力译，北京：商务印书馆，1999年版，第188~189页。

③ [美] 列奥·施特劳斯、约瑟夫·克罗波西：《政治哲学史》，李洪润，等译，北京：法律出版社，2009年版，第150页。

④ [爱尔兰] 凯利：《西方法律思想简史》，王笑红译，北京：法律出版社，2002年版，第63页。

⑤ [古罗马] 西塞罗：《西塞罗三论》，徐奕春译，北京：团结出版社，2007年版，第293页。

⑥ 刘晓欣：《公私之辩：对公私利益关系的政治哲学探讨》，南开大学博士学位论文，2008年，第62页。

⑦ [古罗马] 西塞罗：《西塞罗三论》，徐奕春译，北京：团结出版社，2007年版，第297页。

定；而且，如果我们在比较各种行为路线时遵守那种规则，我们就永远不会背离责任之路”[①]。西塞罗的公私观倡导人们在追求个人利益的同时，不破坏与公共利益的和谐。

二、中世纪的公私观

西方的中世纪是基督教神学占统治地位的时期，托马斯·阿奎那作为经院哲学的集大成者，把古希腊和古罗马时期的公共利益观尤其是亚里士多德的观念与基督教教义调和起来，从神学的视角来解读公共利益与私人利益的关系。因此，阿奎那神学视域中的公私观“不过是他企图把亚里士多德主义同基督教义调和起来、把希腊时代旧的然而又是新发现的智慧同基督教义融合起来的伟大计划的一个方面”[②]。

宗教不是一种不依赖个人的现象，体现出将人们共构一体的集体生活和社会行为。所以，宗教从产生伊始就代表了一种超越个体的社会性，是高于个体、不依赖个体的集体情感和行为。[③]“阿奎那致力于根据基督教的信仰来重新解释亚里士多德，并按照亚里士多德的哲学来改造基督教神学”[④]，因此，阿奎那的公私观必然强调公共利益至上，这也是中世纪处理公共利益与私人利益关系的基本倾向。阿奎那继承与发展了亚里士多德的思想，认为“与所有其他动物相比，人尤其是政治的和社会的动物，公民社会对人来说是自然的，但它不是由自然赋予的东西，而是为人的本性所倾向并且是为人的理性本性的完善所必需的东西”[⑤]。“人属于社会，没有社会他就

① [古罗马] 西塞罗：《西塞罗三论》，徐奕春译，北京：团结出版社，2007年版，第282页。

② [意] 阿奎那：《阿奎那政治著作选》，马清槐译，北京：商务印书馆，1982年版，第10页。

③ 转引自卓新平：《宗教理解》，北京：社会科学文献出版社，1999年版，第170页。

④ [美] 列奥·施特劳斯、约瑟夫·克罗波西：《政治哲学史》，李洪润，等译，北京：法律出版社，2009年版，第232页。

⑤ [美] 列奥·施特劳斯、约瑟夫·克罗波西：《政治哲学史》，李洪润，等译，北京：法律出版社，2009年版，第237~238页。

不能生存，更不用说生活得好。”[①]“安排有利于公共幸福的事务，是整个社会的任务。”[②]因此，公共利益是优于个人利益的。

阿奎那把公共利益分为物质层面和精神层面两种，其中，精神层面是神圣的、高于物质层面的。阿奎那认为，统治者负责实现俗世的公共利益，这种公共利益首先表现为社会秩序与社会安宁。除此之外，统治者还要关心社会发展，增进社会福利。“依靠统治者的智慧保有那种为幸福生活所不可缺少的物质福利的充裕。”[③]

阿奎那认为，国家利益高于个人利益，社会重于个人。阿奎那说：“正如一个人的幸福并不是最后目的，而是从属于公共福利一样，任何家庭的幸福也必须从属于作为一个完整社会的城市的利益。”[④]在不损害公共幸福的前提下，阿奎那肯定了财产私有。但是，“人们只应当在有利于公共幸福的情况下把有形的东西保留下来作为他们自己的东西；各人都愿意在必要时同别人共享那些东西”[⑤]。总之，阿奎那的公私观强调公共利益至上，公共利益优于个人利益，个人利益是从属于公共利益的。

三、近代的公私观

欧洲漫长的中世纪在持续了近千年之后，到 14 世纪末期趋于瓦解，欧洲进入近代社会。近代以来，社会的公私利益关系发生了重大转变。科学技术的发展极大地推动了生产力的发展，助长了个人对自身利益的追求，人性得到空前的解放。罗素曾说：“通常谓之‘近代’的这段历史时期，人的思想见解和中古时期的思想见解有许多不同。其中有两点最重要，即教会的威

---

① [美] 列奥·施特劳斯、约瑟夫·克罗波西：《政治哲学史》，李洪润，等译，北京：法律出版社，2009 年版，第 238 页。

② [意] 阿奎那：《阿奎那政治著作选》，马清槐译，北京：商务印书馆，1982 年版，第 105 页。

③ [意] 阿奎那：《阿奎那政治著作选》，马清槐译，北京：商务印书馆，1982 年版，第 89 页。

④ [意] 阿奎那：《阿奎那政治著作选》，马清槐译，北京：商务印书馆，1982 年版，第 106 页。

⑤ [意] 阿奎那：《阿奎那政治著作选》，马清槐译，北京：商务印书馆，1982 年版，第 142 页。

信衰落下去，科学的威信逐步上进。旁的分歧和这两点全有连带关系。”[①]与传统公共利益至上、公共利益优于个人利益这一公私利益关系不同，坚持从私人利益出发谋求公私利益关系的和谐，是近代以来公私之辨的主流。但是，从伦理学家解决公共利益与私人利益的关系中，我们可以明显地看到两种基本思考路径：第一，从个人利益的视角出发，在市场经济的社会模式中来构建自己的公私利益关系理论，旨在论证个人利益之于现代社会的充分合理性与正当性；第二，在强调个人利益至上的基本原则下，注意到了公共利益之于现代社会的不可或缺性，即使在极端强化个人利益优先的古典自由主义理论中，也从来不缺乏对公共利益的肯定。[②]

（一）契约论中的公私观

宗教的衰落、科学的发展以及人文主义的兴起，为社会契约论的产生准备了前提条件。社会契约论应运而生，“人们感觉必须为服从政府这件事找出根据；若不是说那是神命，似乎只好说它是契约授予的权力了。因此，政治是由契约设立的这个学说，几乎在所有反对王权神授的人当中都得人心”[③]。自激进宗教改革的时代至18世纪下半叶，社会契约的理论主导着政治思想。[④]社会契约论中的公私观把公共利益视为国家或政府权力的合法性基础，要求其以公共利益为旨归，代表人物有霍布斯、洛克和卢梭。

1. 霍布斯的公私观

保护私人利益是霍布斯公私之辨的一条主线，国家的产生也是为了保护每个人的自然权利。霍布斯认为，人性有两项原则，即欲望和理性。但在社会形成之前，自然人几乎是非理性的。欲望原则“促使人们急着为自己攫取

---

① [英] 罗素：《西方哲学史（下卷）》，何兆武、李约瑟译，北京：商务印书馆，1976年版，第1页。

② 刘晓欣：《公私之辩：对公私利益关系的政治哲学探讨》，南开大学博士学位论文，2008年，第88页。

③ [英] 罗素：《西方哲学史（下卷）》，何兆武、李约瑟译，北京：商务印书馆，1976年版，第162页。

④ [美] 约翰·麦克里兰：《西方政治思想史》，彭淮栋译，海口：海南出版社，2003年版，第202页。

其他人所需要的东西，从而使他们彼此陷入冲突的境地”[①]。由于人与人在体力和智力上大体相当，如果没有强有力的国家政权来调整他们的行为，那么整个社会就会处于一种“一切人反对一切人的战争状态”[②]。

有没有一种力量能够将人类从自然状态中拯救出来呢？霍布斯认为，这个力量就是人的自我保护的欲求。“使人们倾向于和平的激情是对死亡的畏惧，对舒适生活所必需的事物的欲望，以及通过自己的勤劳取得这一切的希望。”[③]在霍布斯看来，人的理性能够促使人自身从自然状态中走出来。人的理性是一种调节力，“根据这种调节力，对安全的追求便可以在不终止遵循自我保护这项普遍规则的情况下变得更加有效”[④]。为了摆脱自然状态，所有的人放弃自己的全部权利并使自己受制于一个主权者。“我放弃支配自己的权利并授权给这个人或授权给这些人的集合，而条件是：你也把你的权利交给他，并以同样的方式授权他采取一切行动……这就是那个伟大的利维坦的时代，或者更准确地说（即说得更虔诚些），乃是那个有死的上帝的时代，而在永生上帝的庇荫下，我们感激这个时代给予了我们和平和保护。”[⑤]

在霍布斯看来，国家是契约的产物，国家的地位高于个人，国家利益就是公共利益，是个人利益得以实现的保障。霍布斯说：“没有强力支撑的契约不过是一纸空文，它们根本就没有力量确保一个人的安全。”[⑥]个人利益

① [美] 乔治·霍兰·萨拜因：《政治学说史（下卷）》，邓正来译，上海：上海人民出版社，2010 年版，第 144 页。

② [美] 乔治·霍兰·萨拜因：《政治学说史（下卷）》，邓正来译，上海：上海人民出版社，2010 年版，第 144 页。

③ [英] 霍布斯：《利维坦》，黎思复、黎廷弼译，北京：商务印书馆，1985 年版，第 97 页。

④ [美] 乔治·霍兰·萨拜因：《政治学说史（下卷）》，邓正来译，上海：上海人民出版社，2010 年版，第 144 页。

⑤ [美] 乔治·霍兰·萨拜因：《政治学说史（下卷）》，邓正来译，上海：上海人民出版社，2010 年版，第 149 页。

⑥ [美] 乔治·霍兰·萨拜因：《政治学说史（下卷）》，邓正来译，上海：上海人民出版社，2010 年版，第 148 页。

依靠国家或政府的强力被融于国家利益之中。不仅如此，在霍布斯看来，“在社会与国家之间进行任何界分只能引起混乱；在国家与其政府之间进行任何界分，结果亦复如此”[①]。连法律与道德也无一例外地是主权者的意志，整个社会的权力都必须集于主权者一身。国家利益代替公共利益，主权者的私利又代替国家利益，这使霍布斯的国家利益蒙上了浓厚的专制主义色彩。值得一提的是，霍布斯看到了主权者的私利与公共利益的矛盾。霍布斯认为，不可能指望任何一个统治者或主权者放弃追逐私利、家族和亲友的利益，这些利益的重要性在统治者眼中起码会等同于，甚至会超过公共利益。[②]但是霍布斯仍然欲盖弥彰地认为君主制是最好的政体。霍布斯说：“既然拥有统治权的人总是关心他们的个人利益，所以在公共利益与私人利益密切统一的地方，公共利益就会被最大限度地增进。这种情况存在于君主制，因而君主制是最好形式的政体。”[③]

必须指出的是，霍布斯为臣民留下了不服从的自由。他说：“如果主权者命令某人把自己杀死、杀伤、弄成残废或对来攻击他的人不予抵抗，或是命令他绝饮食、断呼吸、摒医药或放弃任何其他不用就活不下去的东西，这人就有自由不服从。”[④]

总之，“为君主专制主义所做的辩护只是霍布斯实际有效的政治哲学中的一个浅层部分”[⑤]，“由于人的一切行为都是由个人的自私之心所驱使的，所以社会就必然被视为只是达到这一目的的手段。这样，霍布斯既是一个彻

① [美] 乔治·霍兰·萨拜因：《政治学说史（下卷）》，邓正来译，上海：上海人民出版社，2010年版，第150页。

② [美] 列奥·施特劳斯、约瑟夫·克罗波西：《政治哲学史》，李洪润，等译，北京：法律出版社，2009年版，第406页。

③ [美] 列奥·施特劳斯、约瑟夫·克罗波西：《政治哲学史》，李洪润，等译，北京：法律出版社，2009年版，第407页。

④ [英] 霍布斯：《利维坦》，黎思复、黎廷弼译，北京：商务印书馆，1985年版，第169页。

⑤ [美] 乔治·霍兰·萨拜因：《政治学说史（下卷）》，邓正来译，上海：上海人民出版社，2010年版，第137页。

头彻尾的功利主义者，又是一个彻头彻尾的个人主义者"[①]。这种个人主义乃是霍布斯思想中彻头彻尾的现代因素，也是他以最明确的方式所把握的下一个时代的特征。[②]对于霍布斯来说，"国家是一个利维坦，但是任何人都不热爱或尊敬它。它可以被归结为一种功效，但它只是私人安全的奴仆而已"[③]。因此，霍布斯虽然强调了国家利益的重要性，但是个人利益至上才是霍布斯公私观的主要倾向。

2. 洛克的公私观

霍布斯对洛克思想的影响主要体现在对个人利益至上这一理论精髓的维护上。"洛克之所以把霍布斯的大部分前提都纳入了其社会哲学之中，在当时也有着他不得不如此做的重要原因。不论洛克是否具有霍布斯那种系统的利己主义心理学，根据个人利益来阐释社会的理论在洛克的时代都已是一个前定的结论了……因此，他的理论，就其含义而言，乃是与霍布斯的理论一样都是利己主义的。"[④]洛克与霍布斯一样，都以个人利益至上，在个人利益的基础上寻求个人利益与国家利益的一致性，其论证方法都是社会契约论。

洛克认为，在自然状态中，"劳动使它们同公共的东西有所区别，劳动在万物之母的自然所已完成的作业上面加上一些东西，这样它们就成为他的私有的权利了"[⑤]。"私有财产权利乃是因为人通过劳动而把所谓的个人人

① [美] 乔治·霍兰·萨拜因：《政治学说史（下卷）》，邓正来译，上海：上海人民出版社，2010年版，第147页。

② [美] 乔治·霍兰·萨拜因：《政治学说史（下卷）》，邓正来译，上海：上海人民出版社，2010年版，第156页。

③ [美] 乔治·霍兰·萨拜因：《政治学说史（下卷）》，邓正来译，上海：上海人民出版社，2010年版，第148页。

④ [美] 乔治·霍兰·萨拜因：《政治学说史（下卷）》，邓正来译，上海：上海人民出版社，2010年版，第211页。

⑤ [英] 洛克：《政府论》，叶启芳、瞿菊农译，北京：商务印书馆版，1964年版，第19页。

格扩展至他所生产的物品而产生的。”[①]在洛克看来，私人财产权在原始社会即自然状态之前就已经存在了，社会不是财产的创造者，财产“是每个个人以其自身带给社会的一种权利”，因此“社会和政府存在的目的至少在部分上是为了保护现已存在的私有财产权”。[②]洛克的贡献在于“确立了一套天赋而不可取消的个人权利，用以限制社会的职权并把这些权利设定为防止对私人自有和财产进行干预的屏障”[③]。

但是这种自然状态是不完美的，自然状态容易陷入一种无休止的战争，因而结束自然状态成为必要。为了更好地实现私人利益，人们订立契约，自愿放弃每个成员自然状态下所拥有的权利，把“为了保护自己和别人，可以做他认为合适的任何事情”和“处罚违反自然法的罪行的权力”[④]交给社会。因此洛克认为：“一切政府就其权力而言都是有限的，而且只有在得到被统治者的认同的情况下才得以存在。”[⑤]政治权力的存在完全是为了公共利益。

一旦多数人同意成立一个政府，该社会的整个权力也就交由政府掌控。“在政府之下，人民的至上权力完全是隐蔽的”[⑥]，“但政治社会中的人面临着新的、更可怕的危险，那就是暴政或绝对任意的权力，这种为一个人或少数人所独揽的恶性膨胀的权力所引发的战争远比通常的自然状态下的

---

① [美] 乔治·霍兰·萨拜因：《政治学说史（下卷）》，邓正来译，上海：上海人民出版社，2010年版，第213页。

② [美] 乔治·霍兰·萨拜因：《政治学说史（下卷）》，邓正来译，上海：上海人民出版社，2010年版，第213~214页。

③ [美] 乔治·霍兰·萨拜因：《政治学说史（下卷）》，邓正来译，上海：上海人民出版社，2010年版，第215页。

④ [英] 洛克：《政府论》，叶启芳、瞿菊农译，北京：商务印书馆，1964年版，第79页。

⑤ 王彩波：《西方政治思想史——从柏拉图到约翰·密尔》，北京：中国社会科学出版社，2004年版，第250~251页。

⑥ [美] 列奥·施特劳斯、约瑟夫·克罗波西：《政治哲学史》，李洪润，等译，北京：法律出版社，2009年版，第501页。

战争糟糕得多”[①]。他们甚至可以利用特权去危害人民的财产和安全以增进自己的私利。因此，洛克赋予民众以反抗暴政的权利，“这种反抗的权力不是政治权力而是自然权力”[②]。洛克指出，“当大多数人都感到他们的生命处于严重的危险中时，我不知道如何阻止人民去反抗那反对他们的非法暴力”[③]。

总之，洛克“与后来的自由派一样，他也宣称维护共同利益和保障私人权利最终乃是一致的”[④]。因为国家权力除了从每个人保护自身及其财产的个人权利中衍生出上述权利以外，不可能拥有任何其他权利。[⑤]可见，洛克的公私观主张个人利益高于公共利益，并且在个人利益的基础上寻求与公共利益的和谐。

3. 卢梭的公私观

卢梭继承了霍布斯、洛克的社会契约论，但与霍布斯、洛克不同的是，卢梭的公私观始终坚持公共利益至上的原则。“卢梭要使自己摆脱的那种社会哲学乃是系统的个人主义”，他认为，“社会本身乃是一种首要的道德化力量，因而也就代表了最高的道德价值”。[⑥]“个人乃是从社会中获取其精神的和道德的能力的，而且也正是由于社会，他们才成其为人：基本的道德

① [美] 列奥·施特劳斯、约瑟夫·克罗波西：《政治哲学史》，李洪润，等译，北京：法律出版社，2009 年版，第 506 页。

② [美] 列奥·施特劳斯、约瑟夫·克罗波西：《政治哲学史》，李洪润，等译，北京：法律出版社，2009 年版，第 504 页。

③ [美] 列奥·施特劳斯、约瑟夫·克罗波西：《政治哲学史》，李洪润，等译，北京：法律出版社，2009 年版，第 505 页。

④ [美] 乔治·霍兰·萨拜因：《政治学说史（下卷）》，邓正来译，上海：上海人民出版社，2010 年版，第 215 页。

⑤ [美] 乔治·霍兰·萨拜因：《政治学说史（下卷）》，邓正来译，上海：上海人民出版社，2010 年版，第 217 页。

⑥ [美] 乔治·霍兰·萨拜因：《政治学说史（下卷）》，邓正来译，上海：上海人民出版社，2010 年版，第 269 页。

范畴是公民而不是人。”[①]

卢梭的自然状态说不同于霍布斯和洛克的，他确立了自然状态与社会状态的对立原则。卢梭说：“自然人是懒散的动物，他享受着自身存在的情感，既关心自己的保存也对同类的苦难报以同情，他是自由、可完善的。”[②]自然状态是一种平等、自由的状态。“自从一个人需要另一个人的帮助的时候起；自从人们察觉到一个人据有两个人食粮的好处的时候起；平等就消失了、私有制就出现了。”[③]私有制的建立正是人类不平等的起源。“富人的强取豪夺、穷人的到处劫掠和人们疯狂的贪欲，这一切扼杀了人的天然的怜悯心和微弱的公正的声音，使人变成了吝啬鬼、野心家和恶人”[④]，占有者与非占有者之间的战争就成为必然。

如何摆脱自然状态呢？卢梭说：“要寻找出一种结合的形式，使它能以全部共同的力量来卫护和保障每个结合者的人身和财富，并且由于这一结合而使得每一个与全体相联合的个人又只不过是在服从其本人，并且仍然像以往一样地自由。”[⑤]他认为，契约一旦订立，“我们每个人都以其自身及其全部的力量共同置于公意的最高指导之下，并且我们在共同体中接纳每一个成员作为全体之不可分割的一部分”[⑥]。这个由全体个人结合而成的公共人格，有多种名称：城邦、共和国或政治体；国家、主权者；政权；等等。至于结合者，也可以叫作人民、公民或臣民。卢梭区分了公意与众意，认为公共利益不是个人利益的简单相加。卢梭说：“公意只着眼于公共的利益，而

---

① [美] 乔治・霍兰・萨拜因：《政治学说史（下卷）》，邓正来译，上海：上海人民出版社，2010年版，第270页。

② [美] 列奥・施特劳斯、约瑟夫・克罗波西：《政治哲学史》，李洪润，等译，北京：法律出版社，2009年版，第565页。

③ [法] 卢梭：《论人类不平等的起源和基础》，李常山译，北京：商务印书馆，1962年版，第121页。

④ [法] 卢梭：《论人与人之间不平等的起因和基础》，李平沤译，北京：商务印书馆，2007年版，第90页。

⑤ [法] 卢梭：《社会契约论》，何兆武译，北京：商务印书馆，2003年版，第19页。

⑥ [法] 卢梭：《社会契约论》，何兆武译，北京：商务印书馆，2003年版，第20页。

众意则着眼于私人的利益，众意只是个别意志的总和。但是，除掉这些个别意志间正负相抵消的部分而外，则剩下的总和仍然是公意。”[①]由此可见，“公意永远是公正的，而且永远以公共利益为依归”，“人民是决不会被腐蚀的”。[②]

卢梭认为公共利益是优于个人利益的，他说：“每个人对其财产所拥有的权利，永远从属于社会对所有的人所具有的权力。”[③]不仅如此，卢梭把公意提升到至高无上的地位，贬抑了个人的意志、利益与价值。他说：“在一个完美的立法之下，个别的或个人的意志应该是毫无地位的，政府本身的团体意志应该是极其次要的，从而公意或者主权的意志永远是主导的，并且是其他一切意志的唯一规范。”[④]

但是，什么是公意呢？卢梭的论述是含混不清的。“卢梭的‘公意’概念明显的缺陷是极其抽象和离开实际，公意仅仅是关于社会的观念和形式。”[⑤]卢梭试图把公意等同于多数人的同意，那就意味着多数人永远是正当的。但是，“社会公约赋予了政体以支配其所有成员的绝对权力”[⑥]。“强迫一个人自由，乃是迫使他盲目服从大众或盲目服从最强大势力的一种委婉说法。”[⑦]这就使卢梭的理论开启了通向多数人暴政的可能。不仅如此，卢梭认为，政府只不过是人民的代理人，它没有独立的权力。那么人民行使权利的唯一途径就是直接民主制，这只是一种幻想，无法具体实施。

---

① [法] 卢梭：《社会契约论》，何兆武译，北京：商务印书馆，2003年版，第35页。

② [法] 卢梭：《社会契约论》，何兆武译，北京：商务印书馆，2003年版，第35页。

③ [美] 乔治·霍兰·萨拜因：《政治学说史（下卷）》，邓正来译，上海：上海人民出版社，2010年版，第279页。

④ [法] 卢梭：《社会契约论》，何兆武译，北京：商务印书馆，2003年版，第79页。

⑤ [美] 乔治·霍兰·萨拜因：《政治学说史（下卷）》，刘山，等译，北京：商务印书馆，1982年版，第667页。

⑥ [美] 乔治·霍兰·萨拜因：《政治学说史（下卷）》，邓正来译，上海：上海人民出版社，2010年版，第279页。

⑦ [美] 乔治·霍兰·萨拜因：《政治学说史（下卷）》，邓正来译，上海：上海人民出版社，2010年版，第282页。

（二）情感论中的公私观

1. 休谟的公私观

休谟的伦理思想代表了十七八世纪英国的古典自由主义，他把道德的基础建立在人性之上，在强调保护个人利益的同时，积极通过同情等道德情感寻求个人利益与公共利益的和谐一致。

休谟对人类的思想、行为进行观察，发现人性中道德行为的基础不是理性，而是情感。休谟说："道德宁可以说是被人感觉到的，而不是被人判断出来的。"[①]总之，"善和恶是被我们单纯地观察和思考任何行为、情感或性格时所引起的愉快和痛苦所区分的"[②]。既然行为的主要动机是快乐和痛苦，那么道德判断的根据也就是快乐和痛苦。在这一理论前提下，休谟设定人性的基本内容是自私与同情。

休谟认为，人性是自私的。休谟说："人们对于距离很远的东西和完全不增进自己特殊利益的东西，很少会热心地爱好；同样我们也很少遇到有人在别人反对他们的利益时，能够原谅别人，不论那种反对根据一般的道德规则可以被认为怎样正当的。"[③]但是，休谟认为，人性中不全是自私。他认为，人类之所以能过社会生活，同情起着不可忽视的作用。

人性中的自私和同情使人类具有自爱和爱人两种能力，自爱引导个人追求私人利益，爱人引导个人为他人利益着想，最后实现公共利益。但是，个人利益是公共利益的基础。"没有人能够怀疑，划定财产、稳定财物占有的协议，是确立人类社会的一切条件中最必要的条件，而且在确定和遵守这个规则的合同成立之后，对于建立一个完善的和谐与协作来说，便没有多少事

---

① [英] 休谟：《人性论（下册）》，关文运译，北京：商务印书馆，1980年版，第510页。

② [美] 列奥·施特劳斯、约瑟夫·克罗波西：《政治哲学史》，李洪润，等译，北京：法律出版社，2009年版，第544页。

③ [英] 休谟：《人性论（下册）》，关文运译，北京：商务印书馆，1980年版，第625页。

情要做的了。”[①]

休谟致力于在保护个人利益的基础上寻求与公共利益的和谐一致。他认为，“人类在很大程度上是被利益所支配的”，“人类若非借着普遍而不变地遵守正义规则，便不能那样有效地达到这种利益，因为他们只有借这些规则才能保存社会”。[②]为了避免人们因为利益争斗而危及每个人的财物与安全，有必要确立并缔结戒取他人所有物的协议，以保护人们的共同利益。“每个人都获得了所有物的稳定以后，这时立刻就发生了正义和非义的观念，也发生了财产权、权利和义务的观念。”[③]“法律和正义的整个制度是有利于社会的；正是着眼于这种利益，人类才通过自愿的协议建立了这个制度。当这个制度一旦被这些协议建立起来以后，就有一种强烈的道德感自然地随之发生。这种道德感只能由我们对社会利益的同情而发生。”[④]但是，休谟认为，正义的美德是建立在个人利益的基础之上的。休谟说：“自私是建立正义的原始动机，而对于公益的同情是那种德所引起的道德赞许的来源。”[⑤]由此可见，休谟的公私观虽然努力保持个人利益与公共利益的和谐，但还是把个人利益置于第一位的。

2. 亚当·斯密的公私观

亚当·斯密构建了道德情操论，以情感为中心，赋予个人比社会更高的道德价值，在保护个人权利的基础上努力寻求公共利益与私人利益的和谐。“斯密的道德哲学，正如他实际上所承认的，是休谟道德哲学的提炼。休谟的道德哲学与斯密的道德哲学在某些方面有所不同，这些方面尽管是非常重要的，但却不是决定性的。”[⑥]

---

① [英] 休谟：《人性论（下册）》，关文运译，北京：商务印书馆，1980 年版，第 532 页。

② [英] 休谟：《人性论（下册）》，关文运译，北京：商务印书馆，1980 年版，第 574 页。

③ [英] 休谟：《人性论（下册）》，关文运译，北京：商务印书馆，1980 年版，第 531 页。

④ [英] 休谟：《休谟道德原则研究》，曾晓平译，北京：商务印书馆，2001 年版，第 69 页。

⑤ [英] 休谟：《人性论（下册）》，关文运译，北京：商务印书馆，1980 年版，第 540 页。

⑥ [美] 列奥·施特劳斯、约瑟夫·克罗波西：《政治哲学史》，李洪润，等译，北京：法律出版社，2009 年版，第 633 页。

亚当·斯密对个人的强调与利益密切相关，认为追求私人利益是每个人的天性。亚当·斯密说："毫无疑问，每个人生来首先和主要关心自己。"[①]虽然"他不敢在人们面前采取这种态度，公开承认自己是按这一原则行事的"，但是"每个人心里确实必然宁爱自己而不爱别人"。[②]但是过度的利己会造成人与人之间互相伤害，从而导致经济与社会秩序的崩溃，因此，人不能过度地利己。与休谟一样，亚当·斯密认为自私不是人性的全部，人性中还有同情的一面。亚当·斯密说："无论人们会认为某人怎样自私，这个人的天赋中总是明显地存在着这样一些本性，这些本性使他关心别人的命运，把别人的幸福看成是自己的事情，虽然他除了看到别人幸福而感到高兴以外，一无所得。这种本性就是怜悯或同情。"[③]在亚当·斯密看来，利己、自私与利他、同情是每个人的人性中都有的。亚当·斯密把同情作为利己与利他矛盾冲突的解决方法，为个人利益与公共利益的和谐奠定了人性论基础。

但是在现实社会中，个人的自利追求如何实现与公共利益的和谐呢？亚当·斯密持一种自然和谐论的观点，"共同利益不是通过对企业进行有差别的立法刺激，而是通过让自然自动地将个人的自身利益转化为所有人的利益而得以实现"[④]。

作为生产主体的"经济人"首先是利己的个人。亚当·斯密说："我们每天所需的食料和饮料，不是出自屠户、酿酒家或烙面师的恩惠，而是出于他们自利的打算。"[⑤]但是在"一只看不见的手"的指挥之下，却在客观上

① [英] 亚当·斯密：《道德情操论》，蒋自强、钦北愚、朱钟棣，等译，北京：商务印书馆，1997年版，第102页。

② [英] 亚当·斯密：《道德情操论》，蒋自强、钦北愚、朱钟棣，等译，北京：商务印书馆，1997年版，第103页。

③ [英] 亚当·斯密：《道德情操论》，蒋自强、钦北愚、朱钟棣，等译，北京：商务印书馆，1997年版，第1页。

④ [美] 列奥·施特劳斯、约瑟夫·克罗波西：《政治哲学史》，李洪润，等译，北京：法律出版社，2009年版，第649页。

⑤ [英] 亚当·斯密：《国富论》，郭大力、王亚男译，北京：商务印书馆，2015年版，第12页。

实现了公共利益。每个人“他追求自己的利益，往往使他能比在真正出于本意的情况下更有效地促进社会的利益”[①]。在“看不见的手”的指导下，人的利己本性形成了整个社会公私利益和谐的良性秩序。亚当·斯密说：“对公众幸福最有意义的变革是由两个不同阶层的人民促成的，这些人其实根本就没有为公众服务的意图。满足幼稚可笑的虚荣是那些大业主的唯一动机。商人和工匠却不那么可笑，他们行为的目的是为了自己的利益，他们追求的是自己小商小贩的原则——只要能赚到一些钱就赚一些。”[②]亚当·斯密相信“事物自然地朝着改善的方向发展”——这是因为受到每个人为了“改善自己的条件所做出的、始终如一的、坚定的、不间断的努力”所激励的结果。[③]

亚当·斯密把“看不见的手”作为个人利益与公共利益实现和谐的社会机制，但这是以个人追求利益的活动为基础的。“亚当·斯密认为，经济秩序可以作为许多各自谋求自身利益的人的行动的非有意识的结果而产生，这在当时是个惊人的思想，直到今天仍不失其意义。”[④]

（三）理性主义中的公私观

18世纪的法国掀起了一场轰轰烈烈的启蒙运动，“功利主义成为法国唯物主义特别是爱尔维修和霍尔巴赫伦理思想的一个基本特征”[⑤]。他们在处理公共利益与私人利益的关系上都强调发挥理性的作用，“就一般原则而言，霍尔巴赫的政治哲学与爱尔维修的政治哲学没有多少差别”[⑥]，他们都赋予

---

① [英] 亚当·斯密：《国富论》，郭大力、王亚南译，北京：商务印书馆，2015年版，第428页。

② [美] 列奥·施特劳斯、约瑟夫·克罗波西：《政治哲学史》，李洪润，等译，北京：法律出版社，2009年版，第652页。

③ [美] 列奥·施特劳斯、约瑟夫·克罗波西：《政治哲学史》，李洪润，等译，北京：法律出版社，2009年版，第652页。

④ [美] 弗里德曼：《自由选择》，胡骑、席学媛、安强，等译，北京：商务印书馆，1982年版，第19页。

⑤ 宋希仁：《西方伦理思想史》，北京：中国人民大学出版社，2004年版，第273页。

⑥ [美] 乔治·霍兰·萨拜因：《政治学说史（下卷）》，邓正来译，上海：上海人民出版社，2010年版，第256页。

个人追求私人利益以道德合理性，并主张理性基础上的个人利益与公共利益的统一。

爱尔维修认为，趋乐避苦是人的本性，也是人们道德行为的根据。人是能够感觉肉体的快乐和痛苦的，因此他逃避后者，寻求前者。就是这种经常的逃避和寻求，我称之为自爱。①在爱尔维修看来，人的“自爱”情感具有“永久性”“不可改变性”“不可变换性”。②霍尔巴赫也认为：“人从本质上都是自己爱自己、愿意保存自己、设法使自己的生存幸福的。所以，利益或对于幸福的欲求，就是人的一切行动的唯一动力。”③爱尔维修与霍尔巴赫一样，都认为自爱是人的本性，自爱必然导致人们追求自己的利益。爱尔维修说：“任何地方，无论在道德问题上，还是在认识问题上，都是个人利益支配着个人的判断，公共利益支配着各个国家的判断。”④霍尔巴赫也说：“懂得本身的利益，合理地爱护自己：这是社会道德的基础，这是人为同类所做的一切的真正动机。”⑤利益就是“一切能够使我们增进快乐、减少痛苦的东西”，“是我们每个人看作是对自己的幸福所不可少的东西”。⑥因此，个人利益是人们道德行为的唯一动机与基础。

爱尔维修和霍尔巴赫都把趋乐避苦作为人的本性，并把追求个人利益作为人们道德行为的唯一动机。但是，任何个人都是生活在社会中的，孤立的个人是不可能有幸福生活的。那么如何把个人利益与公共利益结合起来呢？他们认为个人利益与公共利益是密切相关的，只有理性才能把二者结合起来。理性的根本原则是公共利益高于个人利益，为了公共利益，约束个人利

① 周辅成：《西方伦理学名著选辑（下卷）》，北京：商务印书馆，1987 年版，第 55 页。

② 周辅成：《西方伦理学名著选辑（下卷）》，北京：商务印书馆，1987 年版，第 55 页。

③ [法] 霍尔巴赫：《自然的体系（上卷）》，管士滨译，北京：商务印书馆，1999 年版，第 263 页。

④ 北京大学哲学系外哲史教研室：《西方哲学原著选读（下卷）》，北京：商务印书馆，1982 年版，第 183 页。

⑤ [法] 霍尔巴赫：《自然政治论》，陈太先、眭茂译，北京：商务印书馆，1994 年版，第 9 页。

⑥ 转引自杨通进：《爱尔维修与霍尔巴赫论个人利益与社会利益》，《中国青年政治学院学报》，1998 年第 4 期，第 65 页。

益是合乎正义和人道的。爱尔维修把这种个人利益叫作“正确理解的个人利益”。霍尔巴赫也认为，个人幸福与他人幸福是密切相关的。“一个理性动物，应当一切行动都以自身和同类的幸福为目标。”[①]“社会对于人的幸福是有益的和必需的；人不能独自使自己幸福；一个软弱而又充满各种需要的生物，在任何时刻都需要它自己所不能提供的援助。”[②]“人为了自保，为了享受幸福，与一些具有与他同样的欲望、同样的厌恶的人同住在社会中。因此道德学将向他指明，为了使自己幸福，就必须为自己的幸福所需要的别人的幸福而工作；它将向他证明，在所有的东西中间，人最需要的东西乃是人。”[③]

爱尔维修把公共利益确定为美德的目的。他说：“美德这个名词，我们只能理解为追求共同幸福的欲望；因此，公益乃是美德的目的，美德所支使的行为，乃是它用来达到这个目的的手段。”[④]“任何人判断为善的东西便是他认为有益于自己利益的东西；同样，任何群体或任何民族认为道德的东西也正是他们认为有益于普遍利益的东西。”[⑤]霍尔巴赫也说：“德行，就是真实地并且经常地对结成社会的人类有益的一切；不德，就是有害于他们的一切。最伟大的德行就是给人们提供最大的、最持久的利益这类行为；而最大的不德，就是最扰乱他们对于幸福的倾向、最扰乱社会所必要的秩序的行为。”[⑥]一个人的行为如果以公共利益为目的，那他就是道德人。“一个

---

① 北京大学哲学系外哲史教研室：《西方哲学原著选读（下卷）》，北京：商务印书馆，1982年版，第192页。

② 北京大学哲学系外哲史教研室：《西方哲学原著选读（下卷）》，北京：商务印书馆，1982年版，第230页。

③ 北京大学哲学系外哲史教研室：《十八世纪法国哲学》，北京：商务印书馆，1963年版，第649页。

④ 北京大学哲学系外哲史教研室：《十八世纪法国哲学》，北京：商务印书馆，1963年版，第465页。

⑤ [美] 乔治·霍兰·萨拜因：《政治学说史（下卷）》，邓正来译，上海：上海人民出版社，2010年版，第251页。

⑥ [法] 霍尔巴赫：《自然的体系（上卷）》，管士滨译，北京：商务印书馆，1999年版，第111页。

人一切行动都以公益为目标的时候，就是正义的。”[①]“在整个世界上，道德的人乃是使这种或那种行为合乎人道、符合公共利益的人。”[②]

公共利益建立在个人利益的基础之上，个人利益对公共利益是负有责任的。“利益原则必然能使个人深信必须把自己的利益和别人的利益结合起来。”[③]而公共利益对个人利益也是负有义务的。“这种利益，只有当它能够有助于绝大多数人的生存和发展时，才具有实际的意义，也才是一种真实的利益。可以为了大多数人的公共利益而抑制个别人或个别集团的特殊利益，但是，压制大多数人的利益却是不许可和不道德的，因为公共利益就是绝大多数个人的个人利益的总和。”[④]

爱尔维修和霍尔巴赫在保护个人利益的基础上努力使个人利益与公共利益结合起来，但是个人利益始终是第一位的。“德行不过是一种用别人的福利来使自己幸福的艺术。”[⑤]

（四）功利主义中的公私观

以边沁和密尔为代表的英国功利主义伦理思想在批判 17 世纪和 18 世纪启蒙学者的社会契约论的基础之上，继承与发展了洛克、爱尔维修的伦理思想，提出了功利主义的公私利益观。边沁确立了功利主义伦理思想的基本框架，密尔则使之趋于完善。功利主义的基本道德原则是最大多数人的最大幸福原则。在公共利益与私人利益的关系上，他们都认为公共利益是在个人利益的基础上形成的，个人在追求私人利益的同时，社会的公共利益也会自然形成。

---

① 北京大学哲学系外哲史教研室：《西方哲学原著选读（下卷）》，北京：商务印书馆，1982 年版，第 183 页。

② 北京大学哲学系外哲史教研室：《十八世纪法国哲学》，北京：商务印书馆，1963 年版，第 526 页。

③ [苏] 赫・恩・蒙让：《爱尔维修的哲学》，涂纪亮译，北京：商务印书馆，1962 年版，第 372 页。

④ 杨通进：《爱尔维修与霍尔巴赫论个人利益与社会利益》，《中国青年政治学院学报》，1998 年第 4 期，第 67 页。

⑤ [法] 霍尔巴赫：《自然的体系（上卷）》，管士滨译，北京：商务印书馆，1999 年版，第 263 页。

1. 边沁的公私观

边沁的功利主义是建立在个人利益的基础之上的，他发挥了爱尔维修的人性趋乐避苦的原则，把快乐与痛苦作为人们道德行为的基础。功利主义是指这样一种观点：一种行为的对与错取决于一个人认为该行为的结果的善与恶。在边沁看来，“善”与“恶”产生于每个人所体验到的苦与乐。[①]边沁伦理思想的核心内容就是功利。

在边沁看来，善就是增加快乐、减少痛苦，恶就是增加痛苦、减少快乐。边沁说：“自然把人类置于两位主公——快乐和痛苦的主宰之下。只有它们才指示我们应当干什么，决定我们将要干什么。是非标准，因果联系，俱由其定夺。凡我们所行、所言、所思，无不由其支配：我们所能做的力图摆脱被支配地位的每项努力，都只会昭示和肯定这一点。一个人在口头上可以声称绝不再受其主宰，但实际上他将照旧每时每刻对其俯首称臣。”[②]那么什么是功利呢？边沁说：“所谓功利，意指一种外物给当事者求福避祸的那种特性，由于这种特性，该外物就趋于产生福泽、利益、快乐、善或幸福（所有这些，在目前情况下，都是一回事），或者防止对利益攸关之当事者的祸患：痛苦、恶或不幸（这些也都是一回事）。假如这里的当事者是泛指整个社会，那么幸福就是社会的幸福；假如是具体指某一个人，那么幸福就是那个人的幸福。”[③]边沁的功利与利益、快乐与幸福密切相关。快乐幸福是人生的目的。人的趋乐避苦的本性决定了个人对私人利益的追求，这是边沁功利主义的理论基础。在此基础上，边沁提出了功利原则。边沁说：“功利原则指的就是：当我们对任何一种行为予以赞成或不赞成的时候，我们是看该行为是增多还是减少当事者的幸福；换句话说，就是以该行为增进或

① [美] 列奥·施特劳斯、约瑟夫·克罗波西：《政治哲学史》，李洪润，等译，北京：法律出版社，2009年版，第712页。

② [英] 杰瑞米·边沁：《道德与立法原则导论》，时殷弘译，北京：商务印书馆，2000年版，第57页。

③ 周辅成：《西方伦理学名著选辑（下卷）》，北京：商务印书馆，1987年版，第211~212页。

者违反当事者的幸福为准。这里，我说的是指对任何一种行为予以赞成或不赞成，因此这些行为不仅要包括个人的每一个行为，而且也要包括政府的每一种设施。”①

边沁认为，个人利益是公共利益的基础，公共利益不过是社会成员个人利益的简单相加。“社会是一种虚构的团体，由被认为其成员的个人所组成。那么，社会利益是什么呢？——它就是组成社会之所有单个成员的利益之总和。”②在边沁看来，个人利益是实在的，公共利益是虚幻的，每个人追求私人利益的最大化自然就能实现公共利益。每个人对幸福的渴望，也就是对整体幸福的渴望。“个人利益必须服从社会利益，但是……这是什么意思呢？每个人不都是像其他一切人一样，构成了社会的一部分吗？你们所人格化的这种社会利益只是一种抽象，他不过是个人利益的总和……如果承认为了增进他人的幸福而牺牲一个人的幸福是一件好事，那么，为此而牺牲第二个人、第三个人，以至于无数人的幸福，那更是好事了……个人利益是唯一现实的利益。”③

那么如何实现个人利益与公共利益的和谐呢？边沁提出了“最大多数人的最大幸福”原则来替代“功利”原则，“最大多数人的最大幸福是正确与错误的衡量标准”④。边沁说：“凡有利益攸关的人们的最大幸福，这种幸福是人类行为（各种情况下的人类行为，特别是执行政府职权的一个或者一批官员的行为）的正确适当的目标，并且是惟一正确适当并为人们普遍欲求的目标。”⑤

虽然边沁强调个人利益的唯一现实性，坚持政府“不干预”的原则，但是政府负有促进公共利益实现的责任。“一切法律所具有或通常应具有的一

① [英] 杰瑞米·边沁：《道德与立法原则导论》，时殷弘译，北京：商务印书馆，2000年版，第211页。
② 周辅成：《西方伦理学名著选辑（下卷）》，北京：商务印书馆，1987年版，第212页。
③ 转引自王伟光：《利益论》，北京：人民出版社，2001年版，第16页。
④ 转引自宋希仁：《西方伦理思想史》，北京：中国人民大学出版社，2004年版，第296页。
⑤ 周辅成：《西方伦理学名著选辑（下卷）》，北京：商务印书馆，1987年版，第211页。

般目的，是增长社会幸福的总和……要尽可能排除……每一种趋于减损这幸福的东西……亦即排除损害。然而，所有惩罚都是损害，所有惩罚本身都是恶。根据功利原理，如果它应当被允许，那只是因为它有可能排除某种更大的恶。”①“一个共同体所由构成的成员的幸福是立法者心目中的目标，并且是惟一的目标。”②政府能否实现最大多数人的最大幸福，关键在于能否制定出建立在苦乐原则基础上的法律。边沁创建了关于“苦乐计算的微积分”，他把痛苦细分为十二种，把快乐细分为十五种。又为立法者提供了独特的快乐计算方法。“它整个来说，无非是一种与明了自身利益的人的实践相符合的理论。”③边沁把社会利益解读为个人利益的数量之和存在着对公共利益的简单化理解，而且边沁主张实现“最大多数人的幸福”与“最大的幸福”，二者之间也并不总是一致的。

2. 密尔的公私观

密尔是边沁功利主义的主要拥护者，他扬弃了边沁的功利主义理论，使功利主义理论走向鼎盛。“以幸福理论来修正边沁的快乐主义学说，应当说是密尔对功利主义伦理学说最著名的修正”，“密尔与边沁的相同之处在于，都将功利原理作为道德理论的简单的标准，但是两人在什么东西具有价值问题上却有意见分歧，边沁坚信快乐的体验以及痛苦体验的免除是惟一具有价值的东西，密尔则认为只有幸福是惟一应当追求的东西，对边沁的理论作了限制和修正”。④

密尔对功利主义的修正首先在于他区分了快乐的量与质。“兽类的快乐够不上人类的对于幸福的概念。……承认某些种类的快乐比其他种类更惬意

① [美] 列奥·施特劳斯、约瑟夫·克罗波西：《政治哲学史》，李洪润，等译，北京：法律出版社，2009年版，第727页。

② 唐士其：《西方政治思想史》，北京：北京大学出版社，2002年版，第333页。

③ [美] 列奥·施特劳斯、约瑟夫·克罗波西：《政治哲学史》，李洪润，等译，北京：法律出版社，2009年版，第728页。

④ 宋希仁：《西方伦理思想史》，北京：中国人民大学出版社，2004年版，第299页。

并更可贵这个事实是与功用主义十分相符合的。”[①]追求精神上的快乐是人之所以区别于动物的根本所在，因此，“做一个不满足的人比做一个满足的猪好；做一个不满足的苏格拉底比做一个傻子好”[②]。在对快乐的质与量做出区分之后，密尔引入了幸福概念，并把幸福作为道德的最终标准。密尔说：承认功用为道德基础的信条，换言之，最大幸福主义，主张行为的是与它增进幸福的倾向成比例；行为的非与它产生不幸福的倾向成比例。幸福是指快乐与免除痛苦；不幸福是指痛苦和丧失掉快乐。[③]密尔把幸福而不是快乐作为道德的标准，幸福才是人生的终极目的。在密尔看来，幸福不仅仅是个人的，也是所有相关的人的。密尔认为，每个人都以理性的方式追求个人利益，就可以实现最大多数人的最大利益。他把幸福作为道德行为的标准，在一定程度上克服了公共利益与个人利益的矛盾冲突。

人始终是社会的人，社会的人追求高级的精神生活，这“使他觉得自己有一个天然的要求，就是他的情感和目标，与别人的情感和目标之间要协调”[④]。社会情感是密尔解决个人幸福和他人幸福、社会幸福的关系，克服利己与利他矛盾的关键。这种情感是“要同人类成为一体的欲望”[⑤]，它“把自己的感情与别人的福利化为一体，或是至少自己感情越变越对别人利益加以实际上的重视”[⑥]。良心就是这样一种社会情感，“这种情感，假如是无偏私的，与纯粹的义务观念相连而不只牵连特种义务或任何附属的情境，那么，它就是良心的精髓”[⑦]。人的社会情感是连接个人利益与公共利益的人性基础。不仅如此，密尔认为，“功利主义的道德观确认人类有为别

① [英] 穆勒：《功用主义》，唐钺译，北京：商务印书馆，1957 年版，第 8 页。
② [英] 穆勒：《功用主义》，唐钺译，北京：商务印书馆，1957 年版，第 10 页。
③ [英] 穆勒：《功用主义》，唐钺译，北京：商务印书馆，1957 年版，第 7 页。
④ 周辅成：《西方伦理学名著选辑（下卷）》，北京：商务印书馆，1987 年版，第 262 页。
⑤ [英] 穆勒：《功用主义》，唐钺译，北京：商务印书馆，1957 年版，第 33 页。
⑥ [英] 穆勒：《功用主义》，唐钺译，北京：商务印书馆，1957 年版，第 34 页。
⑦ [英] 穆勒：《功用主义》，唐钺译，北京：商务印书馆，1957 年版，第 30 页。

人福利而牺牲自己的最大幸福的能力"[①]。这在一定程度上反驳了认为功利主义不能解决个人利益与公共利益矛盾的观点。

密尔认为，个人利益与公共利益的和谐一致不仅要靠社会情感等内在因素，还要靠政府、法律、社会组织、教育和社会舆论，政府的唯一任务就是"最大限度地增进人们相互之间获得的快乐，最大限度地减少人们相互之间造成的痛苦"[②]。"终极的政治主权应当属于人民，因为只有这样，才能使政府的利益与普遍的利益相符合。"[③]密尔还主张任命一个立法机构来实现公共利益，"当立法机构不再代表某个阶级利益的时候，它便会忠实地并运用全部的智慧去实现普遍利益这个目的"[④]。而社会组织、教育和社会舆论则可以通过强化人的社会情感、实现人内心对公共利益的认同，来实现公私利益关系的和谐。

必须指出的是，密尔全面系统地论证了个人自由权利神圣不可侵犯的原则。密尔的幸福主义是其自由观的理论基石。密尔通过对个人自由的彰显，表达了对个人利益的维护。在积极的意义上，"惟一实称其名的自由，乃是按照我们自己的道路去追求我们自己的好处的自由，只要我们不试图剥夺他人的这种自由，不试图阻碍他们取得这种自由的努力"[⑤]。在密尔看来，个人自由与个人利益是社会发展的动力和条件。"任何人的行动，只有涉及他人的那部分才须对社会负责。在仅只涉及本人的那部分，他的独立性在权利上则是绝对的。对于本人自己，对于他自己的身和心，个人乃是最高

---

① 周辅成：《西方伦理学名著选辑（下卷）》，北京：商务印书馆，1987年版，第252页。

② [美] 列奥·施特劳斯、约瑟夫·克罗波西：《政治哲学史》，李洪润，等译，北京：法律出版社，2009年版，第729页。

③ [美] 乔治·霍兰·萨拜因：《政治学说史（下卷）》，邓正来译，上海：上海人民出版社，2010年版，第382页。

④ [美] 乔治·霍兰·萨拜因：《政治学说史（下卷）》，邓正来译，上海：上海人民出版社，2010年版，第383~384页。

⑤ [英] 密尔：《论自由》，程崇华译，北京：商务印书馆，1959年版，第14页。

主权者。”[①]密尔对个人自由的论述是古典自由主义的经典论述，其对个人利益的追求与维护，彰显了他个人主义的立场。个人利益优于公共利益、个人利益至上是功利主义也是密尔公私观的首要原则。

（五）德国古典哲学中的公私观

随着17世纪和18世纪英国、法国资产阶级革命的完成，德国终于兴起了一场启蒙运动。但是德国资产阶级的软弱性和妥协性，决定了德国的革命要求只能停留在思想领域。德国古典哲学以一种保守、晦涩的形式呈现出来。作为德国古典哲学的代表，康德与黑格尔的公私观也与这一时代特色紧密联系起来。

1. 康德的公私观

康德的哲学是西方理性精神的典型代表，他的哲学直接改变了西方哲学发展的方向和进程，影响深远。西方理性主义伦理学的第一个完整的道德形而上学体系，是由启蒙运动最重要的思想家、最伟大的哲学家之一康德创立的。但康德“明确的政治著述是最为简短和偶然的”，“康德的独创性并不在于他的建议的内容，而在于他给予问题以一种新颖的哲学基础和范围，也就是用所谓独立于所有经验的合法的术语来表述问题，并将其奠定在他的道德哲学和历史哲学的基础上”。[②]

康德通过对人性的讨论，确立了个人追求私人利益的道德合理性。康德以另外一种方式继承与发展了英国和法国资产阶级革命对个人利益的彰显。以康德为代表的德国思辨的理性主义伦理学，不是自觉地以市民阶级的名义出现的，而是以抽象的人类理性的原则演绎出资产阶级民主要求和个人主义

---

① [英] 密尔：《论自由》，程崇华译，北京：商务印书馆，1959年版，第11页。

② [美] 列奥·施特劳斯、约瑟夫·克罗波西：《政治哲学史》，李洪润，等译，北京：法律出版社，2009年版，第581~582页。

目标的。[①]康德认为，人性中既有“进入社会的倾向”，即社会性，又有“威胁着分裂社会”的倾向，它是一种“强大的、要求自己单独化的倾向”[②]，即非社会性。人是生而自由的，“所以恶（自私，康德称为‘非社会性’）便是人类历史中不可或缺的，甚至于是根本性的一环，由此才可能成（称）其为‘非社会的社会性’”[③]。康德认为，自私、非社会性、恶是人的天性，追求个人利益是人的本能，但是人自私、恶的天性却是推动历史发展的动力。康德对人性中的这种恶、自私、非社会性进行了热烈的讴歌。

人除了有恶、自私这些非社会性之外，还有社会性。正是人的这种社会性“推动着他去克服自己的懒惰倾向，并且由于虚荣心、权力欲或贪婪心的驱使而要在他的同胞们——他既不能很好地容忍他们，可又不能脱离他们——中间为自己挣得一席地位……从而把那种病态地被迫组成了社会的一致性转化为一个道德的整体”[④]。

大自然把理性和以理性为基础的意志自由给予人类，人类“除了其自己本身不假手于本能并仅凭自己的理性所获得的幸福或美满而外，就不再分享任何其他的幸福或美满”[⑤]。康德说：“人类并不是由其本能所引导着的，或者是由天生的知识所哺育、所教诲着的”[⑥]，人是“大地之上惟一有理性的被创造物”[⑦]。借助于理性，康德相信个人利益与公共利益可以自然达至和谐状态。“在一个自由竞争的社会里，每个人都能以最大限度的自由去追求自己最大的利润，那么这个社会一定会是尽可能美好的社会。”[⑧]

康德认为，由于人性的非社会性与社会性的对抗，这种自然状态不可能

① 宋希仁：《西方伦理思想史》，北京：中国人民大学出版社，2004年版，第323页。
② [德] 康德：《历史理性批判文集》，何兆武译，北京：商务印书馆，1990年版，第6页。
③ 何兆武：《关于康德的第四批判》，《读书》，2005年第5期，第146页。
④ [德] 康德：《历史理性批判文集》，何兆武译，北京：商务印书馆，1990年版，第7页。
⑤ [德] 康德：《历史理性批判文集》，何兆武译，北京：商务印书馆，1990年版，第5页。
⑥ [德] 康德：《历史理性批判文集》，何兆武译，北京：商务印书馆，1990年版，第5页。
⑦ [德] 康德：《历史理性批判文集》，何兆武译，北京：商务印书馆，1990年版，第4页。
⑧ 何兆武：《关于康德的第四批判》，《读书》，2005年第5期，第146页。

永远持续下去。“大自然迫使人类去加以解决的最大问题，就是建立起一个普遍法治的公民社会。”[①]康德没有明确划分国家与公民社会的界限，二者实际上是同一个概念，只是侧重点不同。在康德看来，生活在共同体中，每个人都要服从一种可以使人人都得以自由的普遍法则。康德看到了无限制的自由给社会带来的巨大危害，那么公共利益的存在就是因为它是每个人私人利益实现的保障。康德认为，这种由具有公共利益的人们所组成的国家，其存在只是为了更好地保护个人利益。公民社会就是私人活动的领域，国家的存在并不具有高于或优于个人和公民社会的道德合理性。而国家的唯一目标不是直接促进个人的幸福，而是保障每个人追求幸福的自由与权利。法律的抽象性、先验性和普遍性特点“要求政治社会坚持普遍的因而是最低限度的限制，以为人们的自由留有充分的余地”，可以让“个人在同一的外在自由的权利下追求各自不同的、多样的目的，如果政治制度以给人们的幸福规定道路或方式为目的，那它就会是家长式的专制或暴政，从而会损害人们的权利，尽管它的出发点可能是善意的”。[②]

康德致力于保护个人自由，其实质不过是为维护个人利益做辩护，公共利益的存在也是为了个人利益的实现，国家也是为了保护个人追求私人利益的权利。康德的公私观只不过是以一种抽象的方式彰显了资产阶级革命高扬的个人利益和权利。

2. 黑格尔的公私观

黑格尔继承与发展了康德开创的德国古典哲学的唯心主义路线，把绝对精神作为其伦理思想的基本概念。世界是“绝对精神”自我运动、自我发展的产物，一切事物都是“绝对精神”实现自我的工具。绝对精神还可被称为绝对理性、理念。《法哲学原理》是黑格尔政治哲学最重要的著作，是他的

---

① [德] 康德：《历史理性批判文集》，何兆武译，北京：商务印书馆，1990 年版，第 8~9 页。

② [美] 列奥・施特劳斯、约瑟夫・克罗波西：《政治哲学史》，李洪润，等译，北京：法律出版社，2009 年版，第 602~603 页。

逻辑学的应用与补充。“法哲学”是“绝对精神”发展到“客观精神”的产物。在这里，黑格尔赋予国家与国家利益、公共利益至高无上的地位。与黑格尔宣称的一样，他的伦理思想努力在为他的时代服务。黑格尔把国家视为永恒理性的产物，因此，“黑格尔不想构造理想的国家，而是想以证明现实的国家的合理性来恢复国家的应有地位”①。

客观精神是指表现于法律、道德、政治制度和国家生活等之中的一种普遍性、客观性的精神，它超出了主观精神的内在性和主观性。②主观精神发展的最高境界是自由精神、自由意志，它要在社会生活中表现出来，从而进入“客观精神”阶段。客观精神建立在自由精神或自由意志的基础上。客观精神的世界意味着一种必然性和强制性，黑格尔把这种必然性和强制性称为“法”。黑格尔把客观精神或法分为三个阶段，即抽象法、道德和伦理。每个阶段都有其独特的法，都是自由意志的定在。

抽象法就是伴随着自由意志而产生的、人人都一般享有的权利。因为只是考察单纯的作为人的权利，所以其被称为“抽象的权利”。每个人因为具有这种抽象的权利而具有自己的人格，而抽象人格的实现就是所有权。“从自由的角度看，财产是自由最初的定在，它本身是本质的目的。”③这样所有权也就获得了私人所有权的性质。黑格尔以一种抽象的方式对私人财产权和个人追求私人利益的道德合理性进行了大肆宣扬。显然，黑格尔实际上是用一种特殊的形式宣布了资产阶级私有财产的不可侵犯性。④据此，黑格尔批判柏拉图理想国的理念侵犯人格的权利。

抽象法、道德和伦理都是自由意志的定在。抽象法是自由意志借助于所

① [美] 列奥·施特劳斯、约瑟夫·克罗波西：《政治哲学史》，李洪润，等译，北京：法律出版社，2009年版，第735页。

② 舒远招：《德国古典哲学——及在后世的影响和传播》，长沙：湖南师范大学出版社，2005年版，第280页。

③ [德] 黑格尔：《法哲学原理》，范扬、张企泰译，北京：商务印书馆，1961年版，第54页。

④ 张桂林：《西方政治哲学》，北京：中国政法大学出版社，1999年版，第209页。

有权而实现的，而“道德的观点，从它的形态上看就是主观意志的法”，“就是自为地存在的自由”。[①]伦理则既有客观环节，又有主观环节，“就是成为现存世界和自我意识本性的那种自由的概念”[②]，伦理“是永恒的正义，是自在自为地存在的神”[③]。黑格尔把伦理阶段分为家庭、市民社会和国家三个环节。

黑格尔认为，家庭是作为精神的实存出现的，它是以爱为其规定的。在家庭统一体中，个人要抛弃独立的存在，他所享有的权利，首先是在这个统一体中的生活。“家庭的伦理上解体在于，子女经教养而成为自由的人格，被承认为成年人，即具有法律人格，并有能力拥有自己的自由财产和组成自己的家庭。”[④]家庭的解体就成为必然。随着家庭的解体，市民社会产生了。

市民社会是处在家庭和国家之间的差别的阶段，它必须以国家为前提。市民社会有两项支配原则，即特殊性原则和普遍性原则。黑格尔说：“在市民社会中，每个人都以自身为目的，其他一切在他看来都是虚无。但是，如果他不同别人发生关系，他就不能达到他的全部目的，因此，其他人便成为特殊的人达到目的的手段。但是特殊目的通过同他人的关系就取得了普遍性的形式，并且在满足他人福利的同时，满足自己。”[⑤]作为国家市民的私人在市民社会中都把私人利益作为自己的特殊目的，但是私人利益离不开他人利益，这种利益只有在相互联系中才有实现的可能。“利己的目的，就在它的受普遍性制约的实现中建立起在一切方面相互倚赖的制度。”[⑥]在市民社会中，特殊性和普遍性是分离的，但也是相互制约的。每个人都在追求自己的特殊性，但也促进了普遍性，二者是相互依赖的。黑格尔把市民社会分为

① [德] 黑格尔：《法哲学原理》，范扬、张企泰译，北京：商务印书馆，1961 年版，第 111 页。
② [德] 黑格尔：《法哲学原理》，范扬、张企泰译，北京：商务印书馆，1961 年版，第 164 页。
③ [德] 黑格尔：《法哲学原理》，范扬、张企泰译，北京：商务印书馆，1961 年版，第 165 页。
④ [德] 黑格尔：《法哲学原理》，范扬、张企泰译，北京：商务印书馆，1961 年版，第 190 页。
⑤ [德] 黑格尔：《法哲学原理》，范扬、张企泰译，北京：商务印书馆，1961 年版，第 197 页。
⑥ [德] 黑格尔：《法哲学原理》，范扬、张企泰译，北京：商务印书馆，1961 年版，第 198 页。

需要的体系、司法、警察和同业公会三个环节。黑格尔肯定了市民社会中的特殊性原则。但对特殊性的追求就蕴含着普遍性的实现。由于市民社会是以个人的特殊利益为基础的，所以在市民社会中私人利益与公共利益的冲突必然导致外部秩序的混乱。不仅如此，人们在追求个人利益的过程中把他人当成手段也造成了内在精神的异化。因此市民社会的解体成为必然，国家才是“伦理理念的实现”①。

黑格尔赋予国家与国家利益以至高无上的地位。个人对国家负有义务，当个人利益与公共利益冲突时，个人应牺牲私人利益甚至牺牲生命以维护国家利益。“国家所要求于个人的义务，也直接就是个人的权利，因为国家无非就是自由的概念的组织。”②个人通过履行对国家的义务，也保持了自己的生命和生活。在黑格尔看来，“国家的目的就是普遍利益本身，而这种普遍利益又包含着特殊的利益，它就是特殊利益的实体”③，但是黑格尔认为并不能以国家利益来压制或取消个人利益。他说：“个人无论采取任何方式履行他的义务，他必须同时找到他自己的利益，和他的满足或打算。本于他在国家中的地位，他的权利必然产生，由于这种权利，普遍事物就成为他自己的特殊事物。其实，特殊利益不应该被搁置一边，或竟受到压制，而应同普遍物符合一致，使它本身和普遍物都被保存着。”④国家实现了公共利益与个人利益、普遍性与特殊性的统一。在黑格尔的伦理思想中，“个人并不消失，而是通过与更大的有机体和谐的关系获得更充分的实在性，个人被忽视的国家不是黑格尔的‘绝对’的雏形”⑤。

① [德] 黑格尔：《法哲学原理》，范扬、张企泰译，北京：商务印书馆，1961 年版，第 253 页。
② [德] 黑格尔：《法哲学原理》，范扬、张企泰译，北京：商务印书馆，1961 年版，第 263 页。
③ [德] 黑格尔：《法哲学原理》，范扬、张企泰译，北京：商务印书馆，1961 年版，第 269 页。
④ [德] 黑格尔：《法哲学原理》，范扬、张企泰译，北京：商务印书馆，1961 年版，第 262~263 页。
⑤ [英] 罗素：《西方哲学史（下卷）》，何兆武、李约瑟译，北京：商务印书馆，1976 年版，第 290 页。

第二章

当代中国社会生活的分化与公私矛盾的凸显

人和社会是同时产生的，每个人都生活在一定的社会中，“人的本质是人的真正的社会联系”[①]，任何人都不可能脱离社会而存在，人是处于“一定历史条件和关系中的个人”[②]，因此，社会是一个客观存在。从广义上看，“生产关系总合起来就构成所谓社会关系，构成所谓社会，并且是构成一个处于一定历史发展阶段上的社会”[③]。社会关系就是人们在生产活动中结成的生产关系和共同生活的人们在生产关系基础上形成的客观的、普遍的交往关系。社会的前提是现实的个人，“社会其最基本的含义为联合起来的单个人”[④]，“人在积极实现自己本质的过程中创造、生产人的社会联系、社会

---

① 马克思、恩格斯：《马克思恩格斯全集（第 42 卷）》，中共中央马克思恩格斯列宁斯大林著作编译局编译，北京：人民出版社，1972 年版，第 24 页。

② 马克思、恩格斯：《马克思恩格斯全集（第 3 卷）》，中共中央马克思恩格斯列宁斯大林著作编译局编译，北京：人民出版社，1972 年版，第 86 页。

③ 马克思、恩格斯：《马克思恩格斯选集（第一卷）》，中共中央马克思恩格斯列宁斯大林著作编译局编译，北京：人民出版社，2012 年版，第 340 页。

④ 马克思、恩格斯：《马克思恩格斯全集（第 46 卷下）》，中共中央马克思恩格斯列宁斯大林著作编译局编译，北京：人民出版社，2003 年版，第 20 页。

本质，而社会本质不是一种同单个人相对立的抽象的一般的力量，而是每一个单个人的本质，是他自己的活动，他自己的生活，他自己的享受，他自己的财富”[①]。广义的社会作为共同生活的人们通过一定的社会关系联合起来的有机体，不仅以现实的个人为第一个前提，而且包括家庭、各类群体和政治国家，它涵盖了各种人类共同体和社会关系。广义的社会概念和广义的国家概念是同义语，即国家可以在最一般的意义上指称社会。[②]广义的国家不仅包括政治国家，还包括非政治社会。广义的社会由经济、政治、文化等诸因素构成。本章使用的社会概念就是广义的社会概念。

狭义的社会概念即市民社会，它只是指称广义国家的非政治社会部分，“基于自愿选择与决策而形成的社会是由个人、家庭及非国家群体、组织构成”[③]的，是“非官方的公域和私域的合成。私域在这里主要是指不受国家行政手段超常干预的经济领域”，“非官方的公域是指在国家政治安排以外市民社会对国家立法及决策产生影响的各种活动空间。例如，在电视、广播、报纸、刊物、书籍等传媒中表达意见和观点，在沙龙、讨论会和集会中零散地面对面交换意见等等”。[④]在西方近代伦理思想史上，黑格尔是最早将政治国家与市民社会进行区分的代表人物。黑格尔认为，市民社会是历史发展的产物，是基于私人利益的一种联合。“在市民社会中，每个人都以自身为目的，其他一切在他看来都是虚无”[⑤]，“市民社会是个人私利的战场，是一切人反对一切人的战场，同样，市民社会也是私人利益跟特殊公共事务冲突的舞台，并且是它们二者共同跟国家的最高观点和制度冲突的舞台”[⑥]。

---

① 马克思、恩格斯：《马克思恩格斯全集（第 42 卷）》，中共中央马克思恩格斯列宁斯大林著作编译局编译，北京：人民出版社，1972 年版，第 24 页。

② 曹沛霖：《政府与市场》，杭州：浙江人民出版社，1998 年版，第 126 页。

③ 曹沛霖：《政府与市场》，杭州：浙江人民出版社，1998 年版，第 128 页。

④ 邓正来：《国家与社会：中国市民社会研究》，北京：北京大学出版社，2008 年版，第 9 页。

⑤ [德] 黑格尔：《法哲学原理》，范扬、张企泰译，北京：商务印书馆，1961 年版，第 197 页。

⑥ [德] 黑格尔：《法哲学原理》，范扬、张企泰译，北京：商务印书馆，1961 年版，第 309 页。

由于市民社会自身无法克服的缺陷，黑格尔得出了“国家决定社会”的结论。马克思继承了黑格尔的用法，用以指称私人利益关系的领域。但是与黑格尔不同的是，马克思认为，不是国家决定市民社会，而是市民社会决定国家，从而确立了国家与市民社会的正确关系。马克思说：“有一定的市民社会，就会有不过是市民社会的正式表现的相应的政治国家。”[①]国家与市民社会的关系是对立统一的。一方面，市民社会的非政治性决定了它是保障自由的最后屏障，要防止国家权力的过度干预；另一方面，政治国家是社会“陷入了不可解决的自我矛盾，分裂为不可调和的对立面而又无力摆脱这些对立面”[②]的产物。不仅如此，“社会内部各个不同的利益集团的协调所形成的共同利益在客观上需要国家来保护，这个共同利益集中体现在避免社会共同体的失序、崩溃或解体”[③]。

现代化既指人类文明的历史过程，又指人类文明的一种历史发展阶段，它的核心是一种建立在现代大工业基础之上的社会生活范型。[④]现代性是现代社会生活所具有的不同于传统社会的态度、品质、秩序。现代性是“一种与传统的断裂，一种全新的感觉，一种面对正在飞逝的时刻的眩晕的感觉”，它也是“一种思想和感觉的方式，也是一种行为和举止的方式，在一个相同的时刻，这种方式标志着一种归属的关系并把它表述为一种任务”。[⑤]现代性是人类文明的深刻变化，作为一种历史过程与历史发展阶段，它表现在社会生活的方方面面。英国批评家斯图尔特·霍尔曾经在四个层面上对“现代性”的内涵进行了界定：政治层面——世俗政体与现代民族国家的确立；经

① 马克思、恩格斯：《马克思恩格斯选集（第一卷）》，中共中央马克思恩格斯列宁斯大林著作编译局编译，北京：人民出版社，1995年版，第532页。

② 马克思、恩格斯：《马克思恩格斯选集（第四卷）》，中共中央马克思恩格斯列宁斯大林著作编译局编译，北京：人民出版社，1995年版，第170页。

③ 荣剑：《马克思的国家与社会理论》，《中国社会科学》，2001年第3期，第29~30页。

④ 布莱克：《现代化的动力：一个比较史的研究》，杭州：浙江人民出版社，1989年版，第1~4页。

⑤ [法] 福柯：《何为启蒙》，载汪晖、陈燕谷：《文化与公共性》，北京：生活·读书·新知三联书店，1998年版，第430页。

济层面——市场经济以及私有制基础上的资本积累；社会层面——劳动与性别分工体系的形成；文化层面——宗教的衰落以及世俗物质文化的兴起，尤其是个人主义与工具理性的文化取向。[①]从鸦片战争开始，中华民族追求现代化的历史已经近两个世纪。现代化的过程，不仅意味着物质财富的丰富与文明的发展，还是一个社会生活方式与价值观念转变的过程。与西方那些先发现代化国家相比，中国是一个后发现代化国家，具有西方现代化过程不可比拟的复杂性，我们现代化的过程“不再是传统的历时性，而是时空经过高度压缩了的共时性”[②]。从学理上来说，中国的当代性是一个开放性概念，有学者认为它主要指涉 1949 年之后的中国社会，也有学者认为它主要是指改革开放以来的中国社会，本书所指称的当代中国主要是从后者的视角，即实行改革开放以来的中国社会来展开讨论的。分析当代中国社会领域的分化，分析实行改革开放以来我国经济、政治与文化领域的变化，以彰显现代化带给中国的这场变革。

第一节　当代中国社会生活的分化

1978 年开始实行的改革开放，是一场伟大的革命，从此我国的社会结构与社会生活发生了巨大的变化，充分展现在经济生活领域、政治生活领域和精神文化生活领域。

一、经济生活的分化

现代性内含着现代化社会相对于传统社会具有的价值上的超越，是一种历史的进步，它“是以历史的客观演进进程为依据、以对历史进程必然性把

---

① [英] 阿伦·布洛克：《西方人文主义传统》，董乐山译，北京：群言出版社，2012 年版，第 3 页。
② 高兆明：《制度公正论：变革时期道德失范研究》，上海：上海文艺出版社，2001 年版，第 5 页。

握为判断基准的对历史未来发展趋势的揭示”①。现代化首先是经济的现代化，经济现代化即社会物质生产力的高度发展，这是现代化的物质基础。社会现代化进程的要义正是在现代经济基础上的伦理秩序的现代化。②马克思以作为社会主体人的发展状况为标准，把人类历史划分为逐步递进的三种社会形态，即人对人的依赖性社会、人对物的依赖性社会和个人全面发展的社会。马克思的分析是深刻的，在这一逻辑中，“揭示了现代化社会否定人的依赖性、进而构成了人的一大解放的历史事实与价值意义，彰显了现代化社会对于传统社会的历史性进步”③。因此，现代化首先意味着在经济领域实行市场经济，以发达的市场和货币经济推动生产力的发展。改革开放四十多年来的实践证明，中国的现代化是一个必然的过程，这个过程不仅是历史发展的必然趋势，而且具有相对于传统社会价值的优越性。

中国传统社会坚持以“伦理本位主义”或“道德中心主义”为主要特色的儒家思想，这种思想在当代中国的社会生活中仍然潜移默化地影响着经济、政治、文化的发展。中国古代社会的经济生活被伦理道德所覆盖，伦理秩序主导着经济秩序。儒家文化是中华文化的主流，以孔孟为代表的儒家重义轻利论就成为中国传统伦理文化与经济领域的价值取向。随着市场经济的发展与私人利益及其意识的突显，当代中国经济领域从传统“重义轻利”与“大公无私”的经济生活中出现了分化。作为中国封建社会正统思想的儒家伦理同被封建经济政治关系所排斥的、本质上属于现代社会的市场经济属于不同质的社会现象，二者在性质上不仅没有必然关系，而且是相互异质的，这就决定了二者在总体上必然存在着冲突。④中国传统儒家伦理的“重义轻

① 高兆明、李萍：《现代化进程中的伦理秩序研究》，北京：人民出版社，2007 年版，第 13 页。

② 宋希仁：《论伦理秩序》，载高兆明、李萍：《现代化进程中的伦理秩序研究》，北京：人民出版社，2007 年版，第 1 页。

③ 高兆明、李萍：《现代化进程中的伦理秩序研究》，北京：人民出版社，2007 年版，第 15 页。

④ 张怀承、唐凯麟：《成人与成圣：儒家伦理道德精粹》，长沙：湖南大学出版社，1999 年版，第 355 页。

利”“贵义贱利”“大公无私”“崇公抑私”形成了传统经济领域的基本价值导向。这种价值系统作为一个体系，与传统的自然经济、血缘宗法的社会结构、中央集权的政治结构一起构成了封建社会的有机整体，是阻碍现代化和市场经济发展的文化制约因素。

1. 利益关系的复杂化

德行主义是中国传统经济领域中占据主导地位的思想，这种“道义论”在利益与道德的关系上坚持重视道义的价值、轻视利益的原则，无限夸大道德在社会发展中的作用，“重义轻利”的道义论成为中国传统社会中单一的占统治地位的价值取向。在儒家的伦理思想中，义或道德具有最高的价值。孔子从其“仁学”出发，明确提出了“君子喻于义，小人喻于利”[①]的主张，区分了义与利，指出“君子忧道不忧贫”[②]，明确了“重义轻利”“见利思义”“义以为上”的道义论价值导向。但是孔子并不反对个人对自然需求之利的追求。孟子继承了孔子“义利之辨”的思想，提倡“舍生取义”[③]的价值取向，从而把义与利对立起来。荀子更加肯定义对于人的价值，“水火有气而无生，草木有生而无知，禽兽有知而无义；人有气、有生、有知亦且有义，故最为天下贵也”[④]。汉儒董仲舒提出了“正其谊不谋其利，明其道不计其功”[⑤]的命题，并以“天人感应论”杂以“阴阳五行说”，把社会道德规范即“人道”的本原归于“天道”，从而赋予“义”本体论依据。

宋代的儒学思想更趋本体论化，把义利关系问题视为道德的首要问题，产生了程朱理学等禁欲主义伦理思想。二程曰：“天下之事，惟义利而已。”[⑥]二程认为，“义利之辨”本质上就是“公私之辨”。二程曰：“义利云者，

①《论语·里仁》。
②《论语·卫灵公》。
③《孟子·告子上》。
④《荀子·王制》。
⑤《汉书·董仲舒传》。
⑥《河南程氏遗书》卷十一。

公与私之异也。”[1]“义”即“公”，“利”即“私”。朱熹更是提出要严辨义利，“学无深浅，并要辨义利”[2]，为义“便是向圣贤之域”，为利“便是趋愚不肖之徒”[3]。朱熹还继承了二程把“公私之辨”视为“义利之辨”的思想，他说，“仁义根于人心之固有，天理之公也；利心生于物我之相形，人欲之私也”[4]，形成了“贵义贱利”“大公无私”的价值倾向。儒家强调道德的价值，具有鲜明的道义论色彩，在经济领域形成了“重义轻利”的价值导向，在先秦儒家思想中已经表现出义利对立的倾向，至程朱理学发展为“贵义贱利”的价值倾向，把道义的价值突显到至高无上的地位。道义不仅仅是人之所以为人的根据，还是维持社会秩序的不二法门，“不论利害，惟看义当为与不当为”[5]。

宋明清时期，由于民族危机的日益加重和资本主义萌芽的产生，出现了王安石、陈亮、叶适、李贽、黄宗羲等倡导“经世致用”的伦理思想家。王安石提出了“理财乃所谓义”[6]的义利关系论；陈亮提出了“功到成处，便是有德”[7]的命题；叶适提出了“以利和义，不以义抑利”[8]的主张；李贽更是公开倡导“人必有私”与“穿衣吃饭，即是人伦物理”[9]的思想；黄宗羲还提出了“人各自私”[10]的义利观，鼓励人们追求物质利益。但是，一方面，这种物质利益只是基于自保基础的个人物质利益，是人自然生存之必需；另一方面，儒家“重义轻利”“贵义贱利”“大公无私”“崇公抑私”的德行

①《二程粹言·论道篇》。

②《朱子语类》卷十三。

③《朱子语类》卷五十七。

④《孟子集注·梁惠王上》。

⑤《河南程氏遗书》卷十七。

⑥《答曾公立书》。

⑦ 陈傅良：《至陈同甫书》。

⑧《习学记言序目》。

⑨《焚书》卷一。

⑩《明夷待访录·原君》。

主义思想还是中国传统社会的主流价值导向。

中华人民共和国成立之后的计划经济时代，人们注重道义的力量，“反对自私自利的资本主义的自发倾向，提倡以集体利益和个人利益相结合的原则为一切言论行动的标准的社会主义精神”[①]，以人民的利益为大义，坚持以集体利益与国家利益为重，不计较个人得失，发挥“一不怕苦、二不怕死”的干劲，在社会范围内产生了巨大的效果。但是，在极左盛行的一段时间内，“由于当时所提倡的某些道义脱离实际情况，也导致说假话、大话、空话、套话，唱着革命高调而谋求私利等风气盛行，其流弊至深”[②]。

市场经济的出现彻底改变了传统社会和计划经济条件下“重义轻利”“道义至上”的观念，极大地解放了人们对利益的观念，也使得当代中国的利益关系呈现出复杂化的局面。市场经济反对传统社会对利益和自利的简单否定。市场经济可以在不牺牲任何人利益的条件下去追求个人利益。社会主义市场经济是社会主义与市场经济相结合的产物。市场经济是指市场在资源配置中起基础性作用的经济形式。它的特征有市场主体的自主性、市场关系的平等性、市场活动的竞争性、市场发展的开放性、市场调控的间接性与市场行为的法制性。[③]我们实行的社会主义市场经济，具有市场经济的一般特征。独立自主的市场主体是市场经济活动开展的首要条件，也决定了市场经济活动的目的就是利益，并且以实现利益的最大化为直接目的。“无私奉献”不是市场经济活动的法则，或者说在市场经济活动中没有无私奉献。[④]“一个人越努力并且越能够寻求他自己的利益或保存他自己的存在，则他便越具有德性，反之，只要一个人忽略他自己的利益或忽略他自己存

① 毛泽东：《建国以来毛泽东文稿（第五册）》，北京：中央文献出版社，1991年版，第497页。

② 黄亮宜：《社会主义义利观：面向21世纪的价值选择》，郑州：河南人民出版社，2001年版，第114页。

③ 曹沛霖：《政府与市场》，杭州：浙江人民出版社，1998年版，第368~369页。

④ 高兆明、李萍：《现代化进程中的伦理秩序研究》，北京：人民出版社，2007年版，第98页。

在的保持，则他便算是软弱无能。”[①]市场经济首先是自利的，其次从客观的过程和结果来看，才是为他的。利益是市场经济的原动力和动力源，它是客观存在的，而不是空想出来的。与此同时，传统“重义轻利”的观念仍然在一定的范围内存在。当代中国的利益关系存在着既重视道义又重视利益的复杂局面。

2. 利益主体的多元化

在中国传统社会简单的小农经济的条件下形成了相对单一的利益主体，那就是国家。儒家伦理把国家利益与社会整体利益置于个人利益之上，要求个人必须无条件服从和维护国家利益，从而在个人利益与群体利益上形成了“大公无私”“先公后私”“公而忘私”的价值导向。中国传统儒家伦理强调道义原则的至上性，不仅表现在处理利益与道德关系时坚持“重义轻利”“大公无私”的价值导向，而且儒家认为，利益、欲望总是与个人或特殊利益集团相关的，义则是天下人民之公利，倡导循“义”而行，兴天下之大利，从而使“义”超越了个体利益的特殊性，体现了国家与社会整体利益的普遍性。中国传统儒家伦理“大公无私”“公而忘私”的群体主义价值导向对凝聚民族团结、培育为了国家民族的大义死而后已的精神具有重要的作用，“这里无疑体现了道德的历史自觉，但对普遍公利的强化，又始终使个体之利难以得到适当的定位”[②]。

孔子要求着眼于国家之公利，人民之大利。《论语》曰：“子路问君子。子曰：‘修己以敬。’曰：‘如斯而已乎？’曰：‘修己以安人。’曰：‘如斯而已乎？’曰：‘修己以安百姓。’”[③]孔子强调了群体的价值，强调要“因民之所利而利之”[④]。另外，孔子倡导克制自己的私利、小利：“克己

① [荷] 斯宾诺莎：《伦理学》，贺麟译，北京：商务印书馆，1991 年版，第 185 页。
② 杨国荣：《善的历程：儒家价值体系研究》，上海：上海人民出版社，2006 年版，第 4 页。
③《论语·宪问》。
④《论语·尧曰》。

复礼为仁。”[1]为践行“仁”，哪怕牺牲生命也在所不惜。孟子提出了“乐以天下，忧以天下”[2]的主张。荀子也非常重视群体价值，认为人“力不若牛，走不若马，而牛马为用，何也？曰：人能群，彼不能群也”[3]。

宋儒张载提出了“民胞物与”的命题，并以“义理之天”的宇宙本体使群体价值具有了本体论依据，把个体对群体的道德义务视为神圣的使命，从而使群体价值具有了一种超越性。尤其是张载提出的“为天地立心，为生民立命，为往圣继绝学，为万世开太平”[4]的道德理想，把儒家“大公无私”的重群主义价值导向提升到了一个新的高度。朱熹提出了“己者，人欲之私也”[5]的主张，王阳明则提出“胜私复理”[6]，只有这样才能成为圣贤，“理乃天下之公理，心乃天下之同心，圣贤之所以为圣贤者，不容私而已”[7]。中国传统儒家伦理把群体价值放在第一位，强调个体价值的服从，并把维护社会整体利益作为稳定社会秩序的根本原则，也是一种“大公无私”“先公后私”的道义至上论的体现。

宋儒还以“无我说”即主张追求利欲的人心消融于代表公理的道心来突显群体价值的至高无上。人心作为道心的对立面，常常被赋予私的意义而倡导被消融。“仁义根于人心之固有，天理之公也；利心生于物我之相形，人欲之私也”[8]，人心与道心是对立的。二程曰：“心存乎利，取怨之道也，盖欲利于己，必损于人。”[9]利心是不可存的，那么追求利欲之私的人心就缺乏存在的价值，人的价值在于代表天理的道心，这种追求利欲的“我”正是被消融

①《论语·颜渊》。
②《孟子·梁惠王下》。
③《荀子·王制》。
④《近思录拾遗》。
⑤《论语或问》卷十二。
⑥ 王守仁：《王阳明全集（第一册）》，上海：上海古籍出版社，2014年版，第7页。
⑦ 陆九渊：《陆九渊集·与唐司法（卷十五）》，北京：中华书局，1980年版，第196页。
⑧《孟子集注·梁惠王上》。
⑨《论语解·里仁》。

的对象。而真正的“我”，应当履行对群体的道德义务。二程曰：“君子之志所虑者，岂止其一身？直虑及天下千万世。小人之虑，一朝之忿，曾不遑恤其身。”[①]在有道心之大我（公）、无人心之小我（私）的要求下，整体对个体的压抑取得了某种内在的形式。[②]这样，追求利欲的“我”被消融了，成为中国传统儒家伦理思想弃绝的对象。儒家伦理道德的群体价值取向，要求人们在个人利益与社会整体利益发生冲突时，应当牺牲个人利益，维护社会整体利益。它的错误不在于以群体的利益作为价值的标准，而在于把这一标准绝对化，并以社会整体利益的名义限制甚至取消个人的利益，这就压抑了人的需要和利益以及个性自由。[③]

这种“重群轻己”的群体主义价值导向是中国传统儒家在处置个人与国家、社会关系时的主流。明代李贽从“私是人的本性”出发，发展出“重己”的群己观。李贽说：“夫天生一人，自有一人之用，不待取给孔子而后足也。”[④]又说：“为己便是为人，自得便是得人。”[⑤]从而肯定了个体存在的价值。李贽空前地突出了个体价值的重要性，但他说“我以自私自利之心，为自私自利之学，直取自己快当”[⑥]，也忽视了个体在社会中应当承担的责任，走向了个人主义的极端。

随着我国市场经济的发展与改革开放的实行，无视个人正当利益、羞于谈个人利益的状况逐渐在改善，不仅如此，市场经济催生了多元化的利益主体。“市场经济是从‘私’出发的，市场经济的基础是个人的自利，私人可以在市场经济的规则中为经济的发展发挥最大的主动性。”[⑦]市场经济的运

① 程颢、程颐：《二程集（上）》，北京：中华书局，1981 年版，第 114 页。

② 杨国荣：《善的历程：儒家价值体系研究》，上海：上海人民出版社，2006 年版，第 220 页。

③ 张怀承、唐凯麟：《成人与成圣：儒家伦理道德精粹》，长沙：湖南大学出版社，1999 年版，第 75 页。

④《焚书·答耿中丞》卷一。

⑤《李温陵集·答周柳塘》卷四。

⑥《李温陵集·答寄留都》卷四。

⑦ 汪洁：《中国传统经济伦理研究》，南京：江苏人民出版社，2005 年版，第 175 页。

行，必然导致人们关注个人利益、强化个人意识，这是由市场经济优胜劣汰的资源配置方式决定的。每一个市场主体都是为我的、利己的，都是首先满足自己的利益的，不存在以利他主义为主要目的的市场主体。市场经济肯定人对自身利益的追求，培养了人的主体意识，又为满足人的丰富多样的利益需求提供了舞台，使人的个性获得了空前的解放，增强了个体的自主、自尊、平等意识。

随着个体经济的大发展，其他私人利益主体形式也蓬勃兴起，涌现出很多新的利益主体，如私营企业主、民营企业家、“三资企业”中的管理者与技术人员等。1978 年，在我国国民生产总值中，国有经济占 56%，集体所有制经济占 43%，非公有制经济只占 1%；在工业总产值中，国有工业占 77.6%，集体企业占 22.4%，个体和私营经济等非公有制工业产值在统计数据中显示为零。[①]据第二次全国经济普查资料，2008 年末，我国共有私营工业企业 145.7 万个，工业总产值为 16.6 万亿元，占全部工业企业的 30.5%。[②]非公有制经济的发展与多元化的利益主体的兴起，为我国经济的快速发展做出了重大贡献。

随着市场经济的发展，我国个体经济、私营经济迅速发展，积累了大量的私有财产与财富，作为上层建筑的法律不能对之置若罔闻。在人类社会中，产权是一项根本性的制度安排，它对经济的增长，特别是对于市场经济的运行效率有着至关重要的作用。[③]财产权不但是一种必然与市场经济相伴生的重要法律现象，更和合同自由一起成为市场经济秩序中的两大法律支柱。[④]只有公民的财产权切实得到保护，公民才能调动自身的聪明才智去创造更多的社会财富，推动社会发展。非公有制经济包括个体经济、私营经济、混合所有制经济中的非公有制成分等，它们已经成为我国社会主义市场经济的重要

---

① 肖陆军：《我国政府创业治理演进的内在机理探究》，《重庆行政（公共论坛）》，2016 年第 5 期，第 27 页。

② 项晓君、孙小凯：《私营企业发展现状与对策分析》，《现代商贸工业》，2011 年第 9 期，第 53 页。

③ 罗能生：《产权的伦理维度》，北京：人民出版社，2004 年版，第 45 页。

④ 朱丙栋：《论私有财产的宪法保护》，四川大学硕士学位论文，2005 年，第 16 页。

组成部分，在加强社会主义市场经济体制建设方面有着不可替代的作用，毫不动摇地鼓励、支持和引导非公有制经济发展，是坚持和完善社会主义初级阶段经济制度必须遵循的一条基本原则。这就必然要求私有财产权获得独立的、平等的宪法地位。凡合法取得的财产无分公有私有，均予平等对待，一体保护。①

二、政治生活的分化

中国传统社会的国家本位来源于“家国同构”的社会特点，高度分散的自然经济与高度集中的君主专制相对应，“分散的个人必须绝对服从以君主为代表的整体，以维护封建统治的稳定和巩固”②。中国传统宗法等级社会的核心是礼制，这种融礼仪、法律、道德信仰、教化于一体的“礼”代替法律成为中国传统社会的基本伦理秩序。孟德斯鸠曾经指出：“中国的立法者走得更远。他们把宗教、法律、道德、礼仪都混在一起。这一切都是行善，都是美德。有关这四方面的箴规就是礼教。正是严格遵循这些礼教，中国的统治者取得了胜利。”③在封建社会中，“普天之下，皆是王土，四海之内皆是王臣”④，帝王君主成为国家的代表，君主之私凌驾于国家之上，“公”所代表的只是君主及其特殊利益集团的利益。在中国传统社会中，政治与伦理始终密不可分，政治制度与伦理道德融为一体，形成了以儒家文化为核心的政治伦理，成为为专制统治服务的理论工具。传统儒家的“德治”思想认为，统治者的德行与示范作用对于社会稳定具有重大作用。统治者的“德”尽管是统治者个人的德行、私德，“但实质上是在‘天命’、‘民心’、‘私德’三位一体意义上之私德，‘私德’承‘天命’秉‘民心’，它所指向的

① 梁慧星：《制定中国物权法的若干问题》，《法学研究》，2000 年第 4 期，第 7 页。

② 朱贻庭：《中国传统伦理思想史》，上海：华东师范大学出版社，2003 年版，第 24 页。

③ [法] 孟德斯鸠：《论法的精神（上册）》，孙立坚、孙丕强、樊瑞庆译，西安：陕西人民出版社，2004 年版，第 356 页。

④ 《诗经・小雅》。

是德政”[①]。在中国传统社会，个人权利被极度压制，个人成为国家权力支配的对象，君主操控着民众的私有财产与生命。国家权力支配着社会的运行，没有个人权利的存在。市场经济及现代大工业的出现从根本上撼动了中国传统的宗法等级的社会结构，也从根本上改变了中国宗法等级社会的伦理秩序建基的自然经济基础。现代社会一个突出的标志就是个人从封建社会的宗法等级制度、人身依附关系中解放出来，珍视、享有并捍卫个人自由与权利。从广义上讲，法属于政治范畴。现代社会是一个建立在平等自由权利基础之上的法治社会。由此，我们可以晓得孔子主义（就是中国人所谓纲常名教）并不是永久不变的真理。孔子或其他古人，只是一代哲人，决不是‘万世师表’。他的学说所以能在中国行了两千余年，全是因为中国的农业经济没有很大的变动，他的学说适宜于那样经济状况的缘故。现在经济上生了变动，他的学说就根本动摇，因为它不能适应中国现代的生活，现代的社会。[②]

1. 注重私权

在中国传统社会宗法等级的伦理秩序中，“君统”“宗统”“道统”三位一体，不仅保证了位于宗法等级秩序顶端的帝王拥有至高无上的政治权力，而且使他们俨然成为人世间道义或绝对善的化身。在“家国同构”的传统社会里，社会被君主代表的国家所吞噬，二者呈现出一体化的态势。“中国人传统观念中极度缺乏国家观念”，我们习惯上使用的“国家”一词“大致是指朝廷或皇室而说”。[③]王权就是公共权力，君主专制的力量渗透到社会的方方面面，导致个人权利极度萎缩。一方面，高扬君主权力的至上性，王权成了公共生活运行中枢和主导力量，公共生活完全被王权所覆盖；另一

① 高兆明：《伦理学理论与方法》，北京：人民出版社，2005 年版，第 111 页。

② 李大钊：《由经济上解释中国近代思想变动的原因》，《新青年》，第 7 卷第 2 号，1920 年 1 月 1 日。

③ 梁漱溟：《中国文化要义》，上海：上海人民出版社，2011 年版，第 155~156 页。

方面，由于对私利、私欲的抑制削弱了个人的主体意识和独立精神，个人诉求被牢牢地限定在专制权力的控制范围内。①

中国传统儒家思想把伦理与政治融合在一起，形成了政治伦理化的特点。“政治的道德化指政治为道德所包容或取代，道德不仅被视为政治的载体和基础，而且被视为政治的目的。”②这种伦理政治“作为政治运作方式，即以宗法关系为根底、以伦理为社会制度安排依据、以礼法合一为政治控制方式、以安定和谐为政治运作目的的政治操作规程，构成古典中国政治统治者的主流选择”③。孔子创立了“仁礼”统一的政治伦理。一方面，“克己复礼为仁”④，克制自己，实践“仁”就成了政治的伦理要求。“仁”是人们遵守“礼”的自觉道德意识和心理基础。另一方面，“礼”是践履“仁”的外在标准和约束。对于君主来说，要“为政以德”⑤。统治者“道之以德，齐之以礼”⑥，从而达到天下大治的效果。孟子继承与发展了孔子的仁学思想，把“仁心”作为其政治伦理思想的出发点。“人皆有不忍人之心。先王有不忍人之心，斯有不忍人之政矣。以不忍人之心，行不忍人之政，治天下可运之掌上。”⑦孟子强调君主要自觉践行仁政，才能达到“身正而天下归之”的效果。如何做到“仁”呢？与孔子相比，孟子更加突出义与利的对立：“何必曰利？亦有仁义而已矣。”⑧如果说中国传统儒家的政治伦理思想以孔子为发端，孟子以心性之学为突破口，那么“荀子从政治视角切入，以给伦理以

---

① 杨妍：《中国传统公私观与公共领域的缺失》，《天津市工会管理干部学院学报》，2005 年第 4 期，第 63 页。

② 江雪莲：《关于政治伦理化问题的思考》，《华东师范大学学报（社会科学版）》，2000 年第 4 期，第 3 页。

③ 任剑涛：《伦理王国的构造》，北京：中国社会科学出版社，2005 年版，第 42 页。

④《论语・颜渊》。

⑤《论语・为政》。

⑥《论语・为政》。

⑦《孟子・公孙丑上》。

⑧《孟子・梁惠王上》。

政治化定位，来进一步透显伦理政治的政治内涵，使伦理政治的政治意蕴获得揭示提供了可能性”[①]。荀子以性恶论揭示了礼治的必要性。荀子从“人生而有欲”出发，揭示了礼义起源于为避免人们为欲利相争而产生的社会乱象，“故制礼义以分之”[②]。这个礼不仅可以用来调节义利关系，而且是社会运行的根本法则。“礼者，人道之极也”[③]，“人主之所以为群臣寸尺寻丈检式也，人伦尽矣”[④]。人主依礼义治理天下就可以实现天下大治，其政治伦理的意味不言而喻。至此，荀子极大地强化了礼义道德的社会作用，相比于孟子的内在化倾向，显得更加外在化、政治化。荀子把礼外在化了、政治化了，而礼又是“人道之极”，其归结必致人只有政治生活，而无私人生活、社会生活。[⑤]而汉儒董仲舒运用天人感应论“成功地将伦理与政治融摄进天的系统之中，完成了伦理政治的同构化”[⑥]，“他以天的转折完成儒家哲学大系统的建立”[⑦]。

不可否认，传统儒家的政治伦理思想中有限制王权、制民之产的思想。孟子曰：“民为贵，社稷次之，君为轻。是故得乎丘民而为天子。”[⑧]孟子认为民意高于王权，君主要保证老百姓有一定的“恒产”。“明君制民之产，必使仰足以事父母，俯足以畜妻子，乐岁终身饱，凶年免于死亡。”[⑨]荀子曰：“天之生民，非为君也；天之立君，以为民也。”[⑩]君主的存在是为了

---

① 任剑涛：《伦理王国的构造》，北京：中国社会科学出版社，2005年版，第79页。
②《荀子·礼论》。
③《荀子·礼论》。
④ 王先谦：《荀子集解》，北京：中华书局，1988年版，第145~146页。
⑤ 任剑涛：《伦理王国的构造》，北京：中国社会科学出版社，2005年版，第87页。
⑥ 任剑涛：《伦理王国的构造》，北京：中国社会科学出版社，2005年版，第96页。
⑦ 转引自任剑涛：《伦理王国的构造》，北京：中国社会科学出版社，2005年版，第96页。
⑧《孟子·尽心下》。
⑨《孟子·梁惠王上》。
⑩《荀子·大略》。

养民爱民，民为邦本，“贼仁残义而无道”[①]的统治者会失去其权力的合法性，“诛暴国之君，若诛独夫”[②]。传统儒家的这些政治伦理思想虽然有维护民众利益的内容，但其实质仍然是以维护君主利益为根本目的，保证王权长治久安的民本思想，与“主权在民”的民主思想有着本质区别。当然，在中国古代，土地私有是显而易见的。但是，在土地私有背后是“普天之下莫非王土，率土之滨莫非王臣”的专制王权。不受节制的王权是中国古代土地的唯一主宰。正如马克思所说的，在亚细亚的生产方式中，“没有私有土地的所有权，虽然存在着对土地的私人的和共同的占有权和使用权”[③]。不仅如此，君主控制着社会生活的方方面面，“先王知其然，故塞民之养，隘其利途。故予之在君，夺之在君，贫之在君，富之在君”[④]，在这种情况下，个人权利无从谈起。明末清初启蒙思想家黄宗羲动摇了封建专制王权的合法性，对君主权力的来源提出了质疑，提出了“天下为主，君为客”[⑤]的思想，看到了君主与民众利益的不一致，君主未必能代表民众的利益。但是，黄宗羲反对的只是荼毒天下的“恶”君，而不反对“不以一己之利为利，而使天下受其利”[⑥]的“明”君。这也与“主权在民”的思想有着本质的差别，还是一种民本思想。

与儒家的政治伦理思想不同，法家的政治主张是实行法治，“不务德而务法”[⑦]。韩非子认为君与臣、公与私的关系是对立的。君臣之间不存在礼义道德，“私义行则乱，公义行则治”[⑧]。为了维护君主的利益，臣民们应

---

①《孟子·梁惠王下》。

②《荀子·正论》。

③ 马克思、恩格斯：《马克思恩格斯全集（第25卷下）》，中共中央马克思恩格斯列宁斯大林著作编译局编译，北京：人民出版社，1974年版，第891页。

④《文献通考》卷十五。

⑤《明夷待访录·原君》。

⑥《明夷待访录·原君》。

⑦《韩非子·显学》。

⑧《韩非子·饰邪》。

该奉行“去私行公”“废私立公”的行为准则。法家直接把“公”等同于君主之私，“在肯定君之大私是大公的认识上，儒法两家有异曲同工之妙”，不仅如此，“法家在对待君主专制的态度上，较之儒家有过之而无不及，他们都是彻头彻尾的绝对君主专制主义者”，“国家不过是君主的载体，是实现君主利益的工具”，是一种赤裸裸的维护封建专制王权的理论工具。①

中华人民共和国成立以后，曾经在一定时期内实行计划经济体制，国家的公权力渗透到社会生活的各个方面。国家与社会高度统一，个人的权利处于从属地位。个人对单位、集体产生了严重的依赖，压抑了个人的积极性与创造性。计划经济时代的公有制规定生产资料归所有劳动者共同所有，但实际上却变为“原则上人人占有但实际上谁都不占有、谁都不负责的所有权虚置状态”②。国家通过公有制，包括全民所有制和集体所有制，掌握了几乎所有的社会生产、生活资料。

在市场经济条件下，对个人正当利益的尊重与保护是保障市场经济交换活动正常进行的前提和基础。“市场经济的前提或者基础在于国家承认并保障市场主体的财产权，当然包括承认并保障个人财产权。”③市场经济是以追求个人自由和权利为特点的，市场主体享有权利、行使权利并获得权利的保障是市场经济充分发展的重要因素。“权利”之于人，永远都不是空洞的。“权利”之于人，永远都具有其“实项”内容。这个实项内容就是利益。权利非他，权利就是利益。④权利不仅是一个道德概念，还是一个政治概念、法律概念。市场经济之所以能够出现，归根结底在于财产所有权的出现。现代社会与传统社会的重要区别就在于法律把人们创造的财富转化为一种不可侵犯的财产权，尤其是私人财产权，从而激发了人们无穷的创造力，推动

① 逯鹰：《传统公私观念与现代公民观的歧义与差距》，《天津社会科学》，2003 年第 6 期，第 140 页。
② 何清莲：《经济学与人文关怀》，广州：广东教育出版社，1998 年版，第 61 页。
③ 胡锦光：《市场经济与个人财产权的宪法保障》，《法学家》，1993 年第 3 期，第 53 页。
④ 唐代兴：《利益伦理》，北京：北京大学出版社，2002 年版，第 200 页。

了市场经济与社会的发展。而传统社会生产力与财富创造的低效就在于这种法权的缺失。所以马克思在《共产党宣言》中说：“资产阶级在它的不到一百年的阶级统治中所创造的生产力，比过去一切世代创造的全部生产力还要多，还要大。”在市场经济条件下，“再也没有什么比寻求所有权的呼声更为焦灼和迫切。确立个人财产所有权，更新微观经济基础，已成为确立经济体制走向的一个选择方向。表面上看来，这种寻求个人所有权的价值取向源于企业内新的经营方式和传统的财产关系之间日益尖锐的矛盾，但其深层文化背景却是人的主体意识的觉醒”①。市场经济对人身独立与自由的内在基本要求，与政治自由的价值取向是相容的、共通的。改革开放以来，我们大力发展非公有制经济，把非公有制经济作为社会主义市场经济的重要组成部分加以鼓励、支持和引导。政府在经济活动中的角色发生根本性转变，政府不再用指令性计划的方式管理经济，而转向宏观经济政策与法律的运用，并努力建立以“产权清晰、权责明确、政企分开、管理科学”为基本特征的现代企业制度。个人和企业的主体意识增强，权利意识有所提高。国家制度开始调整，改变了权力过分集中的状况，党政分开，通过政治、思想和组织完成党对国家与社会的领导。同时，市场经济的发展与国家在微观经济领域的退场促使社会生活非政治化，国家与市民社会开始进行分化，国家从无限权力变为有限权力。“市场经济新体制对我国社会结构的最大影响将是导致一个新型的社会主义市民社会的崛起。事实上，这样一个新型的市民社会正在悄然出现。”②市民社会的发展培育了多元利益主体，是保障私权的有利屏障。户籍制度的改变加强了人口流动，我国正在告别传统的“熟人社会”，进入“陌生人社会”，多元利益主体需要的多元化，也促使人们的权利由财产所有权向政治权利、法律权利、文化权利等扩展。个人权利不只是“个别人”而是“每个人”的法定权利，亦即全体公民的权利，是不可侵犯的。对

① 何清莲：《经济学与人文关怀》，广州：广东教育出版社，1998年版，第190页。

② 俞可平：《社会主义市民社会：一个新的研究课题》，《天津社会科学》，1993年第4期，第45页。

私权或个人权利的侵犯，是对整个法权关系的侵犯。[①]

2. 法治凸显

在中国传统社会里，礼治与德治代替了法治，自然也就没有处于被统治地位的人民的权利。中国传统社会不仅要求统治者行仁政，而且把为政者自身的道德修养看作德治的核心。修身是治国之道的起始与根本，从而把外王事业的根基植于内圣的功夫。孔子曰："政者，正也。子帅以正，孰敢不正？"[②]统治者的言行具有巨大的道德感召力，老百姓竞相仿效，就会形成秩序井然的政治社会，是治理社会的关键。"君子之德风，小人之德草。草上之风，必偃。"[③]为政者不修德，将会导致社会秩序的混乱。孟子也说："君仁，莫不仁；君义，莫不义；君正，莫不正。一正君而国定矣。"[④]传统儒家主张贤人政治，以为政者的高尚人格推行善政，那么政治演变成为政者个人的道德修养。"以德服人者，中心悦而诚服也。"[⑤]政治统治变成了道德榜样的伦理教化，君王的伦理榜样与政治权威合二为一，在中国传统社会中发挥了不可替代的独特作用。中国传统的德治要求为政者应当具有高尚的道德人格与良好的道德修养及能力，这是善政的人格与人性基础，从这个意义上说，传统的德治有其合理性。但是，仅仅依靠道德实现对国家权力的完全约束是不可能的。中国传统的德治把推行善政的基础奠定在为政者个人道德修养的基础上，导致法治不兴，使得中国的权利意识、法治意识与平等意识难以在民众中普及。

中国传统社会的礼治与德治关系密切。"道德仁义，非礼不成。"[⑥]"礼"体现了封建社会的道德观念，是"德"的外在化与制度化。中国传统法律

---

① 李茂管：《法学界关于公法与私法划分问题的争论》，《求是》，1995年第22期，第46页。
②《论语·颜渊》。
③《论语·颜渊》。
④《孟子·离娄上》。
⑤《孟子·公孙丑上》。
⑥《礼记·曲礼上》。

制度最显著的特色是引礼入法、礼法合一，礼以道德为依归，法则以礼为核心。[①]礼治也是中国传统社会的重要特征之一。“把政治作为伦理间之事，讲情谊而不争权利，用礼教以代法律；是曰政治之伦理化。”[②]传统儒家积极倡导礼治，使其成为中国传统社会治理国家的基本方法。孔子曰：“为国以礼。”[③]荀子更是把“礼”视为“人道之极也”[④]。儒家虽然重视道德在政治生活中的决定作用，但是强调指出，法律与道德在治国中的作用不可偏废。荀子特别强调“法者，治之端也”[⑤]。但是，儒家却坚持道德高于法律、法律从属于道德的“德主刑辅”论，孔子甚至把“无讼”作为社会的一种理想。与法相比，礼在社会秩序中居于核心地位，是法的最终依据。统治者甚至引礼入法，礼就是法，违礼就是违法。可见，中国传统社会的法律在某种程度上讲是缺乏独立性的。中国传统社会的宗法等级决定了礼治就是通过礼确定人们的等级差别，并维护这种等级秩序。中国传统社会道德高于法律的德治主义传统和法律融于礼义的礼治主义传统与宗法等级社会的现实密不可分，礼治维护的正是社会的各个等级贵贱上下、长幼亲疏各安其分的等级和谐，君主居于这个等级社会的顶端，其实质在于为维护封建王权张目。德治与礼治造成了中国传统社会的“人治”现象，“有治人，无治法”[⑥]，把治理国家的最后依据归于人而不是法，造成了国家政策、方针的随意性和变动性，“其人存，则其政举；其人亡，则其政息”[⑦]。如何实现与推行“礼治”呢？儒家又把目光转向了“圣王”。荀子曰：“无君子则天地不理，礼义无统，上无君师，下无父子，夫是之谓至乱。”[⑧]又曰：“君子者，法

---

① 金自宁：《公法私法二元区分的反思》，北京：北京大学出版社，2007 年版，第 112 页。

② 梁漱溟：《中国文化要义》，上海：上海人民出版社，2011 年版，第 173 页。

③《论语·先进》。

④《荀子·礼论》。

⑤《荀子·君道》。

⑥《荀子·君道》。

⑦《礼记·中庸》。

⑧《荀子·王制》。

之原也。”[①]在这里，荀子与孔孟一样，寄托于成就高尚人格的“圣王”来实现其礼治的安邦治国之道，礼治又回到了德治。在这种情况下，法律也变成了政治的附庸，成为为君主专制服务的工具。这样，君主把王权变成了公共权力，以公权为中心无限向私权扩展。权力成为不受限制、为所欲为的一元化权力。“天下”为君主一人所有，个人权利被压制，甚至于无，那么，保护私人权利的私法在中国传统社会中也就荡然无存。

现代社会是法治社会，与传统社会的人治相对，法治意味着法律面前人人平等，意味着对专制权力的限制，意味着法律居于政府之上。作为一个与“人治”相对立的概念，法治本身就是为了通过法律遏制政府权力而不是为了通过法律管制普通民众而被提出来的。一种符合法治要求的政治可以被称作“宪政”。[②]必须承认道德对建立社会秩序的作用，也不可否认法律必须具有一定的道德基础，但是法律通过其外在性、规范性、普遍性、强制性等规定人们的行为，在建立良好社会秩序的有效性、及时性方面，要稍胜于道德，重德治更要重法治。发展社会主义民主，健全社会主义法治，依法治国，建立社会主义法治国家，已经成为建设中国特色社会主义的重要目标。“法治是有限政府”，“法治总是以一种政治理想为其价值灵魂，它所强调的是人民主权，个人平等的自由权利与尊严，法律面前人人平等，甚至国家也必须服从法律、依法行事”，“因而，在这个意义上，法治是与民主同等意义上的概念”。[③]民主的核心就是人民主权。市场经济是对个人权利的一种肯定，以追求与维护个人权利和自由为基础。现代市场经济与现代社会的政治民主之间具有一种必然的逻辑蕴含关系，也就是说，市场经济必然要求以政治民主作为其社会政治条件或“支撑系统”之一，而政治民主也必定建立在市场经济的基础之上。这几乎已成为现代社会理论和政治哲学中的一个获得

①《荀子·君道》。

② 夏恿：《法治是什么——渊源、规诫与价值》，《中国社会科学》，1999年第4期，第131页。

③ 高兆明、李萍：《现代化进程中的伦理秩序研究》，北京：人民出版社，2007年版，第198页。

普遍认可的基本命题。[①]现代民族国家对于保障个人的社会生活是必需的，它在维护公共秩序和公共利益方面发挥着不可替代的作用，遂使国家权力成为保护个人权利最有效的途径与工具，但是国家权力如此强大，如果不加以规范，把它关到笼子里去，就可能在有些时候成为个人权利的侵害者。法治一方面要求被统治者服从法律，另一方面也要求统治者自觉遵守法律。“为了防止为数众多的意志相互抵触的无政府状态，法律限制了私人的权力。为了防止一个专制政府的暴政，法律控制了统治当局的权力。”[②]

公法以权力为基础，私法以权利为基础。区分公法与私法的“直接意义在于，它明确划分了政府或多或少享有自由权的领域与政府交给市民社会的领域”[③]。在社会主义制度下，私法存在的基础是市场经济和保护市场主体利益的需要，承认私法是一个独立于公法的领域，对于保障个人自由与财产权至关重要。通过私法防止个人之间的冲突，通过公法为国家公共权力的运行提供界限与范围，约束政府官员的权力，“以防止或救济这种权力对确获保障的私人权益领域的不恰当侵损、以预防任意的暴政统治”[④]。首先，私法领域排斥公法的干预，公法的设定是为了保障私法的实现，这是现代市场经济的客观要求。私法限制政府权力对市场的扩张，对私人财产权的法律保护是阻挡政府权力无限扩张的有效保障。在没有确立个人独立和自由权利基础之上的国家权力，是一种独裁或专制制度，在确立了个人独立地位和自由权利基础之上建立的国家制度，是一种民主制度。[⑤]其次，国家权

① 万俊人：《市场经济与民主政治》，《哲学研究》，2000年第4期，第21页。

② [美] 博登海默：《法理学：法律哲学与法律方法》，邓正来译，北京：中国政法大学出版社，2004年版，第246页。

③ [美] 昂格尔：《现代社会中的法律》，吴玉章、周汉华译，北京：中国政法大学出版社，1994年版，第176~178页。

④ [美] 博登海默：《法理学：法律哲学与法律方法》，邓正来译，北京：中国政法大学出版社，2004年版，第246页。

⑤ 刘军宁、王炎、贺卫方：《市场逻辑与国家观念》，北京：生活·读书·新知三联书店，1995年版，第5页。

力必须在公法规定的范围内活动，国家与政府必须尊重每个人的个人利益与权利。

三、精神文化生活的分化

中国传统文化是一种伦理道德型的文化，道德在我国传统文化中居于核心地位。就中国传统文化的核心价值来讲，伦理道德构成了它的内涵。[①]与西方个人本位的社会不同，中国是一个“伦理本位的社会”[②]。与中国传统社会以血缘关系为纽带的宗法制度相适应，儒家伦理在中国传统文化中居于主导地位。统治者把政治伦理化，从而使伦理道德带上政治色彩。在中国古代，国家以君主为代表，君主拥有至高无上的绝对权力，包括剥夺财产的权力。统治者依靠伦理道德与道德教化维护社会稳定，建立公共生活与社会秩序，把人从只顾一己之私的个别性状态提升到普遍状态。传统文化与伦理通过塑造一种意义与价值给个体提供了社会化的途径。正如米德所说的：“意义产生于个体在把自己置于他人位置上，以他人的眼光看待自己眼中所看事物时的体验，意义就是那些可以昭示于他人同时就昭示于昭示者自己的东西。”[③]传统伦理通过成就德行、塑造道德人格，调节公共利益与私人利益、公共权力与私人权利的关系，是处理人与人、人与社会关系的指南。社会公德“作为人们在日常公共生活中所形成的和应当遵守的起码的行为准则”[④]，在维系公共生活与社会秩序中发挥着基础性的作用。中华民族素以礼仪之邦著称，道德文明源远流长，传统儒家的德治与礼治思想作为对人的自然情感与欲望的内外约束和提升，对维系公共生活发挥着重要作用，其中包含了丰富的社会公德思想，如“仁者爱人”“义以为上”“天下为公”“诚

---

① 任剑涛：《道德理想主义与伦理中心主义》，北京：东方出版社，2003年版，第2页。

② 梁漱溟：《中国文化要义》，上海：上海人民出版社，2011年版，第78页。

③ 詹世友：《道德教化与经济技术时代》，南昌：江西人民出版社，2002年版，第97~98页。

④ 唐凯麟：《伦理学》，北京：高等教育出版社，2001年版，第377页。

实守信”的公德原则。但是，一方面传统儒家是以血亲私德为本根向社会公德衍射的，社会公德建立在血亲私德的基础之上，而传统社会“家国同构”的特点使得公德与私德之间的界限难以区分。由于血亲私德的至上性，当社会公德与血亲私德发生冲突时，儒家不惜牺牲社会公德来维护血亲私德。另一方面，在传统社会，君主居于权力中心的地位，使得君主“以我之大私为天下之大公”①大肆行于世，统治者以道德教化压制臣民的私人利益及其权利意识，把追求自身利益的行为引导到促进公共福利的道路上来，使社会公德成为为统治者服务的工具。从理论上看，“崇公抑私强调国家至上，但实际上由于君主居于国家之巅，所以最后的结果是加强了君主专制”②。中国传统的社会公德对于培育无数挽救民族于危亡的志士仁人、“先天下之忧而忧，后天下之乐而乐”的爱国者发挥了重大作用，但是传统的社会结构、儒家血亲私德与社会公德的内在矛盾以及传统的道德教化过于侧重内圣等原因，导致公德的表现形式并不统一。“吾中国道德之发达，不可谓不早，虽然，偏于私德，而公德殆阙如”，“我国民所最缺者，公德其一端也”。③“在伦理社会，既仿佛一切都是此一人对彼一人之事，社会秩序条理寄于各人之私德，私德遂为其所注重。似此注重私德之教化，即是上而国家政府下而乡里自治所有事，中国人的自由大半断送于其中。”④

改革开放以后，我国的经济、政治、文化等各个方面发生了巨大的变化。在市场经济中，求利被赋予一定的道德合理性，人们不仅有追求私利的可能性，而且有追求私利的自由，人们由自利出发而得到利他的客观结果，由此形成了一种新的社会纽带。经济与政治领域的合二为一逐渐转向分离，公共权力在经济和政治领域的逐渐退出，导致社会和国家的分离，市民社会壮大，

① 《明夷待访录·原君》。
② 刘泽华：《先秦政治思想史》，天津：南开大学出版社，1984年版，第68页。
③ 梁启超：《新民说》，郑州：中州古籍出版社，1998年版，第62页。
④ 梁漱溟：《中国文化要义》，上海：学林出版社，1987年版，第258页。

形成了一种相对独立的社会力量。在市民社会中，公民的利益意识、自主意识、权利意识不断觉醒和提高。市民社会成为保护公民权利和个人自由的屏障，在政治国家之外实现自治。人们在社会中拥有自己的利益和权利，但只有尊重别人的利益和权利，个人自由才能存在，现代社会的社会公德问题应运而生。社会公德的发展始终与市民社会和公共领域的发展同步，市民社会和公共领域越发达，公共生活就越成熟，社会公德就越完善。公共秩序和公共生活的存在使社会公德成为公共生活之必需，大力弘扬社会公德，引导人们超越个人狭隘的视界和自我利益，在公民与公民、公民与社会、公民与国家之间权利和义务相对平衡的基础上建立良好的公共秩序是现代社会的重要特征之一。

1. 强化公德

中国社会历来重视私德，而不重视公德。正如梁启超所说："试观《论语》、《孟子》诸书，吾国民之木铎，而道德所从出者也。其中所教，私德居十之九，而公德不及其一焉……若中国之五伦，则惟于家族伦理稍为完整，至社会、国家伦理，不备滋多。此缺憾之必当补者也，皆由重私德轻公德所生之结果也。"①在一定程度上，我国社会公德意识淡薄与传统社会公共领域的不发达有着密不可分的关系。中国传统社会儒家倡导的血亲私德是阻碍公共领域生长的主要力量。中国伦理思想史上"仁"思想的提出就与传统社会的宗法血缘直接相关，"仁"思想是对宗法血缘关系的亲子之爱的概括总结。"孔子贵仁"②，并把"爱亲"规定为"仁"的本始。孔子曰："君子笃于亲，则民兴于仁。"③孟子也说："亲亲，仁也"④，"仁之实，事亲是

① 梁启超：《饮冰室合集（专集第三册）》，北京：中华书局，2015 年版，第 12~13 页。
②《吕氏春秋 · 不二》。
③《论语 · 泰伯》。
④《孟子 · 尽心上》。

也”[①]。传统儒家伦理把血亲私德视为道德体系的基础与本根，为了突显这种本根性，儒家伦理又进一步赋予它至高无上的地位。孟子曰：“事，孰为大？事亲为大。”[②]又曰：“孝子之至，莫大乎尊亲。”[③]在儒家伦理思想中，只有事亲尊亲的血亲私德才是至高无上的。儒家伦理在血亲私德的基础上向社会公德衍射。儒家伦理把“仁”由“爱亲”而推至“爱人”与“泛爱众”，体现了爱护他人与维护整体利益的社会责任和公德意识。孔子说：“弟子入则孝，出则悌，谨而信，泛爱众而亲仁。”[④]仁爱公德奠基于血亲私德之上，社会公德处于从属地位。个人以修孝顺父母之德为始，“君子之事亲孝，故忠可移于君”[⑤]，移孝为忠，以这样的忠诚对待君主与官长。自身端正，以自我完善为基础，通过治理家庭，就可以平定天下，正所谓“心正而后身修，身修而后家齐，家齐而后国治，国治而后天下平”[⑥]。当血亲私德与仁爱公德发生冲突时，仁爱公德要让位于血亲私德。孔子曰：“父为子隐，子为父隐，直在其中矣。”[⑦]孟子说：“责善，朋友之道也”，朋友之间应当互相批评以培养个人美德，但是“父子责善，贼恩之大者”[⑧]，父子之间互相批评，就违背了孝道。孟子还赞扬能够“窃负而逃，遵海滨而处，终身欣然，乐而忘天下”[⑨]的舜是“人伦之至”的“圣人”。[⑩]孟子赞许舜徇私枉法，是对仁爱公德的公然背弃。不仅如此，孟子明确指出：“尧舜之仁，不遍爱人，

①《孟子·离娄上》。
②《孟子·离娄上》。
③《孟子·万章上》。
④《论语·学而》。
⑤《孝经·广扬名》。
⑥《礼记·大学》。
⑦《论语·子路》。
⑧《孟子·离娄下》。
⑨《孟子·尽心上》。
⑩《孟子·离娄上》。

急亲贤也。”[①]“遍爱人”的仁爱公德让位于“急亲贤”的血亲私德，彰显了儒家血亲私德相对于仁爱公德的价值优先性。正如费孝通所言，中国传统社会的基本结构是一种“差序格局”，“在差序格局里，公和私是相对而言的，站在任何一圈里，向内看也可以说是公的”，“当他牺牲族时，他可以为了家，家在他看来是公的。当他牺牲国家为他小团体谋利益，争权利时，他也是为公，为了小团体的公”。[②]传统中国以家族为社会生活的重心，轻个人而重家族，家族是家庭的放大，“家庭生活是中国人第一重的社会生活；亲戚邻里朋友等关系是中国人第二重的社会生活。这两重社会生活，集中了中国人的要求，范围了中国人的活动”，“人每责备中国人只知有家庭，不知有社会；实则中国人除了家庭，没有社会”。[③]由此，传统中国人的仁爱美德只在家庭、家族关系等熟人社会范围内适用，对于陌生人则是普遍的冷漠，缺乏“仁民而爱物”的淳厚美德。传统儒家以血亲私德为重心，很少把公共精神作为关注的中心。因此，传统儒家的道德体系由血亲私德起始，形成了相对轻视社会公德的倾向，致使儒家的仁爱公德囿于家庭、家族等熟人社会范围内，失去了在整个社会范围内的普遍有效性。

我国现代化的过程就是一个“从身份到契约”[④]的过程。现代社会是一个以市场经济为基础的社会。市场经济建设的最大功绩之一，就在于造就了无数的现实利益主体，承认个人对私利的追求，并在个人私利的基础上承认每个公民都有平等的自由权利。社会公德起着调节社会公共利益与个人正当利益的重要作用，市场经济为社会公德这一社会公共生活准则的产生提供了现实利益基础。个人从“家”和“单位”中解放出来，这是市场经济与现代化进程引起的我国社会结构的重大转变之一。现代主义精神就像一根主线，

①《孟子·尽心上》。
② 费孝通：《乡土中国》，上海：上海人民出版社，2006年版，第24~25页。
③ 梁漱溟：《中国文化要义》，上海：学林出版社，1987年版，第12页。
④ [英] 梅茵：《古代法》，沈景一译，北京：商务印书馆，1984年版，第97页。

从 16 世纪开始贯穿了整个西方文明。它的根本含义在于：社会的基本单位不再是群体、行会、部落或城邦，它们都逐渐让位给个人。[①]以建立在个人主体地位基础之上的公民的自由平等权利代替传统社会的身份等级，成为现代社会的核心。从臣民到公民，人们的自主意识、自由平等意识与权利意识直接催生了人们的社会公德意识。更为重要的是，市场经济与现代化进程使作为社会公德物质基础的市民社会与公共领域悄然兴起。我国自改革开放以来，作为政治生活领域的国家与社会分离开来，“这个分化的过程就是社会与国家的二分相待，社会自治能力与监督国家能力扩大的过程，伴随着这个过程的就是国家从对社会的僭越中逐渐退位，权力逐渐缩小”[②]。现代社会是市民社会，它强调个人在社会中的公民身份和独立地位，倡导公民积极参与社会公共生活，关心公共利益，建立良好的公共秩序。公德的需要是以公共领域与私人领域的区分为前提的，也就是说，有公共领域，才有公德。[③]当代中国市民社会与公共领域的兴起为社会公德的产生提供了必要性，社会公德的必要性源于公共领域中人们的公共生活的必要性。

2. 注重公德教育的自主性与层次性

如果说中国传统文化的核心是伦理学，那么“内圣外王”之道则是中国传统文化的精髓所在，是贯穿于中国传统伦理思想的活的灵魂。圣人的人格，是内圣外王的人格。按照中国哲学的传统，哲学是使人有这种人格的学问。所以哲学所讲的就是中国哲学家所谓的内圣外王之道。[④]“‘内圣’者，内

① [美] 丹尼尔·贝尔：《资本主义文化矛盾》，赵一凡、蒲隆、任晓晋译，北京：人民出版社，1957 年版，第 148~149 页。

② 高兆明：《制度公正论：变革时期道德失范研究》，上海：上海文艺出版社，2001 年版，第 228 页。

③ 龚群：《论公共领域与公德》，载吴潜涛：《论公共伦理与公德》，武汉：湖北人民出版社，2008 年版，第 29 页。

④ 冯友兰：《三松堂全集（第 5 卷）》，郑州：河南人民出版社，2001 年版，第 7 页。

而在于个人自己，则自觉地作圣贤工夫（作道德实践）以发展完成其德性人格之谓也”，“‘外王’者，外而达于天下，则行王者之道也”。[①]内圣是内在地成就理想的道德人格，外王是外在地行王者之道以成就事功。内圣与外王之间的关系是内圣为本、外王为末。儒家的“内圣外王”思想提倡“修身、齐家、治国、平天下”，主张通过实行德治、礼治教化，尚天理，守良知，实现社会秩序的稳定。儒家认为平治天下只要靠道德的正心诚意就能实现，因此儒家片面突出其“内圣之学”的一面，导致“内圣”与“外王”的断裂。正如牟宗三所说的，要求事功者皆未得其门而入，其成就远不如弘扬“内圣之学”者成就之大。[②]“内圣之学”不仅是“性理之学”，还是“成德之教”，其最高目标是成就圣人、仁者、大人，它不仅包括统治者个人之修身养性，还包括统治者倡导仁义道德，实行德治、礼治教化，促进民众的成人成圣。

“内圣外王”一语始见于《庄子·天下篇》，先秦儒家虽以此彰显自己的思想，但是尚未显见。“内圣外王”在孔子那里主要表现为“修己以敬”“修己安人”[③]“己所不欲，勿施于人”[④]。孟子的内圣外王之道则以性善论为前提，以仁政成就王道的思想，为儒家的内圣外王之道奠定了人性论基础。荀子曰：“圣也者，尽伦者也；王也者，尽制者也；两尽者，足以为天下极矣。”[⑤]在荀子那里，以性恶论为理论基础，破除了内圣与外王之间不可逾越的鸿沟，“内圣和外王便得到了统一，理想与效用得以融合”[⑥]。孔子曰：“为仁由己。”[⑦]孟子曰：“求则得之，舍则失之，是求有益于得也，求在我

① 牟宗三：《心体与性体（上册）》，上海：上海古籍出版社，1999年版，第4页。

② 牟宗三：《心体与性体（上册）》，上海：上海古籍出版社，1999年版，第5页。

③《论语·宪问》。

④《论语·颜渊》。

⑤《荀子·解蔽》。

⑥ 张立文：《内圣外王新释》，《中共桂林市委党校学报》，2001年第3期，第28页。

⑦《论语·颜渊》。

者也。”[①]先秦儒学强调人通过自身的道德修养成己成圣，“内圣”的一面已经彰显。汉儒董仲舒对封建伦理纲常做了神学目的论论证，使“内圣”更加神秘化。由于历史的局限和阶级统治的需要，“内圣外王”之道被限制在个人道德修养即“内圣”方面，道德的政治功能被无限扩大，宋明理学则把儒家“内圣之学”推向了极端，出现“无事袖手谈心性，临危一死报君王”[②]的现象。朱熹曰：“舍治心修身而喜事功，大为学者心术之害。”[③]朱熹的理想人格论强调义利对立、理欲对立，片面发展内圣之道，用内在德行代替外在事功。朱熹曰：“循理而公于天下者，圣贤之所以尽其性也；纵欲而私于一己者，众人之所以灭其天也。”[④]王阳明曰：“圣人之所以为圣，只是其心纯乎天理，而无人欲之杂。”[⑤]儒家的“内圣外王”之道带上了泛道德主义的色彩，希望通过个体道德修养、提高精神境界的途径实现封建统治秩序的稳定。传统儒家希望借“内圣外王”之道实现统治者个人的自律，但在君主专制的封建社会里，君主居于政治权力结构的顶端，仅仅依靠道德实现对统治者个人的约束是不现实的，也是难以奏效的。无德者依靠权势以圣人自居，引发了道德的虚伪化。

传统儒家一方面以“内圣之学”树立个体道德修养的目标，另一方面则以“内圣之学”为内容，以国家机器为依靠，以道德教化为途径，通过全民的道德教化实现社会秩序的稳定。在传统社会中，政治以教化为任务，教化以“化民成俗”为目标，人伦道德是道德教化的重要内容。相对于刑罚，道德教化侧重于道德的感化与影响。孔子认为，实行德礼的教化，才能使民众有所仿效而形成风俗。否则，“不教而杀谓之虐；不戒视成谓之暴”[⑥]。孟

①《孟子·尽心上》。

② 颜元：《颜元集》，北京：中华书局，1983 年版，第 51 页。

③ 王懋竑：《朱熹年谱（卷三）》，何忠礼点校，北京：中华书局，1998 年版，第 143 页。

④《孟子集注·梁惠王章句下》。

⑤《传习录上》。

⑥《论语·尧曰》。

子也说："不教民而用之，谓之殃民。"[①]在民众没有衣食之忧时，要"谨庠序之教，申之以孝悌之义"[②]。董仲舒进一步提出，"古之王者"，"南面而治天下，莫不以教化为务"。[③]二程曰："圣王为治，修刑罚以齐众，明教化以善俗。"[④]直至明末清初，顾炎武仍在强调："教化者，朝廷之先务；廉耻者，士人之美节；风俗者，天下之大事。朝廷有教化，则士人有廉耻；士人有廉耻，则天下有风俗。"[⑤]传统社会的道德主要是一种精英道德、士大夫道德，这种内圣之学"作为一种社会伦理，起着一种对上格君心，对下美民俗的道德作用"[⑥]，它的基本思路是自我成圣，注重内心修养功夫，是一种"道德"精英主义。把这种精英道德作为普适性道德来教化民众，给国家政权和君主权力蒙上一层仰之弥高的道德神圣性，普通民众只能处于被教化的地位上，缺乏公共理性，从而也消融了民众的主体意识、政治参与意识与公共精神，摒除了社会公德产生的社会基础。

儒家的"内圣之学"及其道德教化把义与利、理与欲对立起来，重义轻利，存天理灭人欲，重心性修养而轻外在事功，一方面严重抑制了个体的自主意识，使民众养成了安分守己、避祸自保的小民意识，公共意识缺乏，很少去争取与捍卫社会公正。另一方面，追求"尚公抑私""大公无私"的圣人境界，努力成为封建社会倡导的典范，其公共精神又成为为君主专制服务的工具。社会成员的道德追求与修养归顺于政治秩序和"天命"，为普遍"王权"的延续提供了伦理的基础。[⑦]儒家伦理自"罢黜百家，独尊儒术"之后成为"社会中意义的提供者""体制中权威合法性的

①《孟子·告子下》。

②《孟子·梁惠王上》。

③《汉书·董仲舒传》。

④《河南程氏粹言·论政》。

⑤《日知录·廉耻》。

⑥ 何怀宏：《良心论》，北京：北京大学出版社，2009年版，第42页。

⑦ 金生鈜：《德性与教化》，长沙：湖南大学出版社，2003年版，第319页。

辩护者”[①]，其实质是我国传统伦理文化的意识形态，其实也是一种政治伦理。

改革开放以后，国家权力逐渐从社会生活中部分退出，中国的市民社会逐渐兴起，这必然使过去仅靠国家的政治伦理及其教化的现象发生改变。市场经济的发展形成了多元化的社会结构，形成了多元的社会价值取向，打破了社会统一的伦理价值体系。公德与私德分别对应于现代社会人们的公域生活与私域生活。在公共领域中，交往关系是一种陌生人之间的关系。就个人来说，保护自己正当利益与权利的最好方法就是尊重他人的利益与权利。在社会生活中，用以调整人们共同社会生活的道德规范，也必然有某些共同的东西，即社会公德，起着维护社会存在和发展的作用。人们总是要在同一个社会中共同生活、彼此交往，以维护社会的生产与生产关系，形成了“多少世纪以来人们就知道的、千百年来在一切行为守则上反复谈到的、起码的公共生活规则”[②]，“人类一切公共生活的简单的基本规则”[③]。依法治国基本方略的确立，开启了我国社会主义民主法治建设的新阶段。2004 年 3 月第十届全国人民代表大会（简称“人大”）第二次会议通过了对《中华人民共和国宪法》的重大修改，明确宣布“公民的合法的私有财产不受侵犯”，“中华人民共和国公民在法律面前一律平等”，“国家尊重和保障人权”，这是我国宪政发展史上的重要里程碑。个人与财产权的结合使得个人成为社会的主体，社会公德作为一种公共伦理，“是市民社会中的人们对各种特殊诉求的认同”[④]，是相互承认的利己的个人之间共同认同的价值和规范，“将独立的个人之间的相互承认和自主交往提到了一个更高的

---

① 杜维明：《道·学·政——论儒家知识分子》，上海：上海人民出版社，2000 年版，第 18 页。

② 列宁：《列宁选集（第 3 卷）》，中共中央马克思恩格斯列宁斯大林著作编译局编译，北京：人民出版社，1995 年版，第 191 页。

③ 列宁：《列宁选集（第 3 卷）》，中共中央马克思恩格斯列宁斯大林著作编译局编译，北京：人民出版社，1995 年版，第 203 页。

④ 王新生：《市民社会论》，南宁：广西人民出版社，2003 年版，第 174 页。

水平”[①]，约束着私人交往，调节着私人利益与权利以及公共利益与权力的关系。

第二节　公私矛盾的凸显

当代中国经济生活、政治生活、文化生活的分化不可避免地引起和加深了公共利益与私人利益、公共权力与私人权利、公共道德与私人道德的对抗及冲突。随着社会生活的发展，人们对私人利益与私人权利越来越重视，对公共生活的需要无疑使得人们越来越依赖公共道德与公共生活的规范，这使得当代中国的社会生活呈现出纷繁复杂的局面，公与私的矛盾得到了前所未有的凸显。

一、公共利益与私人利益的纠缠

随着改革开放与市场经济的发展，出现了利益的分化和对私人利益的关注，改变了过去人们羞于谈利益与个人利益的现象，私人利益逐渐被认同并被合法化。应当说，市场经济给人们的伦理观念带来的一个重大变化，就是突出了个体，肯定了个人对自身利益追求的积极意义，引起了人们对个人地位和价值的重新认识。[②]市场经济的最大成就之一，就是使当代中国人发现了个人及其利益的存在，并使“利”与“自利”不仅不再简单地被视为道义上的恶，反而获得了某种肯定性评价。[③]在私人利益交互实现的过程中，就产生了一般利益问题，即公共利益。公共利益作为一种社会成员的共同利益，

① 王新生：《市民社会论》，南宁：广西人民出版社，2003 年版，第 182 页。

② 黄亮宜：《社会主义义利观：面向 21 世纪的价值选择》，郑州：河南人民出版社，2001 年版，第 127 页。

③ 高兆明、李萍：《现代化进程中的伦理秩序研究》，北京：人民出版社，2007 年版，第 96~97 页。

是从个人利益中分离出来而转化成为一种独立的利益的。[1]而公共利益主要是以政府的公共权力为保障来实现的，往往以具有强制性的公权为后盾，这就产生了公共利益与私人利益的矛盾。在传统的、单一的利益格局中，利益矛盾往往通过牺牲私人利益、保护国家利益或公共利益而解决，严重挫伤了个体的积极性。在市场经济与利益分化的现代社会中，所有的利益主体在法律上都是平等的，无法再要求私人利益为了国家利益或公共利益无条件地让步与牺牲，这就使得私人利益与公共利益的矛盾在当代凸显。公共利益与私人利益是辩证统一的，但是理论上的统一不能消解现实中公共利益与私人利益的冲突。例如，某些领导干部、工作人员与利益集团以职务之便打着谋取公共利益的旗号，中饱私囊，变相地造成了对公共利益的侵害，如国有资产的大量流失、垄断造成的对经济秩序的破坏、环境污染对公共利益的侵害等。

二、公共权力与私人权利的紧张

伴随着国家权力对部分经济领域和政治领域管理的逐渐放松，市民社会的兴起已经势不可挡。市场经济带来了多元化、复杂化的利益关系，私人权利的保护与诉求在市场经济条件下日益形成一种社会氛围。与传统社会公共生活吞没私人生活、公共权力吞并私人权利的特点不同，中国已经不可逆转地在走向一种“私域与公域”“私权与公权”二元分化的市民社会。随着市场经济与市民社会的发展，人们的法治意识日益增强，人们越来越重视自己的权力，这不可避免地引起与加深了私人权利与公共权力的对抗和冲突。公共权力的强制性与扩张性使得失去监督与约束的公共权力产生腐蚀性，容易成为滋生腐败的温床，也使得现代社会中出现公共权力的滥用。权利本位，是现代法治社会的真正意蕴，因此我们要保护私人权利。权利本位观念使人们从传统的义务约束、身份限制和专制传统的影响下解放出来，从而可能创

① 邢益精：《宪法征收条款中公共利益要件之界定》，杭州：浙江大学出版社，2008年版，第33页。

造一个自由平等和富有活力的法治社会。[①]在我国传统伦理思想中，基本上不存在保护私人权利的观念。中国传统社会是一个农业社会，重农抑商的政策也抑制了人们的自由、权利与平等观念，难以形成强有力的市民社会。随着现代化与市场经济的发展，无视私人利益、羞于谈私人权利的局面逐渐被打破。私权的勃兴唤醒了人们的权利意识与参与意识，人们逐渐意识到作为社会个体具有独立的人格与利益。各种法人、社会团体大量产生，权利主体的日益增多使得市民阶层的力量不断壮大，造就了多元权利主体，社会由一元性结构走向多元性结构，市民社会逐渐兴起。这就使得当代中国公权与私权的矛盾凸显出来，如果公共权力不合理地扩大其运行范围，就会背离其保护与协调私人权利的目的，也会使得公共权力失去其合法性基础。“坚定不移惩治腐败，是我们党有力量的表现，也是全党同志和广大群众的共同愿望”，因此我们“要加强对权力运行的制约和监督，把权力关进制度的笼子里”。[②]

三、公共道德与私人道德的抵牾

公共道德与私人道德是公民道德的一体两面。公民作为个体所应具备的德行和处理私人领域内事务所应遵循的道德原则，就是私人道德；公民作为社会成员所应具备的德行和处理公共领域内事务所应遵循的道德原则，就是公共道德。公共道德为个人美德的形成提供了适宜的道德环境，私人道德则是公共道德的基础。史密斯在其《中国人的性格》中把缺乏公共道德视为传统中国人性格的一部分。他说：“百姓关心的只是个人不要遭受损失，而不顾公共财产到底会怎么样。事实上，中国人就从来没想过，一条路或者其他什么东西属于‘公共的’。”[③]我国传统伦理文化以血缘宗法关系为

---

① 李龙：《依法治国方略实施问题研究》，武汉：武汉大学出版社，2002 年版，第 128 页。

② 习近平：《习近平谈治国理政（第一卷）》，北京：外文出版社，2014 年版，第 387~388 页。

③ [美] 史密斯：《中国人的性格》，周宁译，北京：学苑出版社，2001 年版，第 95 页。

基础建立的家族伦理对于维系封建等级伦理秩序的稳定发挥了重要作用，但是，一方面，这种家族伦理一开始就将民众局限于家的藩篱之内，使得中国人缺乏公共生活的经验与视域，无法孕育出公德与公德精神；另一方面，这种家族伦理巩固了皇权政治秩序，为君王之大私代替天下之大公大肆行于世起到推波助澜的作用。正如刘泽华所说："从理论上看，崇公抑私强调国家至上，但在实际上由于君主居于国家之巅，所以最后的结果是加强了君主专制。"[①]随着现代社会的发展，私人生活逐渐从公共生活中分化出来，市民社会和公共领域的形成与市场经济的发展是密切相关的，"所谓市民社会，就是指在市场经济条件下，独立于政治国家的私人活动领域；它由逐步趋向于公共旨趣的三个层级——家庭、经济领域、公共领域构成"[②]。公共领域发展壮大，逐步成为介于国家与市民社会之间的限制国家权力、保护公民权利的一种社会力量。公共领域与私人领域的区分要求公民在公共领域与私人领域中具备不同的德行，遵循不同的道德原则，即要求区分公共道德与私人道德。但是由于我国传统重公抑私伦理文化的影响，权力崇拜仍然在一定的范围内存在，权利平等与平等人格的建设仍然任重道远。随着市场经济与市民社会的发展，我国公共生活与私人生活逐渐分化，使得公共道德与私人道德的矛盾凸显出来，迫切需要良好的公共道德环境与私人道德修养。一方面，涉及人们日常生活的公共道德的不甚彰显导致人们漠视社会的假恶丑；另一方面，熟人社会在一定范围内的存在导致人情超越于社会公德，在一定程度上影响着社会公正。近十年来，"不随地吐痰、不乱扔垃圾纸屑、不损坏公物、不在公共场所吸烟"等消极性社会公德越来越受到重视并被大力宣传，这是时代的进步，但是目前我国社会公德的地位与国家道德相比，仍然有差距。当前我们的道德宣传常常倡导无条件的"大公无私"理念，破坏了私人生活中人们应遵循的道德原则。而且从理论研究上看，国家道德与社会公德

① 刘泽华：《先秦政治思想史》，天津：南开大学出版社，1984年版，第68页。

② 王新生：《市民社会论》，南宁：广西人民出版社，2003年版，第64页。

的界限仍然存在很多混淆的地方，很多学者仍然把国家道德作为公共道德，而轻视社会公德建设。

第三节 社会和谐与公私和谐

和谐既是人类社会的存在状态，又是人类生存与发展的终极价值目标之一。和谐与经济生活的富足、政治生活的民主、文化生活的文明，构成了当代中国追求的终极价值目标。当代中国公与私矛盾的凸显表明了当下我国所处的社会状态，那么实现人与自然、人与人、人与社会关系的和谐就成为人们追求的社会理想，公与私的和谐将有助于达致社会的和谐。

一、公共利益与私人利益的和谐

（一）公共利益与私人利益相互依赖

私人利益是公共利益的基础，因此，只强调私人利益而忽视公共利益是狭隘的，但如果只看到公共利益而忽视私人利益也是错误的。这样界定的公共利益会成为无源之水，成为为专制主义与人治辩护的工具。个人利益是人存在的物质基础。人的需要构成了利益的自然基础，人的需要的满足与实现是人类存在的第一个前提条件。生命个体与需要是同一的，没有需要，就没有个体生命，没有个体生命，也就不会产生需要。需要是人的本质，而人的本质是一切社会关系的总和，所以需要又生产着人的社会关系。正是在个人利益实现的过程中，产生了一般利益问题，即公共利益。公共利益作为一种社会成员的共同利益，是从个人利益中分离出来而转化成为一种独立的利益的。①

公共利益是私人利益的实现与一般要求。人的存在是社会性的，人是生

① 邢益精：《宪法征收条款中公共利益要件之界定》，杭州：浙江大学出版社，2008 年版，第 33 页。

活在一定社会关系中的具体的、历史的个人，“各个人的出发点总是他们自己，不过当然是处于既有的历史条件和关系范围之内的自己”[①]。马克思、恩格斯对公共利益思想的阐述，是以统治阶级内部的“共同利益”为基点而展开的。[②]没有公共利益的实现，每个人的私人利益也无法得到正常实现，“当一个人专为自己打算的时候，他追求幸福的欲望只有在非常罕见的情况下才能得到满足，而且决不是对己对人都有利”[③]。公共利益产生于私人利益的实现过程，但又作为一般利益超越了私人利益。公共利益的产生是与人类社会同步的，为了避免无限追求个人利益引发的利益冲突对社会秩序的破坏，理性赋予人自身以妥协与互惠的能力，使社会公共利益的存在成为可能。公共利益的存在体现了个人利益实现方式的社会性特点，反过来又成为实现个人利益不可超越的界限。“共同福利”或“共同利益”这一术语是一个不无用处的概念工具，它意味着在分配和行使个人权利时决不可以超越的外部界限，否则全体国民就会蒙受严重损害。[④]

公共利益与私人利益在一定条件下发生转化。在一定程度上，维护了私人利益，也就维护了公共利益。人们总不能否认维护私人利益也是合乎公共利益的。不然的话，私法的适用也就不至于托付给国家机关。[⑤]人虽然表现为具体的、历史的个人，但是作为一个类，必然有某些相同的需求。公共利益“是每个社会成员千差万别的需求中所包含的无差别的、共同性的那一部

① 马克思、恩格斯：《马克思恩格斯选集（第一卷）》，中共中央马克思恩格斯列宁斯大林著作编译局编译，北京：人民出版社，1995年版，第119页。

② 王德兴：《马克思社会化理论与政治权力的演变》，北京：社会科学文献出版社，2005年版，第36页。

③ 马克思、恩格斯：《马克思恩格斯选集（第四卷）》，中共中央马克思恩格斯列宁斯大林著作编译局编译，北京：人民出版社，2012年版，第245页。

④ [美] 博登海默：《法理学：法律哲学与法律方法》，邓正来译，北京：中国政法大学出版社，2004年版，第325页。

⑤ [奥] 哈特穆特·毛雷尔：《行政法学总论》，高家伟译，北京：法律出版社，2000年版，第40页。

分需求与偏好，换句话说，它是社会成员的同质性需求”[①]。公共利益与私人利益的高度一致，使得侵害私人利益就等于侵害公共利益。同样，公共利益与私人利益之间也没有不可逾越的界限。由于公共利益是由私人利益组成的，所以公共利益也包含着私人利益。

（二）公共利益与私人利益具有对立性

公共利益与私人利益的对立是伴随着人类社会的产生而产生的。一方面，单个的个人行为和群体行为都是私人性质的，个人行动的目的首先是追求私人利益，满足私人需求；另一方面，个人（群体）行为的相互作用又产生了彼此之间的“公共”问题，个人之间、群体之间需要对彼此共同的“公共”事物进行认知和处理，因而人类的社会生活中就出现了公共利益与私人利益的差别。[②]具体来说，公共利益与私人利益之间的对立性表现在如下四个方面。

第一，在阶级社会中，国家代表公共利益，以“一种虚幻的共同体的形式”[③]与私人利益相对立。马克思明确指出，在阶级社会包括资本主义社会中，国家本质上只不过是代表少数人的利益统治民众的工具。在私有制条件下，公共利益与私人利益，国家与个人、社会之间表现出深刻的矛盾和冲突。在阶级社会中，国家以维护公共利益之名，实际上维护的则是统治阶级的特殊利益，公共利益与私人利益的矛盾，不过是阶级矛盾的特殊表现。

第二，人的私欲的无限膨胀使得私人利益成为公共利益的对立面。人的欲望，离开人自身的需要就变为一种贪欲或私欲，个人私欲总是驱动着人们去无休止地追求个人利益，但个人欲望与利益的实现却受到外在社会客观条件的制约。在一定时期内，社会财富总是有限的，个人利益的无限追求与外

---

① 薛冰：《个人偏好与公共利益的形成》，《西北大学学报（哲学社会科学版）》，2003 年第 4 期，第 81 页。

② 席恒：《利益、权力与责任》，北京：中国社会科学出版社，2006 年版，第 8 页。

③ 马克思、恩格斯：《马克思恩格斯选集（第一卷）》，中共中央马克思恩格斯列宁斯大林著作编译局编译，北京：人民出版社，2012 年版，第 164 页。

在的、客观的社会条件之间始终存在着一种与生俱来的紧张感，引起私人利益与公共利益的矛盾和对立。在市民社会中，作为市民的私人都把个人利益作为自己的特殊目的，“每个人都以自身为目的，其他一切在他看来都是虚无”①。在这种公私利益关系中，人的私欲或贪欲膨胀，加剧了二者的矛盾。正如恩格斯所说的，在原始社会末期，“邻人的财富刺激了各民族的贪欲，在这些民族那里，获取财富已成为最重要的生活目的之一……以前打仗只是为了对侵犯进行报复，或者是为了扩大已经感到不够的领土；现在打仗，则纯粹是为了掠夺，战争成了经常性的行当”②。当贪欲没有节制的时候，私人利益与公共利益的矛盾就成为不可避免的事情。“随着人口的增长、随着个人利益的日益交织在一起，很难按照几何公式将不断增加的越轨行为引向公共利益。”③

第三，公共利益与私人利益的不直接等同性，导致了私人利益与公共利益的对立。共同福利或公共福利不能被等同于个人欲望和个人要求的总和。④公共利益有时表现为与一些人的私人利益或与一些人的眼前利益和局部利益无关。不仅如此，公共利益是社会成员的同质性需求，公共利益的形成过程会去除社会成员的不合理的特殊要求，从而导致公共利益与私人利益的对立。不是所有的私人利益都直接表现为公共利益，不是所有的私人利益都可以通过公共利益的实现而得以实现。个人利益与公共利益的不直接对等性，导致个人对公共利益的冷漠、逃避甚至对抗。个人利益常常是同公共利益相对抗的，这就使个人具有侵害公共利益的行为与倾向。

第四，公共利益的扩张引起公共利益与私人利益之间的矛盾。公共利益概念的最特别之处在于其概念内容的“不确定性”。这种内容不确定性，

---

① [德] 黑格尔：《法哲学原理》，范扬、张企泰译，北京：商务印书馆，1961 年版，第 197 页。

② 马克思、恩格斯：《马克思恩格斯选集（第四卷）》，中共中央马克思恩格斯列宁斯大林著作编译局编译，北京：人民出版社，2012 年版，第 180~181 页。

③ [意] 贝卡里亚：《论犯罪与刑罚》，黄风译，北京：中国大百科全书出版社，1993 年版，第 65 页。

④ [美] 博登海默：《法理学：法律哲学与法律方法》，邓正来译，北京：中国政法大学出版社，2004 年版，第 326 页。

可以表现在其“利益内容”的不确定性及“受益对象”的不确定性两个主要方面。[①]此外，公共利益的供给与实现总是与国家权力紧密联系在一起的，这极易导致某些领导干部以实现公共利益之名行损害私人利益之实。虽然在法治社会中，保护个人利益已经成为一项基本的法律原则，但是私人利益与公共利益的表达往往受到这个国家历史、文化、现实等诸多因素的影响。

二、公共权力与私人权利的和谐

（一）公共权力与私人权利相互依赖

私权是公权的来源。在自然法学家看来，先有自然权利，后产生国家权力。不是权力“创造”和“批准”权利，而是权利“创造”或“批准”了权力。权力来源于权利的背后是人民的利益高于一切，人民的利益是国家一切活动的目的和源泉。[②]公权起源于私权，权力是权利的衍生物。私权是国家权力存在的基础，如果没有私权，就没有国家权力。“国家的本质特征，是和人民大众分离的公共权力。”[③]根据社会契约理论，人们让渡自己的一部分自然权利派生出国家政治权力，而未让渡的那部分自然权利就成为政治社会公民的私人权利。“这种本源于自然法的、人生来就具有的不能转让、不可剥夺的权利包括生命、自由、平等、财产、安全、追求幸福、博爱和反抗压迫等就是天赋人权，这些权利是不允许政府及任何人侵犯的。”[④]国家权力产生于人们互相订立契约，让渡自己“天赋权利”的过程。国家及其政府权力来源于人民的同意与授权，这样，就得出了“国家权力来源于人们的权

---

① 颜运秋：《论公益诉讼的合理性与可行性》，《湘潭工学院学报（社会科学版）》，2002 年第 3 期，第 44 页。

② 张文显：《法哲学范畴研究》，北京：中国政法大学出版社，2001 年版，第 328 页。

③ 马克思、恩格斯：《马克思恩格斯选集（第四卷）》，中共中央马克思恩格斯列宁斯大林著作编译局编译，北京：人民出版社，2012 年版，第 132 页。

④ 范进学：《论法治政治》，《法律科学》，1999 年第 6 期，第 6 页。

利并服从服务于公民权利”[1]的结论。《中华人民共和国宪法》规定：“中华人民共和国的一切权力属于人民。”根据这一规定，我国的国家公共权力来源于人民的授权与委托，表明了我国国家政府权力的人民性。国家权力根源于社会成员的私权，没有社会成员的权利，国家权力就成为无源之水。“国家权力决不会凭空产生，它是以公民的权利为中介对社会经济关系的集中反映”，“国家权力的存在是以维护一定阶级、集团和人们的权利为前提的”。[2]

公权是私权的保障。权利是由法律赋予的，“无法律则无权利”，“权利是法律之子”[3]，权利是由权力赋予并保障的。但是立法者不是去创造权利，而是表述法律，“法定权利”不过是认识并用规范化的条文记载下来的“应用权利”而已。由于权利主体的分散与弱小，而且缺乏自我救济能力，在个人权利与公共权力界限不清的情况下，个人权利极易受到外在力量的干扰，一旦侵害发生，权利不能直接转化为有效的抵御，权利主体处于尴尬的境地。权利要得到保障就要依靠有强制力的国家权力，权利上升为法，分散的权利就转化为国家权力，从而使权利具有普遍性。国家权力通过协调私人权利冲突来保障社会共同体的存在从而保障私人权利。

私人权利向公共权力转化的过程就是国家权力形成的过程。社会成员为了维护社会共同体的有序与社会秩序的稳定，将自身的一部分权利让渡出来，就形成了国家权力。国家权力就是人们放弃的那部分私人权利的总和，因此，国家权力中永远都有私人权利的因素。权力向权利转化，是国家逐渐放权、不断满足个人权利的过程。随着改革开放的发展，个人的利益与权利意识愈加强烈，国家对不再需要的权力加以削减，使其转化为个人的基本权利，例如，我国公民经济权与文化权的取得和发展。马克思主义国家理论阐明，国家消亡的过程，就是国家权力向公民权利转化和回归的过程。当然这

---

① 范进学：《论法治政治》，《法律科学》，1999 年第 6 期，第 8 页。

② 文正邦：《有关权利问题的法哲学思考》，《中国法学》，1991 年第 2 期，第 52 页。

③ 张文显：《当代西方法哲学》，长春：吉林大学出版社，1987 年版，第 125 页。

是一种历史的追求，它反映了国家权力向公民权利转化和回归的可能性与必然性。[①]

（二）公权与私权具有对立性

公权与私权是对立的。权力如果使用不当，就会侵害私人权利。“一切有权力的人都容易滥用权力，这是万古不易的一条经验。有权力的人们使用权力一直到遇有界限的地方才休止。”[②]权力的滥用是人性的弱点使然，“那些握权在手的人会受到诱惑，将权力扩大到正义与道德所规定的范围以外”[③]。国家权力的出现是保护个人权利和节约交易成本的需要，公共权力是私人权利的保障，但又是个人权利的最大、最危险的侵害者。在权力统治不受制约的地方，它极易造成紧张、摩擦和突变。[④]公共权力扩张导致私人权利受损的事件时有发生。私人权利如果过度膨胀，也会影响国家权力的行使，影响国家政治秩序的稳定，最终损害个人权利。

私权是公权的界限。我国改革开放的进程，在法律上的实质要求就是对公权与私权的界限进行科学的区分与界定，这不仅决定了市场经济的成功与否，还是我国宪政与法治的基本前提。这并不意味着权力是无限的，历史的经验告诉我们，无节制的公共权力跟没有国家权力一样，会给我们的社会生活带来巨大的灾难，正因为如此，公共权力是有限度的。民主制度下的国家由人民赋权，国家权力来自人民部分权利的让渡，公权的限度就应该止于人民的授权范围。承认人民权利的至上性，承认国家权力应当对人民负责，就应当承认国家权力的有限性。国家权力不得以公共利益之名侵害合法的私人

---

① 张晖：《权利与权力辨析之政治渊源》，《焦作大学学报》，2008年第1期，第128页。

② [法] 孟德斯鸠：《论法的精神（上册）》，张雁深译，北京：商务印书馆，1959年版，第184页。

③ [美] 博登海默：《法理学：法律哲学与法律方法》，邓正来译，北京：中国政法大学出版社，2004年版，第377页。

④ [美] 博登海默：《法理学：法律哲学与法律方法》，邓正来译，北京：中国政法大学出版社，2004年版，第374页。

权利，正如列宁所说的，“宪法就是一张写着人民权利的纸”[①]，权利本身就通过法律构成对政府权力的一种制约。“法律的基本作用之一乃是约束和限制权力”，“在法律统治的地方，权力的自由行使受到了规则的阻碍，这些规则迫使掌权者按一定的行为方式行使”。[②]公法以权力为基础，其本质在于控制公共权力的行使，在公法领域没有权利概念。私法以权利为基础，其本质在于保障权利，在私法领域没有权力概念。宪法、行政法是公法的典型，是控制公共权力的基本法律。公法与私法的划分，其主要意义就在于为私人权利开辟一块独立的空间，实现市民社会中的意思自治。[③]一般来说，对于公共权力，应遵循“法不授权不得行，法有授权必须为”的原则，对于私人权利，应遵循“对于私权利，法无禁止皆权利，法无禁止不得罚”[④]的原则。洛克认为，“权利的最大危险不是来自个人权利的滥用，而是政治权力”[⑤]。为了保护个人的生命、自由和财产等私人权利不受侵犯，必须界定权力的边界，国家权力必须依据宪法而行，不得侵犯私人权利。

三、公共道德与私人道德的和谐

（一）私人道德是公共道德的基础

道德起源于人类社会群体生活的需要，“德之所由起，起于人与人之有交涉。而对于少数人之交涉，与对于多数之交涉，对于私人之交涉，与对于公人之交涉，其客体虽异，其主体则同”[⑥]。公德与私德之间的界限是相对

---

① 列宁：《列宁全集（第 12 卷）》，中共中央马克思恩格斯列宁斯大林著作编译局编译，北京：人民出版社，1959 年版，第 50 页。

② [美] 博登海默：《法理学：法律哲学与法律方法》，邓正来译，北京：中国政法大学出版社，2004 年版，第 372 页。

③ 王继军：《公法与私法的现代诠释》，北京：法律出版社，2008 年版，第 41 页。

④ 王淑琴、白玉博：《论法治方略实施中公权力与私权利的边界》，http://www.yfzs.gov.cn/gb/info/xsll/2003-08/22/1653594670.html，2003 年 8 月 22 日。

⑤ 征汉年：《西方自然法学派主要权利理论解读》，《唐山学院学报》，2006 年第 1 期，第 15 页。

⑥ 梁启超：《饮冰室合集（专集第三册）》，北京：中华书局，2015 年版，第 119 页。

的，“就泛义言之，则德一而已，无所谓公私”①，梁启超认为，“道德之本体一而已，但其发表于外，则公私之名立焉”②。私人道德与公共道德分别对应于现代社会人们的私域生活与公域生活，由于人们在私人领域和公共领域生活中交往关系性质的不同产生了不同的德行，于是就有了私人道德与公共道德之分。“人人独善其身者谓之私德，人人相善其群者谓之公德，二者皆人生所不可缺之具也。”③私人道德是公共道德的基础，是公共道德的内化，纯粹的私人道德是不存在的。“无私德则不能立，合无量数卑污虚伪残忍愚懦之人，无以为国也。”④私人道德涵养的目标“是提高个体的道德境界，养成个人美德”，私人道德状况是“衡量个体道德境界和内在德性的标尺”⑤。良好的个体私德，是社会公德水平提高的基础，为社会公德建设奠定个人主体性基础，所以私人道德建设对于社会公德建设具有重要意义。梁启超说：“就析义言之，则容有私德醇美，而公德尚多未完者，断无私德浊下，而公德可以袭取者。”⑥他还把私人道德建设作为道德建设的“第一要义”⑦。

（二）公共道德建设是私人道德涵养的社会前提

公共道德为个人美德的形成提供了适宜的道德环境，并对“私德浊下者”形成巨大的道德压力。加强社会公德建设，有利于提高个体的道德素质，形成良好的社会与群体秩序。中国传统文化私人道德发达而以真正的公共利益为旨归的公共道德不兴，形成了家庭本位主义的伦理文化。梁启超认为：“中国所以不振，由于国民公德缺乏，智慧不开。”⑧而社会公德是凝聚群体的

---

① 梁启超：《饮冰室合集（专集第三册）》，北京：中华书局，2015年版，第119页。
② 梁启超：《饮冰室合集（专集第三册）》，北京：中华书局，2015年版，第12页。
③ 梁启超：《饮冰室合集（专集第三册）》，北京：中华书局，2015年版，第12页。
④ 梁启超：《饮冰室合集（专集第三册）》，北京：中华书局，2015年版，第12页。
⑤ 廖小平：《公德和私德的厘定与公民道德建设的任务》，《社会科学》，2002年第2期，第59页。
⑥ 梁启超：《饮冰室合集（专集第三册）》，北京：中华书局，2015年版，第119页。
⑦ 梁启超：《饮冰室合集（专集第三册）》，北京：中华书局，2015年版，第119页。
⑧ 丁文江、赵丰田：《梁启超年谱长编》，上海：上海人民出版社，1983年版，第272页。

重要力量，“然无法律以制裁之，无刑罚以驱迫之，唯恃此公德之心以维此群治，故公德盛者其群必盛，公德衰者其群必衰。公德者诚人类生存之基本哉”[①]。梁启超强调，私德固然重要，然公德者，“人群之所以为群，国家之所以为国，赖此德焉以成立者也”，“无公德则不能团，虽有无量数束身自好廉谨良愿之人，仍无以为国也”。[②]社会公德作为处于社会公共领域的人们共同遵守的规则，对所有社会成员具有普适性。“在公共生活中，做一个公民对每个人都意味着相同的内容”，因此，“公共生活的准则具有普遍的适用性”。[③]每一个社会成员都应该而且必须遵守社会公德，公德内敛于己就成为私德。社会公德建设的目标是提高社会的道德水平和社会成员的道德素质。个体如果都能遵守社会公德，并通过道德内化实现自律，良好的社会公德可以内化为私德并升华私德，久而久之，社会的道德水平与国民的道德素质才能提高。反之，一个社会缺乏良好的社会公德，会影响个人私德修养的外在环境与效果，甚至加剧社会公德的溃败。

（三）公共道德与私人道德在一定条件下可以转化

私人道德之外推可以转化为社会公德，“公德者，私德之推也”[④]。个体私德的提高对于保证社会成员共同遵守社会公德发挥着重要作用，但是这种私人道德向公共道德的转化不是自然而然的。公共道德与私人道德的分化主要是由于现代社会公共道德与私人道德发挥作用的公共领域与私人领域的日益分立。随着现代社会公共领域的扩展，私人领域的范围越来越小，私德往往会跃出私欲之外，成为一种公德行为。“划分公德与私德，应该说只是学理上的抽象。任何行为不管是在公域还是在私域，都具有公德和私德双重规定性。二者只有‘显’和‘隐’、现实和潜在、真象和假象的区别。这

① 梁启超：《饮冰室合集（文集第十四册）》，北京：中华书局，2015年版，第3页。
② 梁启超：《饮冰室合集（专集第三册）》，北京：中华书局，2015年版，第12页。
③ 廖申白：《公民伦理与儒家伦理》，《哲学研究》，2001年第11期，第69页。
④ 梁启超：《饮冰室合集（专集第三册）》，北京：中华书局，2015年版，第119页。

就决定了公德行为可以转化为私德行为；私德行为同样可能具有公德的性质。所以，公德与私德既可以指称不同行为的单一性质，也可以指称同一行为的双重性质；而且它们可以相互转化，以对方的面目存在。相互转化在于公德与私德同出一源。无论是公德抑或是私德，都是由个人承担的。个人的主体性产生了公德与私德的分殊和并存，又实现着公德与私德的转换和互异。”[①]

（四）公共道德与私人道德具有对立性

马克思主义认为，经济基础决定上层建筑，道德作为上层建筑的重要组成部分，无疑是由社会的生产关系这一经济基础表现出来的利益决定的。社会公德作为“起码的公共生活规则”[②]，是对公共利益的维护，在尊重私人利益的前提下，必然要对个人、家庭、小团体的欲望和利益进行适当的约束。私人道德作为处理个人与和自己有血缘、亲缘、地缘关系的熟人的社会道德，是对私人利益的追求与维护。如果私人利益过分膨胀，超过了一定的度，就会损害公共利益和社会公德，导致社会道德水平下降。一方面，重私人道德而不重公共道德。传统儒家仁爱由亲亲始的逻辑，使得传统社会与文化历来重私人道德，而不重公共道德，当私人道德与公共道德发生冲突时，也会退回到仁爱的私人道德，导致人们公德心缺失。梁启超批评中国人“爱国心之薄弱”“独立性之柔脆”“公共心之缺失”“自治力之欠缺”[③]，并把这种现象归因于几千年的封建专制与文化专制。对公共利益的漠不关心，形成了“各人自扫门前雪，莫管他人瓦上霜”的种种社会现象。中国传统社会家族主义的伦理文化，是培育私德的土壤，成为传统中国差序格局的重要一环。

---

① 黄显中：《公德与私德》，http://www.people.com.cn/GB/wenhua/27296/1956872.html，2003 年 7 月 8 日。

② 列宁：《列宁选集（第三卷）》，中共中央马克思恩格斯列宁斯大林著作编译局编译，北京：人民出版社，1995 年版，第 191 页。

③ 梁启超：《饮冰室合集（文集第五册）》，北京：中华书局，2015 年版，第 2~4 页。

在差序格局中，公与私是相对而言的，群与己的边界是模糊的，当私人道德与公共道德发生冲突时极易滑向维系私人利益的私人道德。“中国传统社会里一个人为了自己可以牺牲家，为了家可以牺牲党，为了党可以牺牲国，为了国可以牺牲天下”，“在这种公式里，你如果说他私么？他是不能承认的，因为当他牺牲族时，他可以为了家，家在他看来是公的。当他牺牲国家为他小团体谋利益，争权利时，他也是为了公，为了小团体的公”。①另一方面，以国家道德替代公共道德进行个人道德教育。在极左思潮较为严重的时期，我们的公共道德及其宣传教育以政治化的国家教化伦理代替了日常社会公德及其宣传教育。这种国家教化伦理以成就圣人为目标，以国家机器的强力教化为后盾，以“天人合一”为本体论依据，以重义轻利、贵义贱利为内容，以“敬义夹持”“居敬穷理”等向内的心性修养为途径，在一定程度上压抑了个体的权益及其意识，而个体的利益与选择权利是个体私德的主体基础。个人失去了自主性，失去了私人道德涵养的自主性与主体性，不能真正地践行社会公德，使公共道德失去了其稳定社会公共秩序的功能。

改革开放以来，我们的经济发展迅猛，一跃成为世界第二大经济体，人民的收入明显增长，但是与此同时也出现了一系列问题，包括：“收入水平提高并没有完全转化为人民的生活福利水平提高，老百姓日子过得依旧艰难；自然环境受到严重破坏；腐败问题成为整个社会的毒瘤；不同阶层的收入差距和财富差距拉大；道德水平滑坡；等等”②。当前，我国的社会主义现代化建设进入一个新的发展阶段。党的十六届四中全会通过了《中共中央关于加强党的执政能力建设的决定》，这是我党历史上第一次提出“构建社会主义和谐社会”的问题。2004 年，胡锦涛同志在中央经济工作会议上明确提出要把“坚持以人为本，努力构建社会主义和谐社会”作为全面建设小康社

① 费孝通：《乡土中国》，上海：上海人民出版社，2006 年版，第 24~25 页。

② 鄢一龙、白钢、吕德文，等：《天下为公：中国社会主义与漫长的 21 世纪》，北京：中国人民大学出版社，2018 年版，第 11 页。

会和现代化建设的重要任务。在《现代汉语词典》中，“和”可以指和睦[①]，有和衷共济之意；“谐”则可以指谐调[②]；“和谐”是指配合得适当[③]，有融洽、调和之意。“我们所要建设的社会主义和谐社会，应该是民主法治、公平正义、诚信友爱、充满活力、安定有序、人与自然和谐相处的社会。”[④]人们对和谐社会的追求由来已久。孔子曰：“礼之用，和为贵。先王之道，斯为美。”[⑤]《中庸》也说：“和也者，天下之达道也。致中和，天地位焉，万物育焉。”[⑥]所谓和谐社会“就是社会系统中的各个部分、各个要素处于一种相互协调、其功能处于最大优化状态的社会”[⑦]。社会主义和谐社会就是在社会主义制度基础上的和谐社会。我们社会主义现代化建设的各项事业，是物质文明、政治文明与精神文明全面发展、全面进步的事业，缺少任何一个方面都不成其为有中国特色社会主义现代化事业，这是社会主义的本质要求。当前我国建设和谐社会的任务要求建立科学辩证的公私关系。

十八大以来，我国社会主义和谐社会的建设取得了长足的进步，如今社会的全面深入改革进入深水区。建设社会主义和谐社会就是一个不断消弭不和谐的因素、化解社会公私矛盾、达致公私和谐的过程。党的十九大报告明确提出，“中国特色社会主义进入新时代，我国社会主要矛盾已经转化为人民日益增长的美好生活需要和不平衡不充分的发展之间的矛盾”[⑧]。新时代

① 中国社会科学院语言研究所词典编辑室：《现代汉语词典》，北京：商务印书馆，2018 年版，第 313 页。

② 中国社会科学院语言研究所词典编辑室：《现代汉语词典》，北京：商务印书馆，2018 年版，第 870 页。

③ 中国社会科学院语言研究所词典编辑室：《现代汉语词典》，北京：商务印书馆，2018 年版，第 313 页。

④ 胡锦涛：《胡锦涛文选（第二卷）》，北京：人民出版社，2016 年版，第 285 页。

⑤《论语·学而》。

⑥《中庸》。

⑦ 本书编写组：《构建社会主义和谐社会学习读本》，北京：中共党史出版社，2005 年版，第 28 页。

⑧ 中共中央宣传部：《习近平新时代中国特色社会主义思想学习纲要》，北京：学习出版社，人民出版社，2019 年版，第 17 页。

我们建设和谐社会，就要站在国家、人民的立场上正确处理公共利益与私人利益、公共权力与私人权利、公共道德与私人道德的关系。当公与私发生矛盾时，首先要做到公私分明，进而提升境界，做到公而忘私。在新时代的背景下，我们必须坚持以人民为中心的原则，时刻把国家和人民的利益置于首位。习近平同志提出："共产党人无论是想问题、搞研究，还是作决策、办事情，都必须站在党和人民立场上，而不能把个人利益放在第一位。"[①]我们也是一直这样做的，"实现中华民族伟大复兴的中国梦，就是要实现国家富强、民族振兴、人民幸福"[②]。习近平同志还多次告诫我们的党员干部，"我们的权力是党和人民赋予的，是为党和人民做事用的，姓公不姓私"，广大党员干部"要正确行使权力，依法用权、秉公用权、廉洁用权"。[③]在公共道德与理想信念层面，"就是要讲大公无私、公私分明、先公后私、公而忘私"，坚持"立党为公、执政为民"的信念，使广大党员干部坚守公私分明的基本操守，自觉提升至公而忘私的境界。[④]辩证的、科学的公私观的形上意蕴和本质内涵不仅超越了西方传统公私观权利至上的片面性，而且超越了传统中国公私观义务至上的片面性，因此，构建辩证的、科学的公私关系，对于社会和谐具有重要的价值。

---

① 中共中央文献研究室：《十八大以来重要文献选编（上）》，北京：中央文献出版社，2014 年版，第 766 页。

② 习近平：《习近平谈治国理政（第一卷）》，北京：外文出版社，2014 年版，第 39 页。

③ 中共中央文献研究室：《十八大以来重要文献选编（中）》，北京：中央文献出版社，2016 年版，第 325 页。

④ 习近平：《习近平谈治国理政（第一卷）》，北京：外文出版社，2014 年版，第 394 页。

第三章

公共利益与私人利益之辨

马克思认为，“人们为之奋斗的一切，都同他们的利益有关”。[①]改革开放与市场经济的深入发展正在逐渐改变人们过去对待利益与权利的态度，这背后是一系列价值观的深刻变革。应当说，“市场经济给人们伦理观念带来的一个重大变化，就是突出了个体，肯定了个人对自身利益追求的积极意义，引起了人们对个人地位和价值的重新认识”[②]。伴随市场经济突显的个人利益带来了个人独立性的增强，必然会要求重塑传统社会个人利益与公共利益的关系模式。而公共利益则表现为人民大众的利益，主要通过国家、政府的公共权力来保障与实现，公共利益背后往往有具有强制性的国家作为支撑，这就产生了公共利益与私人利益的矛盾。根据马克思主义理论，个人与社会是辩证统一的。个人是社会的个人，社会是个人的社会。那么公共利益与私人利益也是辩证统一的。个人利益是公共利益的基础，公共利益是个人利益得以实现的保证，

---

① 马克思、恩格斯：《马克思恩格斯全集（第 1 卷）》，中共中央马克思恩格斯列宁斯大林著作编译局编译，北京：人民出版社，1995 年版，第 187 页。

② 黄亮宜：《社会主义义利观：面向 21 世纪的价值选择》，郑州：河南人民出版社，2001 年版，第 127 页。

二者在一定条件下还可以转化。但是理论上的辩证统一不能消解现实中公共利益与私人利益的紧张与冲突。那么研究公共利益与私人利益的合理范围、划定二者的界限，对于我国现代化建设的顺利进行，对于我国当前物质文明、精神文明与政治文明的建设，对于我国和谐社会的建设都具有重要意义。

第一节　公共利益与私人利益的基本内涵

一、公共利益的内涵

公共利益简称公利，类似的用语有大众福祉、公共福祉、社会福祉、社会福利、公共福利、公众利益、公共善与社会公共利益等。公共利益是我们日常生活中常见的范畴，也是很重要的范畴，但是什么是公共利益、如何实现公共利益，在理论上和实践中都未达成广泛认可的共识。现代汉语“公共利益”一词由“公共”和“利益”两个词组合而成，“公共”和“利益”概念本身的复杂性与模糊性导致了公共利益“受益对象”的不确定性和“利益内容”的不确定性。

在中西方文化的发展中，“公共”一词演绎出了不同的含义，这导致对“公共”一词下一个明确的定义比较困难。“公共”在古希腊语汇中有两个起源。一是起源于古希腊词汇 pubes 或 maturity，强调个人能超出自身利益去理解并考虑他人的利益，同时意味着具备公共精神和意识是一个人成熟并且可以参加公共事务的标志。二是源于古希腊词汇 koinon，英语词汇“共同”（common）就起源于该词，意为人与人之间在工作、交往中相互照顾和关心的一种状态。[①]哈贝马斯认为，“‘公共’一词在使用过程中出现了许多不

① 王乐夫、陈干全：《公共管理的公共性及其与社会性之异同析》，《中国行政管理》，2002 年第 6 期，第 12 页。

同的意思”[①]，使它的使用遍及哲学、法学、政治学、管理学等各学科中。同样，在中国传统文化中，“公”的含义也非常复杂。学者陈弱水把中国传统的“公”概念总结为五种，并认为，“公”是中国集体意识中一个非常根本的观念，使用极其频繁，用法则变化多端，样态百出，许多实际的例子并不和上述的任何单一类型相符，而是不同类型含义相互渗透的呈现。[②]

人类活动的各个方面，都与利益有关，利益是人们赖以生存与发展的物质文化生活需要，是人类一切社会活动的根本动力。但什么是利益，也是非常复杂的。庞德认为，“利益可以看作是人们——不管是单独地还是在群体或社团中或其关联中——寻求满足的需求、欲望或期望”[③]。唐凯麟认为，利益的本质是“人们的社会经济关系的具体体现”[④]。有学者认为，“利益就是人们在经济活动中的利益”，“利益的定义表明利益具有客体性含义、主体性含义、过程性含义、时间性含义和空间性含义等五层含义”。[⑤]也有学者直接把利益解释为“一切对人们生活有好处的东西”[⑥]。有学者总结了利益定义的四种代表性观点，即欲望说、客观说、主客观统一说与关系说。[⑦]利益是不能脱离社会而存在的，是社会关系的体现，并由社会条件所决定。在当前相关研究者的论述中，王伟光对利益问题的研究具有代表性，他认为，“利益，就是一定的客观需要对象在满足主体需要时，在需要主体之间分配时所

---

① [德] 哈贝马斯：《公共领域的结构转型》，曹卫东、王晓珏、刘北城，等译，上海：学林出版社，1999年版，第1页。

② 陈弱水：《公共意识与中国文化》，北京：新星出版社，2006年版，第100页。

③ [美] 罗斯科·庞德：《法理学（第三卷）》，廖德宇译，北京：法律出版社，2007年版，第23页。

④ 唐凯麟：《伦理学》，北京：高等教育出版社，2001年版，第67页。

⑤ 洪远朋：《社会利益关系演进论：我国社会利益关系发展变化的轨迹》，上海：复旦大学出版社，2006年版，第39~40页。

⑥ 万俊人：《现代公共管理伦理导论》，北京：人民出版社，2005年版，第123页。

⑦ 肖顺武：《公共利益研究：一种分析方式及其在土地征收中的运用》，北京：法律出版社，2010年版，第13~15页。

形成的一定性质的社会关系的形式”[①]。

综上所述，公共利益就是在一定的社会关系中，满足不特定多数人所需要的利益的总称。它具有客观性、不可分性、非排他性、层次性及变换性等特点。

公共利益的客观性。公共利益的存在是客观的、必然的，不以人的意志为转移。那种从个人利益出发，认为公共利益是虚幻的观点是错误的。卢梭说：“每一个人要使自己的利益脱离公共利益的人都看得很清楚，他并不能把两者完全分开；然而在和他所企求获得的排他性的私利相形之下，则他所分担的那份公共的不幸对他来说就算不得什么了。但除了这种私利之外，则他为了自己的利益也还是会和任何别人一样强烈地要求公共福利的。”[②]公共利益不仅是客观存在的，而且是国家社会产生的前提。在卢梭看来，公意永远是公正的、正确的、不会被腐蚀的，永远以公共利益为依归，并且公共利益是政治权力的必要约束。卢梭说：“社会公约所赋予主权者统治臣民的权利，正如我已经说过的，决不能超出公共利益的界限之外。”[③]马克思主义也认为，公共利益是客观存在的，虽然是以“虚幻的共同体”形式存在的。在阶级社会中，国家的产生正是为了缓和公共利益与私人利益之间的矛盾，国家在形式上代表和体现了公共利益。国家从社会中产生又居于社会之上，以普遍的公共权力来协调公共利益和私人利益的矛盾，保障公共利益的实现。

公共利益的不可分性。公共利益作为一种社会整体利益，可以分享但是却不可以分割。对于公共利益的这种不可分性，罗尔斯分析道，“一种公共利益具有两个特点，即不可分性和公共性。亦即，有许多个人（可以说他们构成了一个共同体）要求或多或少的公共利益，但是如果他们都想分享它，那么每个人都必须享有同样的一份。公共利益所具有的数量不能象（笔者注：

① 王伟光：《利益论》，北京：中国社会科学出版社，2010年版，第81页。
② [法] 卢梭：《社会契约论》，何兆武译，北京：商务印书馆，2003年版，第133页。
③ [法] 卢梭：《社会契约论》，何兆武译，北京：商务印书馆，2003年版，第180页。

像）私人利益那样被划分，不能由个人按照他们的偏爱多要一点或少要一点”，“公共利益的极端情形对整个社会而言完全是不可分的”。[①]与作为“可分性物品”的“私人物品”不同，公共物品涉及每一个人的利益，公共物品通常指集体物品的特定组合，具有不可分性，是典型的由政府提供的物品。所以公共物品常常要求集体行动，而私人物品的消费是可以分开的。公共物品被提供给全体社会成员所享有，例如，国家的对外防御职能，每个公民都以同样的数量享受这种公共利益。

公共利益的非排他性。“消费的排他性是某个消费者在购买并得到一种商品之后，就可以把其他消费者排斥在获得该商品的利益之外。”[②]与公共利益的不可分性相联系，公共利益具有消费不排他性的开放性，公共利益的获取是不需要竞争就可以获得的。公共利益的受益者是不特定多数人，这就决定了公共利益必然同时为共同体的不特定多数人共同享有。公共物品具有公共利益的属性，是公共利益的一部分。很显然，公共利益的非排他性意味着对公共利益的消费不会也不能将其他人排除在外。

公共利益的层次性及变换性。公共利益具有层次性，国家是公共利益的最大代表与主要实现者。在同一时期，可能存在着不同空间范围内的公共利益，就国家内部而言，可以按高低层次把公共利益分为三类：国民公共利益；区域公共利益；基层社会公共利益。[③]例如某一地区的公共利益，如果与高一层次的公共利益相比，就只能被称为私人利益。同样，与更高层次的公共利益相比，这个高一层次的公共利益也只能被称为私人利益。“无论在现实生活还是理论研究，公与私都是处在一定语境中的，是相对和可以转化的。个人利益显然是最小范围的‘私’；相对于个人，团体利益就是‘公’；团

---

① [美] 约翰·罗尔斯：《正义论》，何怀宏、何包钢、廖申白译，北京：中国社会科学出版社，1988年版，第257页。

② 席恒：《利益、权力与责任》，北京：中国社会科学出版社，2006年版，第32页。

③ 李俊彪：《构建社会主义公共利益机制》，《经济纵横》，2000年第8期，第50页。

体利益相对于国家利益就是‘私’；民族主义相对于世界主义就是‘私’；从个人类利益出发的人类中心主义，对于反人类中心主义来说，就是类的自私。但无论如何，个人总是‘私’的最小单位，与其相对应的‘公’的外延则可大可小。”①

（一）公共利益的主要内容

1. 以公共利益为目的的公共理性

“公共理性”这一范畴最早是由康德于1784年在其《什么是启蒙运动》一文中提出的，康德将其定义为“在一切事情上都有公开运用自己理性的自由”②。为了维系社会共同生活的有序运行，必须通过一系列的社会规范与政治制度来制约和限制个人的任意行为。正如亨廷顿所说的：“没有强有力的政治制度，社会便缺乏去确定和实现自己共同利益的手段。创建政治制度的能力就是创建公共利益的能力。”③而政治制度创建的主体基础在于每一个公民的公共理性。公共理性作为罗尔斯政治伦理思想的核心，成为凝聚共识、保证社会稳定的基础。公共理性是平等公民的理性，它“是一个民主国家的基本特征”，“是那些共享平等公民身份的人的理性。他们的理性目标是公共善，此乃政治正义观念对社会之基本制度结构的要求所在，也是这些制度所服务的目标和目的所在”。④在公民社会里，公共理性是平等公民的理性，公共理性确立了公共伦理的道德要求前提，即实现秩序良好和正义的社会，只有在这样的基础上，才能实现公共利益。拥有公共理性的公民在制定与修改法律时发挥着最终的和强制性的权利，但是，“公共理性的要求更严格地用在那些拥有统治别人的权力和对他人的责任的人身上，这些人就是

① 陈永森：《公私观念与和谐社会的建构》，《广东社会科学》，2006年第6期，第53~54页。

② [德] 康德：《历史理性批判文集》，何兆武译，北京：商务印书馆，1990年版，第25页。

③ [美] 塞缪尔·P. 亨廷顿：《变化社会中的政治秩序》，王冠华、刘为，等译，上海：上海人民出版社，2008年版，第19页。

④ [美] 罗尔斯：《政治自由主义》，万俊人译，南京：译林出版社，2000年版，第225~226页。

公共官员，因为他们是以其他国民的名义来行事的。也就是说，那些有权作出有约束力的决定的人有更大的责任去符合公共理性的要求"①。因此，公共权力作为公共利益的代表，成为公共理性约束的主要对象。

2. 表现为公共利益的公共生活条件

这种公共利益是社会生活中与每个人息息相关的涉及每个人生存和发展的公共条件及公共环境。有学者认为这种公共利益包括两大类，即公共秩序和公共道德。②

此外，公共利益还表现为代表社会长远发展需要的利益，如国防、航天、环保、社会福利等，这种为了社会未来的发展与稳定的公共利益，其收益不是直接性的。由于公共利益内涵的复杂性，上述公共利益的内容并不能完全涵盖公共利益的外延。随着社会的发展，公共利益的内容也会日益丰富。

很多论文、著作都把公共利益简称公益，但是在不同的语境下，二者的含义并不完全相同。《现代汉语词典》对"公益"的解释是："公共的利益（多指卫生、救济等群众福利事业）。"③这种"公益"的意思是侧重于社会公共福利的。从公共利益的内容来看，它包括社会弱势群体的利益和大众福利，但是公共利益与公益的侧重点还是有所不同的。公共利益指涉社会共同体全体成员的利益，而公益则只涉及社会弱势群体的利益，公共利益涉及的对象范围大于公益涉及的救助对象范围。虽然在现代社会中公共利益的提供者不再是单一的政府，但是迄今，政府仍然是公共利益最大的维护者与提供者，这就使得公共利益带有政府性与强制性，从而区别于带有"非政府性"与"非强制性"的公益事业。

① 詹世友：《公义与公器：正义视域中的公共伦理学》，北京：人民出版社，2006年版，第250~251页。
② 胡康生：《中华人民共和国合同法释义》，北京：中国法制出版社，1999年版，第92页。
③ 辞海编辑委员会：《辞海》，上海：上海辞海出版社，1989年版，第436页。

（二）公共利益与国家利益、社会利益、共同利益、集体利益概念辨析

1. 公共利益与国家利益

在民族国家条件下，国家是最大的共同体，具有绝对的公共性。本书所指的国家利益主要是国内政治意义上的国家利益。公共利益不同于国家利益，“国家利益有公共利益的成分，但并非就等同于公共利益”①。阶级性是国家利益区别于公共利益的主要特征，正是在这个意义上，马克思把阶级社会的国家称为“虚幻的共同体”，但是国家与国家利益是由于实现公共利益的需要而产生的。国家利益不仅在形式上表现为社会公共利益，而且也确实包含有社会公共利益的内容。国家利益与公共利益之间有交叉重叠的地方，国家对内执行公共管理职能会产生公共利益，国家或政府是实现公共利益的主要手段和主要代表。在我们这样一个社会主义的国家里，人民大众是国家的主人，无产阶级与人民大众的利益从根本上讲是一致的。中国共产党是代表整个无产阶级利益的政党。因此，从阶级性上来看，国家利益与公共利益在根本上讲是一致的。在民族国家条件下，国家是公共利益的最大代表与主要实现者。“从逻辑上说，只有国家的利益才能代表人民的利益。国家利益的这种逻辑优越性使得其他利益在与国家利益相抵触时，必须让位于国家利益。”②

2. 公共利益与社会利益

“社会”含义的模糊性导致“社会利益”指向的不确定性。从广义的角度来看，在主权国家里，国家利益是社会利益的主要表现形式。那么，什么是社会利益呢？庞德认为，社会利益是指“从社会生活的角度考虑，被归结为社会集团的请求的需求、要求和请求。它们是事关社会维持、社会活动和社会功能的请求，是以社会生活的名义提出、从文明社会的社会生活的角度

① 孙双琴：《论公共利益的内涵、特性及其制度基础》，《行政与法》，2005年第6期，第28页。

② 俞可平：《权利政治与公益政治》，北京：社会科学文献出版社，2000年版，第139页。

看待的更为宽泛的需求与要求”[①]。庞德主要是从狭义的角度来看社会利益的，他的看法具有代表性。庞德将社会利益分为六种：公共安全、社会制度安全、公共道德、保护社会资源、公共发展、个人生活。这种社会利益是对立于国家利益的，是国家政治利益之外的社会成员的公共利益。由此可见，公共利益包含社会利益，社会利益是公共利益的下位概念。

3. 公共利益与共同利益

人们常把“公共利益”与“共同利益”不加区别地运用，其实二者有着本质的不同。什么是共同利益呢？“共同利益是指两个或者两个以上的社会成员所不可分割地享有的同一个利益。共同利益的主体是两个或者两个以上的社会成员，其利益客体是某个特定的利益，并且这个特定利益的效用是不可分割的。”[②]公共利益与共同利益都具有不可分性与共享性。公共利益是共同利益，但是共同利益不一定是公共利益。不同层次的共同体都存在自身的利益，如部门利益与地方利益，其利益为共同体内成员所共同享有，这种共同利益在共同体的范围内具有合理性，但是由于这种共同利益受益范围有限，而且不具有社会普遍性，不能使社会成员广泛享有，因而不能被称为公共利益，“只有那些具有社会共享性的共同利益才是公共利益”[③]。

4. 公共利益与集体利益

集体的最一般含义是指“既包含个人又与个人相对立的整体范畴或社会范畴，是指有着共同利益的人们，按照一定社会关系所构成的联合体”[④]。马克思把集体分为“虚幻的集体”与“真实的集体”。他认为，在阶级社会中，只有“虚幻的集体”，马克思充分肯定了“真实的集体”，“只有在共同

① [美] 罗斯科·庞德：《法理学（第3卷）》，廖德宇译，北京：法律出版社，2007年版，第19页。

② 胡小红：《公共利益及其相关概念再探讨》，《学术界》，2008年第1期，第156页。

③ 陈庆云：《公共管理基本模式初探》，《中国行政管理》，2000年第8期，第31页。

④ 耿步健：《从马克思、恩格斯经典论述谈集体利益高于个人利益》，《求索》，2005年第9期，第107页。

体中，个人才能获得全面发展其才能的手段，也就是说，只有在共同体中才可能有个人自由”[①]。从广义的角度讲，在民族国家条件下，国家是最大的集体；从狭义的角度讲，集体是介于个人与国家之间的共同体形式。斯大林第一次提出“集体利益”的概念，并把集体利益作为共产主义的代名词。斯大林提出：“个人和集体之间、个人利益和集体利益之间没有而且也不应当有不可调和的对立。”[②]毛泽东也“强调个人利益服从集体利益，局部利益服从整体利益，眼前利益服从长远利益。要讲兼顾国家、集体和个人，把国家利益、集体利益放在第一位，不能把个人利益放在第一位”[③]。所谓“集体利益”，是指能给集体内部所有个人带来满足感、使他们的需要得到满足的产品、活动方式和社会关系状态的总和。[④]在现阶段我国社会主义条件下，集体利益表现为全体劳动人民在经济、政治、文化等各个方面的共同利益。集体利益与公共利益都是共同利益，都具有不可分性与共享性。集体利益强调的是集体内部所有个人的整体利益和共同利益，而不单单是某一个个人的具体利益，是为集体内部每一个个人的利益服务的，而不单单是为某一个个人的利益服务。[⑤]而且，集体利益是集体中绝大多数人的共同利益，就这一层次的共同体来说，集体利益对于该共同体成员具有社会共享性，是该共同体的公共利益。但是，公共利益指的是不确定多数人的利益，这种受益主体的不确定多数人使得公共利益具有开放性；而集体利益的主体则是特定的，

---

① 马克思、恩格斯：《马克思恩格斯选集（第一卷）》，中共中央马克思恩格斯列宁斯大林著作编译局编译，北京：人民出版社，2012 年版，第 199 页。

② 斯大林：《斯大林选集（下卷）》，中共中央马克思恩格斯列宁斯大林著作编译局编译，北京：人民出版社，1979 年版，第 354~355 页。

③ 中华人民共和国国史学会：《毛泽东读社会主义政治经济学批注和谈话》，北京：中华人民共和国国史学会，1998 年版，第 807 页。

④ 耿步健：《从马克思、恩格斯经典论述谈集体利益高于个人利益》，《求索》，2005 年第 9 期，第 107 页。

⑤ 耿步健：《从马克思、恩格斯经典论述谈集体利益高于个人利益》，《求索》，2005 年第 9 期，第 108 页。

使得集体利益具有封闭性。不仅如此，“相对于集体中的少数人来说，集体中的大多数人的利益就是公共利益，但是相对于集体所从属的更大的共同体中的大多数人来说，集体的利益又是个别利益”[①]。这使公共利益与集体利益相比，具有一种优先性。

二、私人利益的内涵

与公共利益相比，理解私人利益要容易得多。利益是在需要的基础上产生的，是在一定的社会关系中对人的需要的满足，它包括物质利益和精神利益。私人利益，是私人物质生活和精神生活需要的满足，构成了私人行为的主要动机。马克思主义认为，人的本质是社会关系的总和，任何人不能脱离社会而存在，个人利益是社会关系的体现。“私人利益本身已经是社会所决定的利益，而且只有在社会所创造的条件下并使用社会所提供的手段，才能达到；也就说，私人利益是与这些条件和手段的再生产相联系的。”[②]综上所述，私人利益是指在一定的社会关系中，为满足个体生存与发展所需要的利益的总称。本书所指的私人利益区别于满足个体贪欲的私利，是指个体在生活和工作中，通过诚实劳动或合法经营的途径和方式，所谋取的用以满足个体正常生活和有效工作的物质与精神需要的应得的利益。私人利益主要以私人财产权为表现形式。私人利益具有排他性或非分享型的特点。私人所有，就非公共所有，它意味着未经权利主体同意，任何占有和享用，都是非法的。排他性表明一个商品不能同时存在两个以上同等的互相独立的权利，排他性是私人利益最基本的特点。从经济学的角度来看，个人利益相当于私人物品。一个人对私人物品的消费会妨碍和排斥他人的同时享用。

私人利益的主体有两类。按照《中华人民共和国民法通则》，民事主体

① 胡锦光、王锴：《论我国宪法中“公共利益”的界定》，《中国法学》，2005年第1期，第22页。

② 马克思、恩格斯：《马克思恩格斯全集（第46卷）》，中共中央马克思恩格斯列宁斯大林著作编译局编译，北京：人民出版社，1979年版，第102~103页。

有两类：自然人与法人。前者为自然意义上独立的个人；后者是以团体客观存在的民事主体，是社会组织在法律上的人格化。法人可分为企业法人与非企业法人，非企业法人又可分为机关法人、事业单位法人和社会团体法人。这种以组织出现的民事主体符合法律规定条件，被视为法律上的独立个体。私人利益的内容主要包括人身利益和财产利益。本书所指的私人利益是私人享有的合法的利益。

第二节　公共利益与私人利益关系的现状及其原因

公共利益与私人利益是辩证统一的，私人利益是公共利益产生的基础、目标与归宿；公共利益是私人利益得以实现的有力保障，二者在一定条件下还可以互相转化。但是理论上的统一不能消解现实中公共利益与私人利益的冲突。中国传统社会的特点之一就是“家国同构”，强大的中央集权国家吞噬社会，形成了“强国家”的历史传统。在我国实行改革开放的今天，私人利益逐渐被认同及至合法化，这带来了利益多元化的问题，公共利益与私人利益的冲突在当代中国表现得尤为突出。

一、公共利益与私人利益关系现状

（一）公共利益对私人利益的侵犯

在我国这样一个社会主义国家里，国家利益、集体利益与个人利益在根本上是一致的，因此，侵犯了公共利益也就侵犯了每一个社会共同体成员的直接或间接利益。但是由于公共利益与私人利益的非直接相关性，以及公共利益与私人利益的相对性，公共利益对私人利益的侵犯主要表现在以下两个方面。

1. 上级政府对下级政府利益的侵犯

由于公共利益的层次性及变化性，某一地区的公共利益，如果与高一层次的公共利益相比，就只能是私人利益。下级政府的利益相对于上级政府来说，就是私人利益。中央政府与地方政府是不同层次社会共同体成员公共利益的代表与实现者，所不同的是，中央政府作为国家最高利益的代表，尤其是在我国，国家利益与最广大人民群众的利益是一致的，中央政府在一定程度上就是全社会的公共利益的代表与实现者。相对于中央政府利益，地方政府虽然是该地区共同体成员公共利益的代表，但它也是私人利益。“作为中央政府和地方利益的‘双重代理人’，地方政府担负着双重利益代表人的角色，它们已不再仅仅是一个纵向依赖的行政组织，已逐渐成为一个具有独立经济利益的经济组织。”①一般来说，中央政府与地方政府的根本利益是一致的，但是作为具有相对独立经济利益的经济组织，地方政府有自身的、不同的利益追求，中央政府与地方政府在一些具体利益和具体问题上存在冲突和矛盾。中央政府对地方政府利益的侵犯主要表现在利益的分配方式上。中央政府通过权力的收放来调整与地方政府的关系，对地方政府的决策权、财权的过度控制虽然维护了中央政府的权威性，但是也在一定程度上破坏了地方政府发展的积极性。在当代中国，中央政府通过“分权改革”与“权力下放”使得地方政府拥有了较大的自主权。地方政府作为本地区公共利益的代表要维护与实现本地区的公共利益，但是地方政府没有自己独立的权力，所以地方局部利益、私人利益要牺牲自身利益，服从中央整体利益、公共利益。

我国地方政府除了要牺牲自身利益，服从中央政府的整体利益之外，有的时候处理不好与下级政府的利益边界，还要与下级政府争利。“随着发达地区县级市经济实力的增强，特别是当县级市具有相当的经济实力时，自然要求扩大城市规模和更新基础设施，而地级市为维护自身的经济利益和行政地位常常对此进行压制，从而导致两者之间的行政掣肘和利益矛盾加剧。”②

① 刘霞、向良云：《中央与地方政府利益结构的经济分析》，《学术探索》，2004年第6期，第21页。

② 谢勤奎、杨宏山：《对我国地方行政层级设置的思考》，《红旗文稿》，2004年第4期，第12页。

2. 政府利益对私人利益的侵犯

在任何国家里，每一个政府组织都代表了某一方面的国家利益。[①]国家利益在逻辑上压倒其他所有个人利益和团体利益的优越性，使得政府行为不得不冠以“国家利益”的名义。[②]中央政府、地方政府与民众是我国不同层次利益的代表者，在不同的时期、不同的层面呈现出不同的需求，由于政府代表着长远的、整体的公共利益，其运作往往有强制性的公共权力为支撑，一些未经广纳民意和执行过程中未严格遵守程序的政府决策会侵犯民众的私人利益。随着城镇化的进程不断加快，土地征用与房屋拆迁导致的利益冲突是地方政府与农民个人之间需要解决的问题之一。[③]

（二）私人利益大肆侵蚀公共利益

1. 政府利益对公共利益的侵蚀

公共利益与私人利益都是处于一定的语境中的，是可以转化的。在缺乏有效约束与监督的情况下，政府以其私人利益代替其所应当追求的公共利益，就形成对公共利益的侵蚀。政府是根据公共需要而产生的，它代表国家行使公共权力。政府为公共利益而设，公共利益是政府存在的合法性基石。公共利益由政府通过行使公共权力来实现，从应然的角度看，政府应当以公共利益为价值导向，并且除了公共利益，不应该追求私人或团体利益。但实际情况并非如此，由于科层制和官僚制的存在，在追求公共利益的目标背后，隐藏着有些政府官员对自身私人利益的追求，出现政府的公共利益与有些官员私人利益的不一致。虽然有很多焦裕禄、孔繁森式的大公无私的干部，但还是有少数干部忘记了权力的公共性，以权谋私。

政府利益是一个宽泛的概念，作为一个利益主体，政府有权追求与实现

① 俞可平：《权利政治与公益政治》，北京：社会科学文献出版社，2000年版，第138页。
② 俞可平：《权利政治与公益政治》，北京：社会科学文献出版社，2000年版，第139页。
③ 王建：《农村征地拆迁中的利益冲突问题》，《重庆行政（公共论坛）》，2013年第5期，第61页。

自身生存和发展所需的利益，但是，如果政府在追求利益的过程中过于注重自身利益，不仅会侵害阶级利益，还会侵害公共利益，以政府私利去代替公共利益，从而侵害公共利益。代表国家掌握公共权力的政府本身就是一个重要的利益主体，在缺乏有效监督与约束的情况下，政府的公共政策可能偏离公共利益。市场与政治之间的重要差异并不在于人们追求的价值或利益的不同，而在于人们追求他们的不同利益时所处的条件。[①]政府利益不是一个抽象的概念，政府是由一批工作人员组成的社会组织，有其自身的利益诉求，呈现出明显的利己特征。

国家作为最大的共同体，代表着国家的最高利益，在民族国家条件下，是公共利益的最大代表与实现者。我国以建立社会主义市场经济为目标的经济体制改革的重要任务之一，就是建立服务型的政府，经济的发展应主要通过市场而不是行政手段来实现。中央政府和地方政府“用行政手段去追求市场可以实现的‘公共利益’，其结果反而是损害了‘公共利益’——市场生态的崩溃对于任何社会来讲，都不是福音”[②]。

地方政府与政府职能部门是其共同体成员的共同利益的主要代表与实现者，其自身私利的存在必然影响政府行为。公共选择学派把政府及其工作人员视为追求自身利益最大化的“经济人”，政府为了片面追求“政绩”，使公共政策的制定从政府利益而不是公共利益出发，最终使政府利益与公共利益相背离。地方政府与政府职能部门将其所代表的公共利益转化为政府自身的利益，在“利益最大化”原则的指导下，把本该用来实现与维护公共利益的公共权力用来追求与实现地方政府和职能部门的政府利益，严重阻碍了公共利益的实现。

无论是中央政府，还是地方政府、职能部门都由一定数量的工作人员组

---

① [美] 詹姆斯·M. 布坎南、戈登·塔洛克：《同意的计算——立宪民主的逻辑基础》，陈光金译，北京：中国社会科学出版社，2000年版，第2页。

② 刘连泰：《“公共利益”的解释困境及其突围》，《文史哲》，2006年第2期，第164页。

成。这些政府工作人员不仅是公共政策的制定者，还是其执行者。作为一个社会人，政府工作人员与社会生活密切相关，他们也有自身的利益需要满足。有些政府工作人员的出发点是他们任期内的短期政绩以及由此带来的物质福利与精神福利，于是多地不顾实际情况上马了许多“形象工程”。在这里，公共政策不是从公共利益出发，而是从政府工作人员个人的职位升迁出发，从而导致政府私利侵蚀公共利益。我们平时看到的“穷庙富方丈”现象能够很好地说明这个问题。

2. 小团体利益对公共利益的侵蚀

小团体主义是以小团体的利益为出发点和归宿，损害公共利益的思想与行为。在我国，以行会、社团、协会、商会、帮派、派别等形式存在的共同体实际上就是小团体。小团体利益是指满足小团体这一共同体成员需要的利益，如果小团体过分关注该共同体的利益，产生与公共利益的冲突就形成了小团体主义，造成对公共利益的侵蚀。“任何公共利益的受益人是所有的人而不是某一或特定的利益共同体，倘若所谓的公共利益只是某些或某一特定利益主体受益，满足了特定人的利益需求或愿望，这种‘公共利益’不可能成为社会的普遍利益，因而就不是真正的公共利益。向特定的利益共同体提供的集体产品，是悖离（笔者注：背离）社会普遍利益的。”①

3. 个人利益对公共利益的侵蚀

个人利益是个人为满足自身生存与发展所需的利益。超出一定的度，个人利益就会成为满足个人贪欲的私利，从而形成对公共利益的侵害。社会主义市场经济对于当代中国来说已经是一个不可逆转的进程，是当代中国社会演进中起主导作用的因素，推动着当代中国现代化建设的进程与伦理秩序的重构。社会主义市场经济建设从根本上否定了传统社会的小农经济生活方

① 范进学：《定义“公共利益”的方法论及概念诠释》，《法学论坛》，2005年第1期，第16页。

式、交往方式、伦理秩序及其存在基础。“市场经济的最大成就之一，就是使当代中国人发现了个人及其利益的存在，并使‘利’与‘自利’不仅不再简单地被视为道义上的恶，反而获得某种肯定性评价。”[①]随着改革开放与市场经济的深入和发展，利益追求出现多元化，私人利益的地位逐渐被认同并合法化，追求私人利益在整个社会生活中具有某种价值合理性。在市场经济实践中对于自利的肯定，不仅缘于市场经济本身的需要，而且缘于对个体作为主体、作为独立利益承负者的道义肯定，缘于对市场经济这种历史形态高于自给自足小农经济历史形态的肯定，更是缘于对合乎人性发展的社会生活形态的肯定。[②]市场经济唤醒了人们的利益意识，引起了社会利益关系的分化，改变了过去人们对个人利益压抑的状态，但在缺乏适当规范的情况下，这种对利益的无节制的追求也诱发了人们唯利是图、见利忘义、自私自利、损人利已、拜金主义的意识。货币作为财富的象征，使得一些人产生了盲目崇拜的心理，于是这些人为了金钱，可以践踏一切道德原则，人与人的关系成为赤裸裸的金钱关系，“一切向钱看”成为他们的座右铭。市场经济的自利性使一些人把个人与他人、社会对立起来，为了追求私人利益，不择手段。在追求利益最大化的过程中，假冒伪劣、投机倒把、弄虚作假、行贿受贿、权钱交易等现象出现，他们甚至不惜铤而走险，违法犯罪。市场经济条件下无节制的自利不仅破坏了市场经济活动的经济秩序，也败坏了社会风气与社会公德，损害了公共利益。

市场经济通过供求机制、价格机制与竞争机制发挥其在资源配置中的基础作用，但是由于市场经济的自发性、盲目性与滞后性，产生了市场失灵的现象。参与市场经济的经营者无疑以追求自身利益最大化为目的，他们从自己的私人利益和具体情况出发进行独立决策与经营，这就造成了个人、企业等市场主体的私人利益同社会公共利益的矛盾。第一，市场主体

① 高兆明、李萍：《现代化进程中的伦理秩序研究》，北京：人民出版社，2007 年版，第 96~97 页。
② 高兆明、李萍：《现代化进程中的伦理秩序研究》，北京：人民出版社，2007 年版，第 99 页。

受制于市场经济的局限，造成社会资源的浪费与重置。个人、企业等市场主体的行为受制于市场经济的滞后性，往往跟不上市场经济的迅速变化，影响社会资源在不同部门之间的合理流动与优化组合，造成社会资源的重置与浪费。第二，市场主体追求个人、企业的私人利益，却无法解决市场经济外部的不经济性。“每当某一商品的生产或消费所产生的效应扩散到商品消费者或生产者之外，外部经济效果就会产生。这些扩散到外部的效应没有在市场价格中反映出来。”①市场经济通过价格机制、供求机制和竞争机制调节社会生产与经济运行，旨在追求经济效益的提高，却不会自动限制外部不经济行为，很多时候忽视了社会效益。例如，企业在生产过程中排放的污水与废气，严重损害了居民的公共利益。第三，垄断造成了价格扭曲与市场扭曲，破坏了正常的市场经济秩序。垄断是指“单一的卖者是它所在行业的唯一生产者，同时，没有任何一个行业能生产出接近的代用品”②。垄断者为了获得超额利润，凭借其垄断地位实行垄断经营，把市场价格控制在一定程度上，牟取暴利，肆意提高市场价格，实行最低消费与指定消费，造成广大消费者利益受损，侵害了社会公共利益。第四，市场主体的自利性形成“搭便车”的现象。在市场经济条件下市场主体以自利为出发点，追求周期短、见效快的经济行为，而忽视周期长、见效慢的公共设施建设，只能由国家与政府出面干预。公共利益与公共产品的不可分性和公共性，给市场机制带来了“搭便车”问题，一些人不付成本而坐享他人之利，甚至肆意破坏公共利益与公共设施。第五，“利”字当先产生了贫富差距扩大的社会不公问题。市场经济不是完美的，它带来了社会收入分配的巨大悬殊。价格机制的辩护者和批评者应当认识到，有效率的

---

① [美] 斯坦利·费希尔、鲁迪格·唐布什：《经济学》，庄巨忠、曲林迟、宋炳良，等译，北京：中国财政经济出版社，1989年版，第394页。

② [美] 保罗·A. 萨缪尔森、威廉·D. 诺德豪斯：《经济学（下册）》，高鸿业译，北京：中国发展出版社，1992年版，第842页。

市场制度可能产生极大的不平等。①每个人都追求自己的利益，由此形成了社会的动力之源。然而，如果不加干预，市场经济的优胜劣汰会造成社会中穷者愈穷和富者愈富，社会财富出现两极分化，“我们生活在其中的社会的显著特点是不能提供充分就业以及缺乏公平合理的财富和收入的分配”②，由此导致种种危机。而社会公正是社会的基本价值之一，是公共利益的体现，因而“实现社会公平正义是中国共产党人的一贯主张，是发展中国特色社会主义的重大任务”③。

二、公共利益与私人利益矛盾凸显的主要原因

现代化是全球性的从传统社会向现代社会的大变动，它不知不觉地改变了整个人类社会基本的文化取向及价值系统，以至于对于每一个民族或国家来说，现代化都是一个不能完全抗拒的诱惑。④现代化与市场经济的发展给我国社会的经济、政治与文化都带来了深刻的变革，引发了人们的思想观念与社会制度的变迁，引发了我国公共利益与私人利益的矛盾和冲突，其原因如下。

（一）公共利益与国家利益、政府利益的不完全对等性

在民族国家条件下，国家是公共利益的最大代表者与实现者。在马克思看来，国家作为阶级压迫的工具，是社会异化的产物。在阶级社会里，“国家的本质特征，是和人民大众分离的公共权力”⑤，“随着时间的推移，这

---

① [美] 保罗·A. 萨缪尔森、威廉·D. 诺德豪斯：《经济学（上册）》，高鸿业译，北京：中国发展出版社，1992 年版，第 83 页。

② [英] 凯恩斯：《就业、利息和货币通论》，徐毓枬译，北京：生活·读书·新知三联书店，1982 年版，第 317 页。

③ 胡锦涛：《高举中国特色社会主义伟大旗帜　为夺取全面建设小康社会新胜利而奋斗——在中国共产党第十七次全国代表大会上的报告》，北京：人民出版社，2007 年版，第 17 页。

④ 刘小枫：《现代性社会理论绪论》，上海：上海三联书店，1998 年版，第 31 页。

⑤ 马克思、恩格斯：《马克思恩格斯选集（第四卷）》，中共中央马克思恩格斯列宁斯大林著作编译局编译，北京：人民出版社，1995 年版，第 116 页。

些机关——为首的是国家政权——为了追求自己的特殊利益，从社会的公仆变成了社会的主人”[①]，公共权力掌握在统治阶级的手中，发生了异化，成为镇压和剥削被统治阶级的工具。只有在自由人的联合体中，公共权力才能向社会复归，异化问题才能得以解决。正如恩格斯所说的：“阶级不可避免地要消失，正如它们从前不可避免地产生一样。随着阶级的消失，国家也不可避免地要消失。在生产者自由平等的联合体的基础上按新方式来组织生产的社会，将把全部国家机器放到它应该去的地方，即放到古物陈列馆去，同纺车和青铜斧陈列在一起。”[②]但是在社会生产力的发展没有达到极高的程度之前，国家还要存在很长时间，只要国家还存在，“为了达到自己的目的不得不把自己的利益说成是社会全体成员的共同利益”[③]。

在我国这样一个实行人民民主专政的社会主义国家里，无产阶级及其政党是全体劳动人民的代表，从阶级性上来看，无产阶级及其政党与广大人民群众的利益在根本上是一致的。然而，共产党代表工人阶级和劳动人民的利益，同时也是一个复杂的实践过程。这个过程能不能实现，除了党的自我认定这个必要的前提外，还要受许多其他条件的制约。例如，政策是否正确，党的组织结构是否与要实现的目标相适应，党的信息反馈机制是否能正确反映群众的要求，党的内部机制是否能有效地防止出现既得利益集团，等等。历史表明，一个党的实际活动与其自我认定不相符，因而被其所代表的集团抛弃的情况，并非罕见。[④]

政府应当是公共利益的代表，按照卢梭在《社会契约论》中的理解，政

① 马克思、恩格斯：《马克思恩格斯选集（第三卷）》，中共中央马克思恩格斯列宁斯大林著作编译局编译，北京：人民出版社，1995 年版，第 12 页。

② 马克思、恩格斯：《马克思恩格斯选集（第四卷）》，中共中央马克思恩格斯列宁斯大林著作编译局编译，北京：人民出版社，2012 年版，第 190 页。

③ 马克思、恩格斯：《马克思恩格斯选集（第一卷）》，中共中央马克思恩格斯列宁斯大林著作编译局编译，北京：人民出版社，2012 年版，第 180 页。

④ 王长江：《政党现代化论》，南京：江苏人民出版社，2004 年版，第 291~292 页。

府作为全体公民权利的委托行使者，除了公共利益以外，政府在行使公共权力的过程中不会追求任何个人或团体的利益。实际上，政府除了代表公共利益之外，还有自身的利益，传统的认识是一种理想主义的乌托邦。政府由有着自身利益的大量工作人员组成，政府也是“经济人”，政府一旦形成，也会不断寻求自身的利益。缪勒说：“同样的人怎么可能仅仅因为从经济市场转入政治市场之后就由求利的自利者转变为‘大公无私’的利他者呢？这是绝不可能的事！”①在缺乏有效的制度约束与监督的情况下，政府会利用手中的公共权力以自身利益代替公共利益，从而产生公共利益与私人利益的冲突。毫无疑问，假若把权力授予一群称为代表的人，如果可能的话，他们也会像任何其他人一样，运用他们手中的权力谋求滋生的利益，而不是谋求社会的利益。②

（二）公共利益的内涵与边界具有模糊性

虽然公共利益是客观存在的，但是确定公共利益的内涵却是很难的，“有人甚至认为明确定义公共利益是不可能的”③。公共利益内涵的模糊性与不确定性使得提出一个被普遍接受的公共利益概念是根本不可能的。公共利益的模糊性和不确定性主要表现在两个方面：一是公共利益的受益主体是不确定的；二是公共利益的利益内容是不确定的。公共利益的模糊性使得法律从概念表述的角度对其进行界定时只能提供一些“标准”（standard），而不能提供“明线规则”（bright line rule），从而使得法律对公共利益的界定成了一个大难题。④公共利益就是一个特定社会群体存在与发展所必需的、为不

---

① [美] 丹尼斯·缪勒：《公共选择理论》，杨春学、李绍荣、罗仲伟，等译，北京：中国社会科学出版社，1999 年版，第 59 页。

② [美] 丹尼斯·缪勒：《公共选择理论》，杨春学、李绍荣、罗仲伟，等译，北京：中国社会科学出版社，1999 年版，第 303 页。

③ 刘熙瑞：《中国公共管理》，北京：中共中央党校出版社，2004 年版，第 27 页。

④ 肖顺武：《公共利益研究：一种分析范式及其在土地征收中的运用》，北京：法律出版社，2010 年版，第 42 页。

特定多数人享有的社会价值。公共利益的模糊性与不确定性造成了公共利益和私人利益边界及边界意识的模糊性。虽然近年来迅速发展的非政府组织（non-governmental organization，NGO）使得公共利益的供给主体日益多元化，政府不再是公共利益的唯一供给者，但是政府仍然是公共利益的主要供给者。迄今最简便的方法，还是由政府来安排公共利益的供给。“我们并不否认社会公共生活的必要性和价值，也不否认个人与社会之间的重要关联，但是，我们想强调的是，即使如此，在社会公共生活之外，个体生命有着不能被普遍性权威所穿透的私人生活空间，有着不能被归结和还原为普遍性‘公共生活’的、专属于个体自我的‘剩余者’，有着不能被共同体的‘绝对伦理’所规定的选择权利，倘若这一点被完全遮蔽和剥夺，那么，个人将不复有安身立命之处。”[①]

（三）公共利益观念淡薄

中国进入封建社会没有完全摆脱氏族社会的宗法血缘关系，并以此为基础形成了政治伦理化与伦理政治化的社会秩序，形成了家国同构的社会形态。在这种社会形态下，“国家消融在社会里面，社会与国家相浑融”。[②]中国有着悠久的中央集权的传统，帝王君主居于国家政治权力的顶端，这种中央集权实质上是君主专制。正如刘泽华所说的：“从理论上看，崇公抑私强调国家至上，但在实际上由于君主居于国家之巅，所以最后的结果是加强了君主专制。”[③]君主“以我之大私为天下之大公”者大肆行于世，传统中国文化建立在家庭联系之上，在某种程度上造成了部分国人对公共事务的冷漠，或“缺乏公共精神”。[④]任何一个民族都无法割断与其历史、文化的联系，直至近代，由于民族救亡图存的历史使然，国家与社会仍然是紧密融合

① 贺来：《边界意识和人的解放》，上海：上海人民出版社，2007年版，第182页。

② 梁漱溟：《中国文化要义》，上海：上海人民出版社，2011年版，第152~158页。

③ 刘泽华：《先秦政治思想史》，天津：南开大学出版社，1984年版，第68页。

④ 颜运秋、石新中：《论法律中的公共利益》，《中国人民公安大学学报》，2004年第4期，第77页。

的。直到20世纪80年代以后，在承认个人利益和强调国家利益的同时我国也逐步树立起“社会公共利益”的观念，并且先后在《中华人民共和国宪法》等法律中予以明确表述。但是，由于传统社会公共利益在一定程度上的虚幻性与被代表性，以及国家利益和政府利益与公共利益的不完全一致性，人们担心公共利益容易沦为借以实现私利的口号，从而对“公共利益”拒而远之。

（四）缺乏健全的公共利益表达机制

利益诉求也称利益表达，是指社会成员或利益群体通过一定的渠道与方式向执政党、政府和各级组织提出利益宣示并要求得到满足的行为。[①]面对强大的公共权力，社会成员或利益群体作为分散的个体，是实力相对较弱的弱势群体，很容易受到国家、政府、利益集团的侵害，缺乏利益表达的渠道，这是引起公共利益与私人利益冲突的重要原因之一。当前我国公共利益表达机制的不健全主要表现在：第一，公共利益主体缺乏利益表达意识。公共利益是社会共同体全体成员的共同利益，公民的公共利益受到侵害，如果不去积极地进行利益表达，那么他们的利益就难以引起关注，又怎么谈得上得到保护呢？储卉娟 2009 年所做的抽样调查的统计数据显示，在案件所涉及的纠纷发生时，私了，即忍耐（17.3%）和双方协商（44.5%），被绝大多数行动者认为是解决纠纷的首选方式。仅有少数人（38.2%）希望将纠纷交由第三方解决。在第三方介入的纠纷解决机制当中，对地方行政权威的倾向性（4.8%）相比对司法部分的倾向性（7.0%）要略低。[②]从统计数据中我们基本上可以看出私了（包括忍耐和双方协商）构成了最大的底座。第二，缺乏公共利益表达渠道。作为一种制度性安排，政府应当作为公共利益表达机制中的主要制度性渠道。从我国现行的政治体制来看，我国的公共利益表达机制

① 曹凤霞：《社会转型时期利益表达机制的建构》，《政法学刊》，2011年第5期，第75页。

② 储卉娟：《暴力的弱者：对传统纠纷解决研究的补充——基于东北某市监狱的实证研究》，《学术研究》，2010年第2期，第63页。

仍有改进的空间与余地。第三，缺乏公共利益表达的监督机制。作为一种制度设计，政府是协调公共利益与私人利益冲突的责任主体，公共利益表达机制受公共权力的主导，不可避免地会受到政府权力的影响，尤其是涉及政府自身利益的时候。如果不对政府机构加以监督，他们就有可能行政不作为或消极作为，官僚主义、主观主义、形式主义思想严重，会导致利益冲突升级到更加严重的地步。

第三节　公共利益与私人利益和谐关系建构的基本路径

和谐是对立事物之间在一定条件下的辩证统一，是不同事物之间相辅相成、互助合作、互利互惠、共同发展的关系。建构和谐的公共利益与私人利益关系是对公共利益本位论和私人利益本位论的超越。它们的错误之处就在于把公与私置于非此即彼、此消彼长的对立地位，割裂了二者的辩证统一关系。公共利益与私人利益和谐关系的建构，要坚持以下基本路径。

一、公共利益与私人利益的划界

私人利益是公共利益的基础与来源。社会是个人的社会，个人是社会的个人。脱离社会的个人是不存在的，同样，脱离个人的社会也是不存在的。因此，仅强调私人利益而忽视公共利益是狭隘的，但仅看到公共利益而忽略私人利益也是有害的。如此定义的“公共利益”成了无源之水、无本之木、无木之林，并往往成为掩饰专制与人治的虚壳。“根据现代社会科学中的方法论个体主义，‘公共利益’必须以个体利益为基础，并最终落实到个体利益之上。”①

① 张千帆：《“公共利益”的构成》，《比较法研究》，2005年第5期，第7页。

（一）在理论上确立私人利益的正当性

中国传统中私有的观念比较薄弱，受到社会政治文化方面的诸多限制。[①]“普天之下，莫非王土；率土之滨，莫非王臣”，在传统中国君主专制条件下实行的是君主所有制，私人利益处于被压抑的状态。中国传统伦理思想强调重义轻利，“存天理，灭人欲”，重群轻己，并且把义、理、群与公，利、欲、己与私紧密联系起来，形成了重公抑私、大公无私的伦理文化。这种道义至上的伦理文化片面追求道德价值，贬低与否认私人利益，极大地压抑了人们的私人利益及其意识，消融了人们的主体性、积极性与创造性。先秦儒家所说的“公”指涉全体人民之天下，“私”则为一人之得利。至宋明理学，“公”成了抽象的普遍利益的代名词，“私”成了个人利益与个体私利的代名词。孔子主张以义来促生利，并惠及百姓，这是为政之大利。他要求统治者要着眼于人民之大利，要“因民之利而利之”[②]。孟子认为统治者必须要保证老百姓有一定数量的“恒产”。宋代儒学把义利关系问题视为道德的首要问题，产生了程朱理学等禁欲主义伦理思想，极大地压抑了私人利益的存在空间。二程认为，“义”即“公”，“利”即“私”。朱熹更是直接以“公私之辨”来解读“义利之辨”。他说：“人只有一个公私，天下只有一个邪正”，“善恶分处，只是天理之公，人欲之私”，“将天下正大底道理去处置事，便公；以自家私意去处之，便私”，形成了“贵义贱利”“大公无私”的价值倾向。[③]传统儒家伦理还把国家利益与社会整体利益置于私人利益之上，要求个体必须无条件服从和维护国家利益，从而在私人利益与群体利益上形成了“重群轻己”“大公无私”“先公后私”的价值导向。

在中国传统伦理思想中，私人利益一直处于被压抑的地位也与私人利益定位的不确定有关。“公”指利他主义，“私”指追求自我利益，亦即强调

① 李光福：《中国传统的私有观》，《生产力研究》，2001 年第 1 期，第 59 页。

②《论语·尧曰》。

③《朱子语类》卷十三。

一己的独占性，也包含自私自利。公私价值的区别有时是模糊与游移的，人们对于“利他”与“自私”，或何者为个人正当的情欲、何者为不正当的情欲，没有一致的看法。[①]作为宋明理学集大成者的朱熹也是承认人欲的正当性与合理性的，他说：“若是饥而欲食，渴而欲饮，则此欲亦岂能无？但亦是合当如此者。”[②]在朱熹那里，有两种不同层次的私，“饮食者，天理也；要求美味，人欲也”[③]，满足人的自然之需的物质欲求是人欲，是合理的，超过满足生存需要之外的物质欲求便是私欲，是不合理的，是要革除的对象。但是饮食与美味的界限在哪里呢？把满足人的饮食之需看作是自然而然的，不必言说之私，从而压抑人们对美味的欲求，会导致人们的生活水平始终停留在同一水平，从而压抑人们生产与生活的积极性、主动性、创造性。其实，对于封建君王与官吏以公之名来谋取的一己之私，明清的启蒙思想家都是持反对意见的，当启蒙思想家反对私时，他们反对的是以公之名谋取的私利，当他们提倡私时，他们提倡的是合理的个人利益即满足自然之需的物质欲求。“总体而言，启蒙思想家认为公是通过人人之私来体现的。但理学家却不对私的含义进行具体分析，一概笼统地加以反对，他们就是反对个人意识觉醒，反对伸张个人利益，认为不能开启追求个人利益的闸门，否则就会使人心大坏、世风不淳，社会将走向堕落。如果要实现去私，就只有无欲无为。”[④]总之，“人欲涉及人的生存与发展。灭人欲，如果说不是灭人的生存，至少是灭人的发展”[⑤]。

由于中国传统社会生产力的低下，私人与由君王代表的国家之间在利益分配中处于对立的两极，一方多占有一些，另一方就会少占有一些。君王以

---

① 黄克武：《从追求正道到认同国族》，载许纪霖：《公共性与公民观》，南京：江苏人民出版社，2006年版，第40页。

②《朱子语类》卷九十四。

③《朱子语类》卷十三。

④ 王国良：《明清时期儒学核心价值的转换》，合肥：安徽大学出版社，2002年版，第254页。

⑤ 王国良：《明清时期儒学核心价值的转换》，合肥：安徽大学出版社，2002年版，第85页。

强大的国家机器为后盾，以“天”或“天理”为本体论依据，以“义利之辨”“理欲之辨”“群己之辨”为内容，以“成人成圣”为修养目标，以“反躬自省”“居敬穷理”为修养方法，把私人利益及其意识压抑到狭窄的空间里。市场经济的出现与现代化的发展彻底改变了传统的公私观念，在不要求牺牲任何人利益的条件下，市场经济完全承认个体追求私人权益的权利，改变了财富积累的零和博弈模式。现代意义上的公正强调个体人的极端重要性，强调在独立的个体人、自由人基础之上的社会联合体，强调与市场经济相容，鼓励每个人的自由空间、自由发展，强调每个人追求合理利益的正当性，并且强调每个人在追求个人利益的同时不能损害其他人的合理利益。①因此，在现代市场经济条件下，我们要构建公共利益与私人利益的和谐关系，首先要确立私人利益的正当性。正当的私人利益，是指人们在生活和工作中，通过诚实劳动或合法经营的途径和方式所谋取的、用以满足人们正常生活和有效工作的、物质与精神需要的应得的利益。要确立私人利益的正当性，就要改变传统社会对私人利益的贬抑，在理论上首先确立私人利益的正当性。

第一，确立私人利益的正当性是保存自我的需要。一个人若无财产，就无法成为一个真正意义上的人，无法拥有健全的人格，无法被社会所接受。任何人要成为一个人，就必须尊重他人的人格，不损害他人的自由意志，而自由意志总是通过外物来表现的，主要是通过财产来体现。黑格尔说：“从自由的角度看，财产是自由最初的定在。”②为了保护自我免于他人的强制，首先要确立一个保障自我的自由与财产权的私域。如果没有这样一种能够保障自我的私域，那么强制不仅会存在，而且会成为司空见惯的现象。除非我们能够确认我们排他地控制着一些物质财富，否则无法进行有效的社会合作。“对私有财产权或分别财产权的承认，是阻止或防止强制的基本条件，

① 吴忠民：《社会公正论（上卷）》，济南：山东人民出版社，2012年版，第116页。

② [德] 黑格尔：《法哲学原理》，范扬、张企泰译，北京：商务印书馆，1961年版，第54页。

尽管这绝非是唯一的条件。”[①]生命权、自由权和财产权是人类最基本的人权，财产权是生命权和自由权的延伸。财产是人的生命得以维系的物质保障，如果没有财产权，人也就失去了维护其生命的正当途径。在宪政之下，侵犯私人的财产就是侵犯个体的自由与尊严，所以“对财产权的承认，显而易见，是界定那个能够保护我们免受强制的私域的首要措施”[②]。

第二，确立私人利益的正当性是增加社会公共利益的需要。私人利益不完全都是恶，它不一定与公共利益相冲突，还可以增进公共利益。亚当·斯密认为作为生产主体的“经济人”首先是利己的个人，人固然是利己的，但在“看不见的手”的指导下，形成了整个社会公私利益和谐的良性秩序。马克思明确指出，“在任何情况下，个人总是‘从自己出发的’”[③]。正如韦伯所认为的那样，资本主义生产方式下的逐利行为是在理性的指导之下的，在增进私人利益的同时，也增进了他人与社会的公共利益。在市场经济条件下，有理性的个体，为了追求自己的私人利益，就必须尊重他人的利益，从而把私人利益与公共利益统一起来，以增进他人利益与公共利益的方式来实现私人利益，这种自利，是基于互惠的自利。正如亚当·斯密所说的：“我们每天所需要的食料和饮料，不是出自屠夫、酿酒家或烙面师的恩惠，而是出自他们自利的打算。我们不说唤起他们利他心的话，而说唤起他们利己心的话。我们不说自己有需要，而说对他们有利。”[④]启蒙时代以来的一个最重要思想就是强调私利对于公益的基础意义：正是个人为己逐利之努力与创造性活动构成社会公共财富增长之源泉，用孟德威尔的话说就是“私恶公

① [英] 哈耶克：《自由秩序原理（上册）》，邓正来译，北京：生活·读书·新知三联书店，1997年版，第173页。

② [英] 哈耶克：《自由秩序原理（上册）》，邓正来译，北京：生活·读书·新知三联书店，1997年版，第173页。

③ 马克思、恩格斯：《马克思恩格斯全集（第3卷）》，中共中央马克思恩格斯列宁斯大林著作编译局编译，北京：人民出版社，1956年版，第514页。

④ [英] 亚当·斯密：《国富论》，郭大力、王亚南译，北京：商务印书馆，2015年版，第12页。

利”。[①]

第三，确立私人利益的正当性是发展市场经济的需要。市场经济就其本性而言是种以“利”为导向的经济形态，那么，在以市场经济为基础的社会生活中就不应当在道义上对利采取一种简单否定的态度，相反，利与自利应当受到道义起码的肯定，即利、自利具有义的属性。[②]黑格尔认为，财产权是一种人格权，是个人自由意志的体现与确认。“柏拉图理想国的理念侵犯人格的权利，它以人格没有能力取得私有财产作为普遍原则。”[③]有自由也就有责任，“自由不仅意味着个人拥有选择的机会并承受选择的重负，而且还意味着他必须承担其行动的后果，接受对其行动的赞扬或谴责”[④]。确立私人利益正当性的意义就在于，确立市场主体的权责利，才能调动市场主体的积极性、主体性与创造性，推动市场经济的发展。在市场经济条件下，市场主体有充分的自主权，但是市场主体也必须为自己的行为负责，接受市场经济的优胜劣汰与得益损失。追逐利益并实现利益最大化，这是推动市场经济发展的原动力。市场经济中的利益关系是一种自利基础上的互惠关系，其基本精神可以概括为“主观为自己，客观为他人”，“为己”是市场主体的行为动机。“‘无私奉献’不是市场经济活动的法则，或者说在市场经济活动中没有无私奉献。市场经济活动的法则是在财产权基础之上的自愿等价交换法则。如果硬要将奉献作为市场经济活动法则，那么，在这种奉献法则之下可能存在着被掩盖了的强取豪夺。”[⑤]重视私人利益是发展社会主义市场经济的客观需要，只有重视私人利益，才能调动人们的生产积极性，推动社会生产力的发展。邓小平也强调了私人利益的正当性。他说：“不发展生产

---

① 高兆明：《制度公正论：变革时期道德失范研究》，上海：上海文艺出版社，2001年版，第120页。

② 高兆明、李萍：《现代化进程中的伦理秩序研究》，北京：人民出版社，2007年版，第96~97页。

③ [德] 黑格尔：《法哲学原理》，范扬、张企泰译，北京：商务印书馆，1961年版，第55页。

④ [英] 哈耶克：《自由秩序原理（上册）》，邓正来译，北京：生活·读书·新知三联书店，1997年版，第83页。

⑤ 高兆明、李萍：《现代化进程中的伦理秩序研究》，北京：人民出版社，2007年版，第98页。

力，不提高人民的生活水平，不能说是符合社会主义要求的。”[①]“勤劳致富是正当的。一部分人先富裕起来，一部分地区先富裕起来，是大家都拥护的新办法，新办法比老办法好。”[②]

（二）在法律上确立私人利益的合法性与不可侵犯性

即使以公共的理由，政府的权力也不是无限的，不能将个人权利完全淹没在公共利益的侵蚀中。[③]所以我们把利益视为一种法律化的权利，这种利益就获得一种对于他人利益的限制，形成了一种不可侵犯性，“它只有在符合国家特定的目的与专门程序之下，才允许为公共利益让步”[④]。《中华人民共和国宪法》明文规定保护公民的私人财产权，但是中国社会有着悠久的“崇公抑私”的文化传统，公共利益与私人财产权长期处于被压抑的地位。“以中华法系的本质精神而言，它并没有保护平等的财产私有权的价值取向……在民间社会经济运作的小秩序中，我们似乎模糊感觉到财产私有权的存在；而在国家专制统治的大格局中，实际上并无财产私有权可言，这便是中国古代社会后期财产权的法制状态”，“可以说，中华法系的产权文化性格及其造就的社会经济格局，实为中国不能自发走向现代化的重要原因之一”。[⑤]没有任何一个社会能隔断与历史的联系，当代中国同样存在着“崇公抑私”的社会环境。《中华人民共和国宪法》规定，公共财产是神圣不可侵犯的，任何人不得以任何手段侵占或破坏公共财产。相反，当私有财产与私人利益和公共财产与公共利益发生冲突及矛盾时，一般要求私有财产与私人利益做出必要的妥协与让步，来缓和二者的冲突与矛盾。不仅如此，《中华人民共和国宪法》对私有财产的规定还没有列入公民的基本权利中，而且

---

① 邓小平：《邓小平文选（第三卷）》，北京：人民出版社，1993年版，第116页。

② 邓小平：《邓小平文选（第三卷）》，北京：人民出版社，1993年版，第23页。

③ 胡玉鸿：《法学方法论导论》，济南：山东人民出版社，2002年版，第287页。

④ 胡玉鸿：《法学方法论导论》，济南：山东人民出版社，2002年版，第289页。

⑤ 马武军：《论我国现行宪法对私有财产权的保护》，华东政法学院硕士学位论文，2006年，第11~12页。

“在社会主义社会制度下，宪法在确认公共财产神圣不可侵犯的同时，也应明确肯定：公民个人的私有财产同样也是神圣不可侵犯的。不应把私有财产神圣不可侵犯视为是资产阶级宪法的‘专利’，更不能因此而否定公民个人财产权的不可侵犯性”①。

休谟认为，自私是建立正义的原始动机，“在人们缔结了戒取他人所有物的协议，并且每个人都获得了所有物的稳定以后，这时立刻就发生了正义与非义的观念，也就发生了财产权、权利和义务的观念”②。宪法是根本大法，对私人财产权的其他具体法律条文的保护都源于宪法。宪法不把私人财产权作为公民的基本权利加以保护，宪法之下的具体法律条文就难以充分保护私人财产权，而失去了宪法强有力的保障，公民的私人财产权极易受到国家权力的侵害。财产权作为一项基本的权利，在西方国家的宪法中处于核心地位。西方国家的宪法不仅保护私人财产，而且把“私人财产神圣不可侵犯”作为一条基本的宪法原则。私有财产神圣不可侵犯作为一项基本的宪法原则，从制度上确立了对私有财产的保障。“中国宪法以国家利益和公民利益的和谐一致为前提。不鼓励，甚至不承认两者冲突的可能性。对他们而言，公民参与的目的是调动公众的力量为国家服务。为国家利益服务就是为个人利益服务。虽然公民被赋予了对个别的官僚行为提起诉讼的工具，但是，任何一部中国宪法都没有为公民打开一个通道，使他们能对抗可能给他们造成损害的国家法律和政策，从而维护个人利益。”③

私人财产权法律保障体系的确立，不仅是针对公民之间的，更是针对公共权力的，旨在把公共权力关进笼子里去，纳入法治的轨道。因此，要从根本上遏制侵权现象，保护国家和私人产权不受侵害，维护市场经济秩序，就必须在全社会确立一种现代的产权价值观和伦理观，其核心是“人们的财产

① 殷啸虎：《私人财产权宪法保障的法文化思考》，《华东政法学院学报》，2000年第1期，第11页。
② [英] 休谟：《人性论（下册）》，关文运译，北京：商务印书馆，1980年版，第531页。
③ 夏勇：《公法（第1卷）》，北京：法律出版社，第120页。

权利不可侵犯”的原则。[①]

二、走向程序公正

所谓程序公正，是指制定和实施同社会公正相关的法律、法规、条例及其他政策时所应遵循的基本规则和流程安排。[②]程序公正体现的是程序中的公正，突显了规则本身具有相对独立于结果的价值。实质公正是指“人们关于事实平等和结果平等的一种价值追求”[③]。中国社会追求以“结果”为核心的实质公正观，而西方社会注重以“程序”为核心的形式公正观，强调程序公正优于实质公正。现代社会是法治社会，实现法治或一种法律秩序离不开法律规范与制度，然而，缺乏程序要件的法制是难以协调运行的，从某种意义上说，法治问题的核心是程序问题。相对于实质公正，程序公正对于实现依法治国来说是第一位的，“因此，程序应当成为中国今后法制建设乃至社会发展的一个真正的焦点”[④]。程序公正原则对于公共利益与私人利益和谐关系的构建发挥着重要作用，主要体现在以下方面。

1. 程序公正保障了公共利益形成的正当性

公共利益源于人们公共生活的需求，是社会成员的同质性需求，公共利益源于社会成员的个人利益。个体的同意与认可是公共利益形成的重要方式，也是公共利益限制私人利益的重要依据。充分尊重个体的这种同意，就是对个体人格的一种尊重，也是保障公共利益形成过程正当性的需要。必须明确的是，这种同意不应是虚假的同意，而应是真实的同意。如果没有经过形式上的公正的程序取得个体的同意，而是在不知情、胁迫、虚假投票等方

---

① 罗能生：《产权的伦理维度》，北京：人民出版社，2004 年版，第 6 页。

② 吴忠民：《社会公正论（上卷）》，济南：山东人民出版社，2012 年版，第 247 页。

③ 颜廷锐：《实质正义与程序正义：公共政策的价值基础》，《中共杭州市委党校学报》，2003 年第 5 期，第 35 页。

④ 季卫东：《法律程序的意义》，北京：中国法制出版社，2004 年版，第 14 页。

式下搞出来的虚假的同意，这种被代表的公共利益就缺失个体的同意基础，具有虚假性与不正当性。

现代社会利益的多元化与利益结构的复杂化需要一个能够协调利益冲突的机制，而且这种机制必须是公正的、公平的、公开的，其结果能够为社会共同体绝大多数成员所接受的。程序公正在社会中所能发挥的作用就是这样的，社会的各个利益主体包括个体和弱势群体能够进行充分的商谈与协商，在共同认可的规则与程序的基础上，形成社会共同体各方所接受的公共利益。在公共利益形成的过程中，这种公正、公平、公开的程序至关重要，是公共利益获得正当性的重要保障。因为在公正的程序之中，"当事人的主张或异议都可以得到充分表达，互相竞争的各种层次上的价值或利益都可以得到综合考虑和权衡，不满被过程吸收了，相比较而言一种最完善的解释和判断被最终接纳。这种做出来的决定极大地缩小了事后怀疑和抗议的余地。经过正当化过程的决定显然更容易获得权威性"①。经过公正程序形成的公共利益才具有广泛的代表性，才能够被各方所接受，才具有正当性。

2. 程序公正保障了公共利益实现的正当性

由于公共利益内涵与边界的模糊性和不确定性，公共利益很容易被政府利益、集团利益等的自利代替上升为普遍利益与共同利益，以维护公利之名行牟取私利之实，使得公共政策的制定偏离公共利益的目的，而程序公正可以有效限制权力对社会公正的干扰，消除不公正现象，保证公共利益实现的正当性。进入公正、公平、公开的程序以后，公众的积极参与、专业咨询、民主决策等，可以有效保障公共政策的制定和实施，防止政府利益与利益集团侵害公共利益现象的发生。"正当程序实际上都具有这样一种功效：从法律适用的一系列活动中分离出某些带有权利或权力性质的内容，交由其他主

① 季卫东：《法治秩序的建构》，北京：中国政法大学出版社，1999年版，第53~54页。

体来进行或让适用者与他们共同进行”[①]，这样就从程序上有效地防止了权力的腐败与暗箱操作而侵害公共利益。

3. 程序公正保障了私人利益存在的合理性与正当性

程序公正的基本要求是，每一个社会成员、每一个社会群体包括弱势群体的尊严和私人利益都应当得到有效的保障与维护。社会公正应当是以维护每一个社会成员或是社会群体的合理利益为基本出发点的，正如罗尔斯所说的：“所有社会价值——自由和机会、收入和财富、自尊的基础——都要平等地分配，除非对其中的一种价值或所有价值的一种不平等分配合乎每一个人的利益。”[②]由于公共利益的相对性与边界的模糊性，公共利益对私人利益的限制也必须经过公正的程序，程序公正保障了私人利益存在的合理性与正当性。当政府为了实现公共利益而采取的措施影响到私人利益时，必须以公正、公平、公开的程序保证相关利益主体的知情权与听证权，“若缺少这种对他的展示，他可以保卫他自己，抵制那种相对不熟悉的体系的强迫裁决”[③]。

因此，从听证程序上保障公共利益的实现就显得尤为重要。当前由于我国的法律实践和制度安排忽视了相应的程序界定，这使得公共利益的实现缺乏程序保障。“对于公共利益界定的程序性规范几乎是空白，即便有所谓的公众听证程序规定，但在具体操作中也往往缺乏详细的指引。”[④]“公共利益应该由公众来认定，这就有必要实行公共利益听证或论证的机制，来确定哪些东西真正符合公共的利益，哪些有违公共的利益。”[⑤]公开、公正的听证程序是公共决策中保证公民参与和公民利益表达的重要渠道，是防止公共

① 张文显：《法理学》，北京：高等教育出版社，1999年版，第342页。

② [美] 约翰·罗尔斯：《正义论》，何怀宏，何包钢，廖申白译，北京：中国社会科学出版社，1988年版，第58页。

③ [美] 罗伯特·诺齐克：《无政府、国家与乌托邦》，何怀宏，等译，北京：中国社会科学出版社，1991年版，第107~108页。

④ 周林彬、何朝丹：《公共利益的法律界定探析》，《甘肃社会科学》，2006年第1期，第133页。

⑤ 邢益精：《宪法征收条款中公共利益要件之界定》，杭州：浙江大学出版社，2008年版，第144页。

政策偏离公共利益目的的重要保障，因此，明确听证程序的法律地位，建立公开、透明、公正、科学、操作简便的听证程序就成为当前我国构建公共利益与私人利益和谐关系的重要手段。

大多数西方发达国家的征收程序中都有预先公告程序，因此，我国听证程序的设立应借鉴西方发达国家的经验，在征收决定做出之前进行拆迁公告，从而把有利于市容市貌改造的征收、拆迁这一“公共利益”的形成过程置于广大民众的监督之下。政府通过公共利益调查程序，广泛听取与征求相关利益人的意见，及时地把他们的利益诉求吸收到决策中来，发现拟制定的决策方案中的不妥之处，及时调整决策，最大限度地体现公共政策为公共利益服务的目的。政府做出有关公共利益的重大决策所进行的公共利益调查程序，还要提请专业机构调查政府决策是否符合公共利益的目的。为了保障公共利益的实现，相关利益人参与听证程序，以保证自身的利益诉求通过顺畅的渠道得以表达、沟通与协商，是很有必要的。为了保障听证程序的相对公正，应避免实践操作中听证参与人范围狭窄、缺乏广泛的代表性。首先，要保障利益受损者有充分的参与权。听证有助于政府机关广纳善言、科学决策，但实际操作中往往发生利益受害者没有被通知参与听证，或只是极少数代表参与听证，甚至出现伪造利益受害者参与听证的现象，严重侵害了受害者的利益，导致听证程序的不公正、不合理，由听证程序得出的结论难以被接受，政府机关失去公信力，导致公共利益与私人利益的矛盾加剧。其次，要采取相关利益政府部门回避制度。这种回避制度是指相关利益政府部门官员以及与相关利益部门有利益关系的政府部门和官员应回避担任公共利益听证的主持人，但是必须参与听证程序。这是为了避免相关利益政府部门和官员以及与相关利益部门有利益关系的政府部门和官员担任主持人会误导听证程序，做出偏袒政府部门的结论，以保证听证程序的相对公正。

根据《中华人民共和国政府信息公开条例》，行政机关对涉及公民、法人或者其他组织切身利益的，需要社会公众广泛知晓或者参与的，反映本行政机关机构设置、职能、办事程序等情况的，除涉及国家秘密、商业秘密或者个人隐私外的信息，都要予以公开。听证程序的公开进行对于把听证纳入公众的监督、保证听证的公平具有重要作用，“公开原则是制止自由裁量权专横行使最有效的武器”[①]。“自由裁量权是行政法的核心”[②]，“所有的自由裁量权都有可能被滥用”[③]，自由裁量权为政府自利提供了“合法的借口”与“正当的理由”。由于民主、公开的原则是行政程序法的核心，而“阳光是最好的防腐剂”，所以，行政程序法在控制政府自利性方面，具有特殊的重要意义。以人民代表为基石的人民代表大会制度是我国的根本政治制度，由选民按照直接或间接选举代表的方式组成人民代表大会作为国家权力机关，保证了国家权力服从于人民的意志。全国人民代表大会是最高国家权力机关，地方各级人民代表大会是地方国家权力机关。“如果中国的全国和地方人大或其常委会能够对土地征收和补偿方案的决定发挥实质性的作用，那么目前困扰中国社会的征收问题将得到根本的解决，由此引发的社会矛盾和利益冲突将得到根本的缓解。”[④]。

三、加强非政府组织的促进作用

20 世纪 80 年代以后，非政府组织在中国得以发展并迅速壮大，它们作为国家、企业之外的新生力量参与我国社会各领域的活动，成为社会经济、政治和环境等领域的“第三大支柱”。非政府组织的迅速发展使得它成为继政府之外公共利益的供给者。非政府组织是指“不以营利为目的、主要开展各种志愿性的公益或互益活动的非政府的社会组织”[⑤]。林修果在其《非政府组织管理》一书中指出，“在特定的法律体系下，不被视为政府部门的不以营利为目的协会、团体、基金会、慈善信托、非营利公司或其他法人都是

---

① 王名扬：《美国行政法（上册）》，北京：中国法制出版社，1995 年版，第 109 页。

② [美] 伯纳德·施瓦茨：《行政法》，徐炳译，北京：群众出版社，1986 年版，第 566 页。

③ 胡建淼：《行政法学》，北京：法律出版社，1998 年版，第 741 页。

④ 张千帆：《“公共利益”的困境与出路》，《中国法学》，2005 年第 5 期，第 44~45 页。

⑤ 王名：《非营利组织管理概论》，北京：中国人民大学出版社，2010 年版，第 2 页。

非政府组织，即使有赚取任何利润，也不可以将此利润分配。”[①]非政府组织有着不同的称谓，如非营利组织、公民社会、第三部门、草根组织、志愿者组织、公益组织或慈善组织等，具有非政府性、非营利性、志愿性或公益性、自治性、组织性等特点。截至2018年底，据民政部《2018年民政事业发展统计报告》公布的数据，全国共有社会组织81.7万个，比上年增长7.3%；吸纳社会各类人员就业980.4万人，比上年增长13.4%。其中社会团体366 234个，基金会7034个，民办非企业单位444 092个。[②]随着市场经济和民主政治的推进，非政府组织对我国的经济、政治、文化建设发挥着越来越重要的积极作用，成为构建社会主义和谐社会的重要力量。在缓和公共利益与私人利益的矛盾与冲突、建构二者的和谐关系方面，非政府组织也起着不可或缺的重要作用。

1. 非政府组织的兴起弥补市场与政府在公共产品供给上的缺陷，满足社会对公共产品的多样化需求

非政府组织以追求公共利益最大化为目标，提供的产品是纯公共物品或者准公共物品。非政府组织兴起的一个重要原因是在市场经济条件下出现的市场失灵与政府失灵现象。市场经济是市场在资源配置中起基础性作用的经济形式，它靠价格机制、供求机制与竞争机制发挥作用，但是其自身具有自发性、盲目性与滞后性的特点，使得市场机制在资源配置方面出现无效率或低效率等市场失灵现象。市场失灵突出表现为“搭便车”现象与环境污染问题。政府在克服市场失灵的过程中也不是万能的，也出现过不可避免的失误。政府失灵是指个人对公共物品的需求在现代社会中得不到很好的满足，公共部门在提供公共物品时趋向于浪费和滥用资源，致使公共支出规模过大或者效率降低，政府不能改善公共物品提供上的效率的现象。

① 林修果：《非政府组织管理》，武汉：武汉大学出版社，2010年版，第8页。

② 中华人民共和国民政部：《2018年民政事业发展统计公报》，http://images3.mca.gov.cn/www2017/file/201908/1565920301578.pdf，2020年1月19日。

在提供公共物品方面，非政府组织往往比政府部门具有成本低、效率高、规模小、机动灵活的特点，比较适合弥补政府在提供公共物品方面的缺陷。20 世纪 70 年代以来，由于经济衰退、政府机构膨胀等原因，政府在公共物品提供方面存在普遍的效率低下现象，西方社会出现了公共物品的提供者由政府向非政府组织转移的趋势，非政府组织参与公共物品供给的社会影响范围越来越广。非政府组织可以充分发挥自身的优势，帮助政府处理一些容易被忽视的社会公共问题，弥补政府提供公共服务数量与质量上的缺陷，表达民众利益，促进社会稳定。“美国公共政策专家萨拉蒙对全球 22 个国家的非政府组织进行了调查，结果发现这些非政府组织提供了 1900 万个全职工作岗位，这一数据在服务行业就业中占比 10%，在公共部门就业中占 27%，他估算非政府组织产业价值 1.1 万美元。”①因此，充分发挥非政府组织的作用，是有效缓解当代中国公共利益与私人利益矛盾的有效途径。

随着市场经济的发展，人们的需求不仅日益丰富，而且呈现多元化的趋势，非政府组织志愿性、公益性的特点及其灵活多变的优势使得它们能够弥补政府能力的不足，满足人们多元化的公共物品需求，推动社会满足人们对公共物品的个性化需求，帮助社会的弱势群体。各类社会组织已经在我国社会经济生活的各个主要领域中发挥作用。其中，社会团体分布的领域依次是，“农村及农村发展类 64 745 个，社会服务类 49 409 个，工商业服务类 42 510 个，文化类 41 835 个，体育类 33 722 个，科学研究类 14 838 个，教育类 10 102 个”，民办非企业单位分布的领域依次是“教育类 240 012 个，社会服务类 73 024 个，卫生类 30 882 个，文化类 26 614 个，体育类 19 986 个，科学研究类 14 665 个”，“农业及农村发展类 6.2 万个，社会服务类 4.8 万个，工商服务业类 3.9 万个（3.93%），文化类 3.9 万个，体育类 3.0 万个，职业及从业组织类 2.0 万个，科技研究类 1.5 万个，教育类 1.0 万个”，民办非企业

① 唐池：《我国非政府组织的合法性建设》，《人民论坛》，2016 年第 25 期，第 82 页。

单位分布的领域依次是，“教育类 21.7 万个，社会服务类 6.2 万个，卫生类 2.7 万个，文化类 2.1 万个，体育类 1.8 万个，科技服务类 1.6 万个”。[①]面对近年来发生的自然灾害和事故，非政府组织都能够迅速反应，及时调动大量的人力、物力、财力救灾，不仅展现了其在提供公共物品方面的高效率，也展示了其在救灾物资发放、心理救助、灾后灾区的教育、卫生等多方面的积极作用。

2. 非政府组织的兴起带动了公民参与，影响公共政策的制定，维护了社会稳定与公共利益

非政府组织为公民社会的兴起与善治的实现提供了坚实的基础。泰勒认为：“就较为严格的意义来说，只有当整个社会能够通过那些不受国家支配的社团来建构自身并协调其行为时，市民社会才存在。”[②]以非政府组织为主体与核心的公民社会无疑是善治的基础。善治就是使公共利益最大化的社会管理过程。善治的本质特征，就在于它是政府与公民对公共生活的合作管理，是政治国家与公民社会的一种新颖关系，是二者的最佳状态。善治实际上是国家的权力向社会的回归，善治的过程就是一个还政于民的过程。[③]

以非政府组织为主体的公民社会把分散的公民组织起来，实现有效而又有序的政治参与，是公民参与公共政策的重要依托，对于我国的民主政治建设具有重要的积极意义。正如阿尔蒙德和维巴所说的那样，第三部门是国家与个人之间的一个载体，运用其强大的组织力量，社会个体可以更加有效地参与到政治活动当中。[④]非政府组织具有广泛的社会成员基础，它把社会成员对公共政策的期望、批评、建议等集中起来，转达给公共政策的制定者与

---

① 中华人民共和国民政部：《2018 年民政事业发展统计公报》，http://images3.mca.gov.cn/www2017/file/201908/1565920301578.pdf，2020 年 1 月 19 日。

② 邓正来、[美] 亚历山大：《国家与市民社会：一种社会理论的研究路径（增订版）》，北京：中央编译出版社，1999 年版，第 8 页。

③ 俞可平：《中国公民社会的兴起与治理的变迁》，北京：社会科学文献出版社，2002 年版，第 195 页。

④ [美] G. A. 阿尔蒙德、S. 维巴：《公民文化：五个国家的政治态度和民主制度》，马殿君译，杭州：浙江人民出版社，1989 年版，第 5 页。

决策者，然后又把公共政策的决议与调整转达给社会成员，从而使社会成员能够参与到公共政策的决策中去。非政府组织的兴起打破了以往公共政策由政府独家制定与执行的局面，对公民参与的重视更能及时地反映社会成员的利益诉求，有利于形成科学化与民主化的公共政策，在一定程度上消融了因公共政策调整引起的社会震荡与不满情绪，缓和了公共利益与私人利益的矛盾。同时，非政府组织具有专业知识，可以成为政府制定公共政策的智囊，为公共政策的制定与执行献计献策。非政府组织由于其深入民间社会的特点与其志愿性、公益性的特点，还能帮助政府部门倾听民意，及时发现和纠正公共政策的偏差与失误。

非政府组织在政府与社会成员之间搭建起一座桥梁，一方面，下情上达，为社会成员创造了组织化的利益表达渠道；另一方面，上情下达，它能较好地协调利益冲突，深入基层执行公共政策，分配公共利益。非政府组织以增加社会福利、促进社会发展为目的，植根于社会基层之中，能够深入地了解民情、民意，使政府与民众得以有效沟通，使得社会深层的矛盾得以缓和，“在社会冲突发生以后，社会组织又可以充当化解矛盾的润滑剂、稀释剂，起到减轻冲突影响的作用”①。因此，非政府组织在缓冲政府与社会成员的矛盾、协调利益冲突、维护社会稳定方面发挥着不可替代的作用。

四、培育公共精神

市场经济的发展使得人们的公共生活空间不断扩展，公共利益的问题得以彰显，公共利益的实现离不开公共生活的价值基础——公共精神作为其正常运行的精神动力，否则公共利益的实现就成为不可能，因此，公共精神是公共利益得以实现的价值基础。公共精神是人类理性的公开运用，人类“必须永远要有公开运用自己理性的自由，并且惟有它才能带来人类的启蒙”②。

① 王传宝：《试论第三部门在和谐社会构建中的作用》，《社科纵横》，2006年第1期，第15页。
② [德] 康德：《历史理性批判文集》，何兆武译，北京：商务印书馆，1990年版，第25页。

人们把这种理性以公开的方式应用于公共事务，在追求“公共善”的时候呈现出来的精神与价值取向，就是公共精神的体现。作为公共生活的价值基础，公共精神以人类理性的公开运用为研究对象，所以公共精神又称公共理性或公共理性精神。那么，什么是公共精神？公共精神是指孕育于人类公共生活之中的、以公共性作为价值皈依的、位于人类心灵深处的基本道德和政治秩序观念、态度和行为取向。它表现为社会成员对公共生活的热情融入和体验、对公共事务的积极关怀和参与、对政治社群的虔诚认同和归属、对公共善的澄明和践履。公共精神在现代社会的政治生态和道德生态中无疑具有重要的理论和现实意义，对它的研究仍然是一个“未完成”的课题。[①]“公共精神”的本质在于它的“公共性”。“公共性包含两层含义：一方面是指公共精神要建立在人们的共识基础之上。另一方面是指在公民社会中尽管承认自我的利益，但公共精神却要求每一个公民走出一己之私的藩篱，把道德关怀的目光投向社会公众，投向他人，真正做到以公民和社会为依归。”[②]

中国传统文化的显著特征就是公共精神的缺失。在我国传统宗法血缘的封建社会里，君王位于政治权力的顶端，也宣扬与强调“崇公抑私”“大公无私”，但其实质是“以我之大私为天下之大公”，民众的“私”被压制甚至于无。“普天之下，莫非王土；率土之滨，莫非王臣”，不同于西方公民社会造就的公民，我国传统社会有的只是臣民。中国传统社会“家国同构”的特点使得中国人的生活局限于家族范围内，而缺乏公共生活的经验。由此导致中国传统社会公共精神的普遍缺失。林语堂曾说，中国人“只关心自己的家庭而不关心社会”，认为“‘公共精神’是一个新名词，正如‘公民意识’、‘社会服务’等名词一样。在中国没有这类商品”。[③]这种文化实际

① 刘鑫森：《试论公共精神的哲学意蕴》，《广东工业大学学报》，2012年第2期，第70页。

② 林修果：《非政府组织管理》，武汉：武汉大学出版社，2010年版，第111页。

③ 林语堂：《中国人》，郝志东、沈益洪译，北京：学林出版社，2000年版，第177页。

上造就了中国人对公共事务的冷漠，或“缺乏公共精神”[①]。

任何价值观念都是在一定的经济基础上形成的，市场经济与公民社会的发展促生了人们的利益意识与权利观念，激发了人们的自治精神与维护自身利益的愿望。近代社会到现代社会经历了“从身份到契约”的变化，正是在公民主体意识觉醒的基础上产生了公共生活与公共领域。市场经济无限扩大了人们追求利益的意识与行为，导致了现代社会的种种利益矛盾与冲突，这就需要公共精神来调节这些冲突。公共精神要求在实现自身利益的同时，不能侵害他人的利益，只有尊重他人利益才能有效获得私人利益。公民社会的每一个个体都是平等的，任何人都没有权利去侵犯公共利益与他人的利益。只有在公共精神的规范与指导之下，实现稳定的社会生活秩序，才能实现公共利益。不仅如此，公共精神是经过长期积淀形成的，是人们认可的公共生活的行为准则与规范的内在价值精神，具有超越性，是一种价值评价尺度，国家政府与公务员必须具有这种公共精神。公共精神深深地蕴藏于现代市场经济与公民社会中，引导着公共生活，使公共利益的实现成为可能，它是平衡公共利益与私人利益的重要规导手段。

市场经济的发展从根本上撼动了传统社会的自然经济，改变了传统社会的伦理秩序，激发了人们的利益意识、权利意识与公民意识，塑造了公民的社会责任感与公共精神，也为市民社会的兴起拓展了空间。如果说，近代市民社会的特点主要表现为对市场经济中的个人独立性、自由、平等权利的争取和维护，那么它在当代的集中表现就是公民社会的自我组织、自我管理的理论与实践，注重发挥相互依赖性的公共伦理价值。当代的公民社会弥补了近代市民社会追求自身利益可能导致的社会碎片化的可能，大量的社会团体的兴起正是公共精神得以滋生的沃土。“这种社团的存在，主要有两个目的，一个是为了促进大家可共享的利益和为了纾解灾难和贫困；另一个是

① 颜运秋、石新中：《论法律中的公共利益》，《中国人民公安大学学报》，2004年第4期，第77页。

为了在共同的价值目标的引导下，在公共规则的规范下来实现成员之间的合作和互动。”①公民通过参与各种志愿性社会团体所形成的平等、互惠、责任、尊重、自律、合作、宽容等精神，正是公共精神的体现，因此，公民社会中的社团是培育公共精神的重要载体。公共精神的培育和发扬对公共利益的实现具有价值观上的指引作用，它使公民在处理个人利益和公共利益的关系时有着一个价值准则和规范，能够在合理地实现自身个人利益的条件下，同时又关心着公共利益，以追逐公共利益的实现作为其价值观上的内在精神需求。②

五、实现利益补偿

“在法治国家公民具有永久保持私人财产的权利，公权力不得借故剥夺。即使是为了公共利益的目的，也只能要求改变公民财产权的状态或表现形式，而不能消减公民财产权的数量。也就是说，政府虽然为了公共利益可以征收公民财产，但必须进行充分的补偿，使公民的量化财产权得以保持。”③在现代社会中，每一个社会成员的地位都是平等的，都应当拥有平等的基本权利，正如马克思所说的：“一切人，或至少是一个国家的一切公民，或一个社会的一切成员，都应当有平等的政治地位和社会地位。”④国家与政府有责任保证每一个公民的这种私人利益，“国家必须建立各种制度和程序，制订计划，利用一切资源来满足这些要求”，除此之外，“社会必须建立个人可诉诸的补救体系，在他们的权利受到损害时获得应有的赔偿”。⑤以城市

① 詹世友：《公义与公器：正义视域中的公共伦理学》，北京：人民出版社，2006年版，第143页。

② 胡朝阳：《公共利益研究：基于政治哲学视角的分析》，中共中央党校博士学位论文，2009年，第155页。

③ 胡鸿高：《论公共利益的法律界定》，《中国法学》，2008年第4期，第64页。

④ 马克思、恩格斯：《马克思恩格斯选集（第三卷）》，中共中央马克思恩格斯列宁斯大林著作编译局编译，北京：人民出版社，2012年版，第480页。

⑤ [美] 亨金：《权利的时代》，信春鹰、吴玉章、李林，等译，北京：知识出版社，1997年版，第3~4页。

化过程中的房屋拆迁为例，拆迁有利于拓展城市的发展空间，美化环境，实现公共利益，也有利于改善居民的住房条件，提升生活质量，促进私人利益，但是在房屋拆迁与土地征收过程中却屡屡发生公共利益与私人利益的矛盾。从实践来看，大量有关征收、征用的纠纷并非由是否需要征收而引发，而主要是由补偿的不合理、不到位所引起的。①

2004 年 3 月 14 日第十届全国人民代表大会第二次会议通过的《中华人民共和国宪法修正案》第 22 条规定："国家为了公共利益的需要，可以依照法律规定对公民的私有财产实行征收或者征用并给予补偿。"一方面，对私人利益进行公正补偿应当对征收或征用的标准做出详细的、可操作的规定。"物权法只规定对于征收、征用应当给予补偿，但却未规定给予多少补偿、如何确定补偿。依据物权法实施的征收、征用在补偿标准上却没有物权法上的依据，这是应该检讨的问题。"②另一方面，对私人利益的补偿只有坚持事先补偿才能体现公正原则。只有坚持公正的利益补偿，才能保障私人利益得到最大保障，也才能使得公共利益得以最大实现，建构公共利益与私人利益的和谐关系。

① 胡鸿高：《论公共利益的法律界定》，《中国法学》，2008 年第 4 期，第 64 页。
② 胡鸿高：《论公共利益的法律界定》，《中国法学》，2008 年第 4 期，第 64 页。

第四章

公共权力与私人权利之辨

权力与利益有着非常密切的关系。从古至今，人们对权力有着持久的迷恋与追求，但是追求权力的目的主要在于追求权力所能带来的利益。马克思说："人们奋斗所争取的一切，都同他们的利益有关。"①利益是人类社会中最普遍、最根本的问题，利益是权力的终极目标。马克思曾说："政治权力不过是用来实现经济利益的手段。"②罗素也曾说过："获得权力往往是获得荣誉的最便捷的途径。就公共事业的活动家而言，情形更是如此。"③可以说，利益是权力的主要动机与最终目的，权力是获得利益的有效手段，权力之争必然源于利益之争。

公权与私权的提法最早源于古罗马法学家乌尔比安关于公法与私法的区分。在他那里，公权指公益方面的权利，或保护公共利益方面的权力。④现

① 马克思、恩格斯：《马克思恩格斯选集（第一卷）》，中共中央马克思恩格斯列宁斯大林著作编译局编译，北京：人民出版社，1995年版，第85页。

② 马克思、恩格斯：《马克思恩格斯选集（第四卷）》，中共中央马克思恩格斯列宁斯大林著作编译局编译，北京：人民出版社，1995年版，第250页。

③ [英] 伯特兰·罗素：《权力论》，吴友兰译，北京：商务印书馆，1991年版，第3页。

④ 时运生：《论公权私用、滥用的动机和条件》，《政治与法律》，1996年第2期，第4页。

代化与市场经济的发展彻底改变了传统社会的自然经济以及在此基础之上的伦理秩序，给人们带来了全新的私人生活与公共生活空间。个人经历了从身份到契约的变化，人们的主体意识、权利意识得到前所未有的发展。特洛尔奇认为，现代世界意味着从自我归罪的未成年进入自由的成年和自我规定。所谓现代原则，在这一意义上说，意味着道德个体的个人主义和理性化自律的确立。[①]随着市场经济的发展与社会主义市民社会的兴起，人们的法治意识日益增强，越来越重视并维护自己的权利，要求重塑传统私人权利与公共权力的关系模式，这不可避免地引起了私人权利与公共权力的矛盾与冲突，如何协调这个矛盾，建构和谐的公共权力与私人权利的关系，成为我国社会的当务之急。

第一节　公共权力与私人权利的内涵

一、公共权力的内涵

公共权力属于权力范畴，因此，首先明确权力的内涵对于理解公共权力的内涵具有重要意义。权力范畴不仅是一个政治学概念、法学概念，也是一个重要的伦理学概念。西方思想家对权力有诸多的定义，但是给权力下一个能够广为接受的定义却是一件非常困难的事情。权力本身有一种难以捉摸的神秘性。我们知道它是怎么回事，可是要给它下一个定义却会遇到数不尽的困难。我们可以说明某一个人或集团比另一个人或集团更有势力，可是我们却没有办法估量权力的大小。它既像时间一样抽象，又像刑警队一样真实。[②]现代意义上的“权力”一词是由西方传入我国的，汉语“权力”一词的英文是

① 刘小枫：《现代性社会理论绪论》，上海：上海三联书店，1998 年版，第 174 页。

② [美] 赫伯特·考夫曼、维克托·琼斯：《权力的神秘性》，《公共行政评论》，1954 年第 14 期，第 205 页。

power，英文 power 一词源自法语 pouvoir，后者源自拉丁文的 potestas 或 potentia，意指“能力”，在罗马人那里，potentia 是指一个人或物影响他人或他物的能力；potestas 还有一个更为狭隘的政治含义，指人们通过协同一致的联系和行为所取得的特殊能力。[①]罗素认为：“权力可以定义为有意努力的产物。”[②]社会学家丹尼斯·朗认为，权力是某些人对他人产生预期效果的能力。[③]《布莱克维尔政治学百科全书》对权力的定义具有代表性，它认为：“权力基本上是指一个行为者或机构影响其他行为者或机构的态度和行为的能力。”[④]《中国大百科全书》则指出：“权力一般被认为是根据自己的目的去影响他人行为的能力”，“在社会生活中，凡是依靠一定的力量使他人的行为符合自己的目的的现象，都是权力现象”。[⑤]

中国学者李景鹏在其《权力政治学》中认为：“权力是一种力量，依靠这种力量可以造成某种特定的局面或结果，即是使他人的行为符合于自己的目的性。”[⑥]卢少华、徐万珉在其《权力社会学》中将权力解释为“某一主体凭借和利用某种资源能够对客体实行价值控制致使客体改变行为服从自己，以实现主体意志、目标或利益的一种社会力量和特殊的影响力”[⑦]。这些定义不管是把权力看作是潜在的，还是实际运行的能力，它们的共同之处在于都把权力看作是一种对他人的控制力与影响力，在一定程度上揭示了权力的社会性。权力是人类社会的产物，产生于人类获取利益的需要。笔者认为，权力是一定主体根据自身的利益，对他人或社会的影响力与控制力。

---

① [英] 戴维·米勒：《布莱克维尔政治学百科全书》，邓正来译，北京：中国政法大学出版社，2002 年版，第 641 页。

② 转引自张文显：《法理学论丛（第 1 卷）》，北京：法律出版社，1999 年版，第 440~441 页。

③ [美] 丹尼斯·朗：《权力论》，陆震纶、郑明哲译，北京：中国社会科学出版社，2001 年版，第 3 页。

④ [英] 戴维·米勒：《布莱克维尔政治学百科全书》，邓正来译，北京：中国政法大学出版社，1992 年版，第 595 页。

⑤ 转引自张文显：《法理学论丛（第 1 卷）》，北京：法律出版社，1999 年版，第 441 页。

⑥ 李景鹏：《权力政治学》，哈尔滨：黑龙江教育出版社，1995 年版，第 32 页。

⑦ 卢少华、徐万珉：《权力社会学》，哈尔滨：黑龙江人民出版社，1989 年版，第 20 页。

相对于一般的权力，公共权力的主要特点是公共性或社会服务性，即公共权力是适应公共社会管理的需要，为协调社会矛盾、处理公共事务、保证社会稳定运行而产生的。什么是公共权力呢？姜明安在其主编的《行政法与行政诉讼法》一书中对公权力的界定为："公权力是人类共同体（国家、社团、国际组织等）为生产、分配和提供'公共物品'（安全、秩序、公交、通讯等）而对共同体成员进行组织、指挥、管理，对共同体事务进行决策、立法和执行、实施决策、立法的权力。公权力包括国家公权力、社会公权力以及国际公权力。"[①]时运生在其《论公权私用、滥用的动机和条件》中认为："公权是指党政机关、企事业单位、群众团体中各级各类公职人员依照党纪国法规定，享有的管理与国家利益有关事务的权力。"[②]张芳在其《公权与私权的博弈：行政许可设定的法哲学思考》一文中把公权解释为："公权，指公权力，是与私权（指私权利）相对应的一个概念。公权力，即公共权力，是指直接涉及公共利益和与公共活动有关的权力，包括的范围很广泛，上至国家领导人治国的权力，下至公共机构普通职员行使的管理权。"[③]还有学者认为，"公权又称公权力，是指以维护公益为目的的公团体及其责任人在职务上的权力，也可以理解为国家权力或公共权力"[④]。不可否认，自国家产生以来，公共权力主要表现为国家的政治权力。

综上所述，公共权力，简称公权或公权力，是指以维护公共利益为目的的、以组织形式出现的机构与制度及其代表的权力。本书的公共权力仅指涉国家权力，即狭义的政治权力。

政治权力是一切权力中最重要的权力，在民族国家条件下，政治权力的主体主要包括国家、政府、政党、社会阶级、政治集团、社会集团、有组织

① 姜明安：《行政法与行政诉讼法》，北京：北京大学出版社，2007年版，第4页。

② 时运生：《论公权私用、滥用的动机和条件》，《政治与法律》，1996年第2期，第4页。

③ 张芳：《公权与私权的博弈：行政许可设定的法哲学思考》，《政法论丛》，2008年第4期，第18页。

④ 李传良：《现阶段我国公权与私权的冲突及调适》，《山东社会科学》，2009年第8期，第145页。

或无组织的群众、政治个人等，其中最主要的政治权力主体是国家。而国家往往通过政府来行使政治权力，因此，国家的政治权力也表现为政府权力。狭义的政治权力是指国家权力，包括立法权、行政权与司法权等。“国家行政权是国家权力中最直接、最广泛地与社会公共事务发生关系的一种权力形式，它渗入社会的能力最强，对社会生活的影响也最大。”①行政权属于公共权力，它不是以权力主体自身的利益为目的，而是以社会公共利益为目的。国家产生以后，政治权力便与公共权力紧密地结合起来，表现为国家权力，本书采用狭义的政治权力概念。“国家权力通常被看作是‘公共’权力，它的公共性可以归结为它的照管公众的任务，即提供所有合法公民的共同利益。”②

社会权力与国家权力的相同之处在于它们都是以公共利益为其存在基础，因而它们都具有公共权力的性质，但是二者的含义与特性还是有区别的。所谓社会权力，即“社会主体以其所拥有的社会资源对社会的支配力。社会资源包括物质资源（人、财、物、资本、信息、科技等）与精神资源（思想文化、道德习俗、社会舆论、合乎历史正义的法外权利等等），还包括各种社会群体（民族、阶级、阶层、各种利益群体等等）、社会组织（政党、工会、妇女会、青年会、企业事业组织、各种行业协会等等）、社会势力（宗教、宗族、帮会……）对社会的影响力。这些社会资源可以形成某种统治社会、支配社会进而左右国家权力的巨大力量”③。社会权力是社会中非国家、非政府的那一部分，是来自社会的组织与力量，包括相对于国家而存在的市民社会或公民社会的各种主体，包括社会自治组织、非政府组织、大众传媒等社会组织与力量。社会权力作为一种公共权力，具有与国家权力不同的特点：第一，社会权力的局部性。与具有整体性的国家权力不同，社会权力具有局部性。社会权力是来自社会的

---

① 吴育珊：《权力之制约及转移》，《广东行政学院学报》，1999年第2期，第32页。

② 汪晖、陈燕谷：《文化与公共性》，北京：生活·读书·新知三联书店，1998年版，第125页。

③ 郭道晖：《论国家权力与社会权力》，《法制与社会发展》，1995年第2期，第22~23页。

组织与力量，例如，企业性、事业性的社会团体、非政府组织的权力就是社会权力，但是这种权力的约束力有限，它只对本组织内部的成员发挥作用，对组织之外的人员没有约束力。而国家权力则不同，国家权力是国家以整体之名行使的权力，对全体社会成员都起约束作用。第二，社会权力的非暴力性。与具有暴力性的国家权力不同，社会权力具有非暴力性。哈贝马斯认为，市民社会是公民可以自主地参与社会公共事务的地方。拥有独立人格与主权意识的公民可以积极参与社会公共事务，影响国家权力，因为"'市民社会'的核心机制是由非国家和非经济组织在自愿基础上组成的"①。有独立人格与主权意识的公民对公民社会的自愿参与是公民社会存在和发展的内生逻辑。因此，社会权力虽然具有强制性，但它是基于参加者的自愿形成的。而国家权力则不同，"国家正是这种从人类社会中分化出来的管理机构。当专门从事管理并因此而需要一个强迫他人意志服从暴力的特殊强制机构（监狱、特殊队伍即军队，等等）的特殊集团出现时，国家也就出现了"②。在民族国家条件下与公共权力体系内，国家权力是最高的公共权力，社会权力是一种在国家权力或政府权力指导下的社会自我管理，社会权力的运行（包括社会自治组织、非政府组织与大众传媒）都不能与体现国家权力的宪法和法律相违背。国家权力与社会权力是对立的统一，二者相辅相成，互相监督。人类社会先于国家形成，但是在国家产生以后，国家成为凌驾于社会之上的统治力量。根据马克思主义的国家观，虽然从总体趋势上国家仍然是以社会为基础的，但是"国家掌握着强大的国家机器，国家权力的强制力远胜于公民权利对国家的约束力，也胜过社会权力的支配力"③。由于社会权力的局部性与非暴力性，以及与本书叙述主题较远，因此，本书指称的公共权力，仅指国家权力。公共权力具有如下特点。

---

① [德] 哈贝马斯：《公共领域的结构转型》，曹卫东、王晓珏、刘北城，等译，上海：学林出版社，1999 年版，第 29 页。

② 列宁：《列宁选集（第四卷）》，中共中央马克思恩格斯列宁斯大林著作编译局编译，北京：人民出版社，2012 年版，第 28 页。

③ 郭道晖：《论国家权力与社会权力》，《法制与社会发展》，1995 年第 2 期，第 23 页。

（1）公共权力的公共性。公共权力的公共性表现在两个方面："其一，权力是公众赋予的；其二，权力是为公众服务的。"①公共权力产生于人类共同生活的需要，是共同体全体成员的共同权力，以维护社会公共利益为目的，处理人们共同生活中的争端与矛盾，防止发生社会碎片化的可能。公共权力不是天然的，也不是神授的，而是来源于公众权利的授让，因此公共权力应当体现公共意志。公共权力能够调动各种资源为公众谋利益，成为推动社会发展的积极力量。人们对公共权力的需要，深深植根于人类的本性之中，并源于人们对公共的社会秩序与社会生活的需要。没有基本的公共秩序，人类公共生活就无法维系。"首要的问题不是自由，而是建立一个合法的公共秩序。人当然可以有秩序而无自由，但不能有自由而无秩序。"②从其来源与作用上看，公共权力保障了社会公共利益和公共秩序的实现，是公共意志的集中体现。卢梭认为，"社会公约赋予政治体以支配它的各个成员的绝对权力，当这个权力受公意所指导时，它就获得了主权这个名称"③。

（2）公共权力的强制性。公共权力作为一种权力，必然具有权力的一般特点，公共权力的强制性是伴随着权力的强制性而来的，在国家权力中表现得尤为突出。"马克思主义国家学说告诉人们：国家权力是经济基础最重要的上层建筑，是统治阶级凭借国家机关实行阶级统治、维护其根本利益、巩固其政权统治活动的核心。它对社会的全面运行具有支配、影响、决策的作用和统治、压迫、管理国家的力量"，它具有强制性的特点，"国家权力的运行，一切国家活动，都有强制力作后盾的"，"在国家权力覆盖范围内，全社会必须服从国家权力通过的法律、法规、命令及一切行政措施的约束"。④国家权力的本质是一种价值控制与资源控制，它凭借其对资源的控制，迫使社

① 万俊人：《现代公共管理伦理导论》，北京：人民出版社，2005 年版，第 289 页。

② [美] 塞缪尔·P. 亨廷顿：《变化社会中的政治秩序》，王冠华、刘为，等译，上海：上海人民出版社，2008 年版，第 6 页。

③ 俞可平：《西方政治学名著提要》，南昌：江西人民出版社，2000 年版，第 152 页。

④ 傅兆龙：《国家权力制约论》，南京：南京出版社，1991 年版，第 1~2 页。

会的公民、法人与其他组织服从其意志、目标与利益。

（3）公共权力的合法性。最通俗地讲，合法性是对被统治者与统治者关系的评价。它是政治权力和其遵从者证明自身合法性的过程。它是对统治权力的认可。被统治者的首肯是合法性的第一个需求。合法性的第二个需求涉及社会价值观念和社会认同。合法性的第三个需求，与法律的性质和作用相关联。[①]公共权力虽然是以强制力为后盾的，但是“强力并不构成权利，而人们只是对合法的权力才有服从的义务”[②]，合法性正是为了解决政治权力及其服从性的问题。公共权力合法性的来源和基础是公民权利，人们让渡自己的部分权利，委托公共权力建立一种社会秩序，并通过这种社会秩序来保障人们最基本的生命、财产与自由不受侵犯，这就是公共权力的合法性。“法律对于合法性重要作用的理解要靠澄清价值观与法律之间的关系来实现”，“价值观为法律的理论和实践提供了基础、目标和方向”，“法律相对于价值观有三个主要作用：制定为法，保护和升华”。[③]为了使共同体的成员能够认同统治者的政治地位，就需要政治权力明确地表现出它所具有的公共福祉的指向。统治者不能将自己局限于只为自己而存在，即为了私利而存在。政治权力除非是想抛弃自己的任何信誉，否则，它就必须通过为共同体服务而使自己的合法性得以证明。[④]同时，公共权力也要按照法律规定的方向、范围、强度发挥作用，离开法律规定的内容，公共权力就会失去其合法性。罗尔斯说：“即使一个组织良好的社会中，为了社会合作的稳定性，政府的强制权力在某种程度上也是必需的。”[⑤]只是一切超出保卫人身安全和健康、保护人身自由和私有财产、抵御任何暴力侵犯和侵略这些职能范围的政府行

---

① [法] 夸克：《合法性与政治》，佟心平、王远飞译，北京：中央编译出版社，2008年版，第1~2页。

② [法] 卢梭：《社会契约论》，何兆武译，北京：商务印书馆，2003年版，第9~10页。

③ [法] 夸克：《合法性与政治》，佟心平、王远飞译，北京：中央编译出版社，2008年版，第2~3页。

④ [法] 夸克：《合法性与政治》，佟心平、王远飞译，北京：中央编译出版社，2008年版，第40页。

⑤ [美] 约翰·罗尔斯：《正义论》，何怀宏，何包钢，廖申白译，北京：中国社会科学出版社，1988年版，第230页。

为都是“罪恶”。不履行自己的职责，而去侵犯生命、健康，侵犯自由和私有财产的政府，必然是一个很坏的政府。要确保民主与法治得到稳健而有序的推进，就必须确立公权力的合法权威。[①]

（4）公共权力的扩张性。“一切有权力的人都容易滥用权力，这是万古不易的一条经验。有权力的人们使用权力一直到遇有界限的地方才休止。”[②]公共权力属于权力，公共权力的扩张性使得它常常表现出摆脱约束与限制的倾向，导致公共权力的滥用。与权威地位相联系的声望越大，通常得到的物质报酬越高，从而加强了权力溢出特定领域界限的倾向。[③]此外，在权力可以通行无阻的社会制度中，发展趋势往往是社会上的权势者压迫或剥削弱者。[④]公共利益与私人利益、公共权力与私人权利边界的模糊性为公共权力扩张提供了便利的条件，尤其是在法制不完备、守法意识不强的国家中表现得更为突出。公共权力的扩张性使得越权、侵权现象被称为社会中难以避免的现象，鉴于此，为公共权力设定必要的边界、限制公共权力的无限扩张就显得尤为重要。

（5）公共权力的工具性。霍布斯曾指出，权力是“一个人为取得未来具体利益的现有手段”[⑤]。公共权力的目的可以是公共利益，也可以被利用成为权力主体谋取特定利益的工具。因此，国家权力具有工具性，就“单个的官僚来说，国家的目的变成了他的个人目的，变成了他升官发财、飞黄腾达的手段”[①]。

---

① 严明、马长山：《多远权利基础、公权力权威与良法之治》，《求是学刊》，2002 年第 1 期，第 73 页。

② [法] 孟德斯鸠：《论法的精神（上册）》，张雁深译，北京：商务印书馆，1959 年版，第 184 页。

③ [美] 丹尼斯·朗：《权力论》，陆震纶、郑明哲译，北京：中国社会科学出版社，2001 年版，第 292-293 页。

④ [美] 博登海默：《法理学：法律哲学与法律方法》，邓正来译，北京：中国政法大学出版社，2004 年版，第 374 页。

⑤ [英] 霍布斯：《利维坦》，黎思复、黎廷弼译，北京：商务印书馆，1985 年版，第 92 页。

① 马克思、恩格斯：《马克思恩格斯全集（第 1 卷）》，中共中央马克思恩格斯列宁斯大林著作编译局编译，北京：人民出版社，1956 年版，第 302 页。

此外，公共权力还有腐蚀性、潜在性、非对等性、交换性、目的性等特点。

二、私人权利的内涵

权利是颇具争议性的概念。弗雷泽在其《权利》一书中论及权利的概念时说："在政治理论里，权利已经成了一个最受人尊敬而又确实模糊不清的概念，想在原理上阐发权利概念所代表的观念，与阐发诸如平等、民主乃至自由之类的观念，几无二致。"[①]权利观念起源于近代，是近代以来法哲学研究的核心范畴之一。托克维尔说："除了一般道德观念之外，我不知道再有什么观念可与权利观念相媲美的了，或者毋宁说两者是浑然一体的。权利观念无非是道德观念在政界的应用。"[②]大致来说，权利观念经历了自然权利、道德权利和法律权利三个基本阶段。在西方伦理思想史上，格劳秀斯把权利视为"道德资格"，霍布斯、斯宾诺莎、洛克等则将权利视为自由，康德与黑格尔则偏重于用"意志"来解释权利。"耶林通过使人们注意权利背后的利益，而改变了整个的权利理论。他说权利就是由受到法律保护的一种利益。所有的利益并不都是权利。只有为法律所承认和保障的利益才是权利。"[③]庞德对权利的概念进行了归纳，他认为人们通常在六种意义上使用权利概念：第一，权利指利益，这种含义是在自然权利的意义上使用的，是指基于伦理的理由应当加以承认或保障的东西，它也可以解释为被承认的、被划定界限的和被保障的利益。第二，权利指法律上得到承认和被划定界限的利益，加上用来保障它的法律工具，这可以被称为广义的法律权利。第三，权利指一种通过政治组织社会的强力，来强制另一个人或所有其他人去从事某一行为或不从事某一行为的能力。第四，权利指一种设立、改变或剥夺各

---

① 夏勇：《人权概念起源：权利的历史哲学》，北京：中国政法大学出版社，1992年版，第38页。

② [法] 托克维尔：《论美国的民主（上卷）》，董国良译，北京：商务印书馆，1988年版，第271~272页。

③ [美] 庞德：《通过法律的社会控制法律的任务》，沈宗灵译，北京：商务印书馆，1984年版，第46页。

种狭义法律权利从而设立或改变各种义务的能力。我们最好称之为法律权力。第五，权利指某些可以说是法律上不过问的情况。第六，权利还被用在纯伦理意义上来指什么是正义的。权利还表现为一种尚未实现的利益状态，因而“道义上的要求或道德上的请求也是权利的基础之一，它们往往以‘应有权利’的形式存在和出现，其进一步发展就会成为‘现有权利’或‘法定权利’”①。中国法哲学领域在20世纪80年代末进行辩论后，基本上形成了利益论、资格论、要求论（主张论）和选择论（意志论、自由论）等四种权利观。②其中，利益论权利观是最广为接受的共识。权利以利益为根本目的，权利的实现是为了满足利益需求。“不论权利客体是什么，对权利人来说，它总是一种利益。离开利益，权利就空无所有了。”③因此，权利是指在社会关系中产生的、以一定的社会承认为前提的、由一定主体享有的权能与利益。权利通常包含权能和利益两个方面，权能是指权利能够得以实现的可能性，即可以实现但尚未实现的利益，而利益则是权能实现的结果，即现实的利益。

公权与私权的划分“源自于一个国家或社会共同体内部私人利益与公共利益之间的关系”④。与公共权力相对，私人权利也称私权利、私权，是指作为社会主体的个体在社会生活中所享有的政治、经济、文化、人生等各方面的权利。私权不仅仅是满足个人利益的个人权利，它“是公民、企业以及社会组织甚至国家，在自主、平等的社会生活、经济生活中所拥有的财产权和人身权。不仅公民的权利是私权，企业的权利也是私权，一些社会组织，如团体、协会也有私权，当国家不以公权身份出现来参加民事活动时也拥有的是私权”①。私权不仅包括法定权利，还包括尚未上升为法律的权利。因此，不能把私权完全等同于法律意义上的公民权利。此外，私权并不等于私

① 张文显：《法理学论丛（第1卷）》，北京：法律出版社，1999年版，第429页。
② 高鹏程：《政治利益分析》，北京：社会科学文献出版社，2009年版，第226页。
③ 夏勇：《人权概念起源：权利的历史哲学》，北京：中国政法大学出版社，1992年版，第49页。
④ 甄自恒：《从公权社会到私权社会》，北京：人民日报出版社，2004年版，第2页。
① 金国中：《走向公权与私权的平衡》，《经济参考报》，2004年1月9日。

人财产权，私人财产权只是私权中的一种，私权的外延比财产权宽。具体而言，私权包括：公民财产权（物权、债权、继承权、知识产权中的物质收益权），公民的人身权（人格权、身份权等），企业的财产权和商誉权等，社会组织的财产权等，国家的国企财产权、国家债权等。所有这些私权各自都是自主的、独立的，相互平等地交往，它们共同构成了一个私权社会（市场经济是私权社会中的一个组成部分）。①私权具有如下特点。

（1）私权的任意性。私权的任意性是相对于公权的法定性来说的，“个人权利是个人手中的政治护身符。当由于某种原因，一个集体目标不足以证明可以否认个人希望什么，享有什么和做什么时，不足以证明可以强加于个人某些损失或损害时，个人便享有权利”②。因此，在法治国家从一定程度上可以说，公权源自法律的授权，私权却不一样。尽管有很多私权是通过法律的形式加以明确的，但有些私权并非来自法律的授权，如自然权利。私权的任意性还表现在可以按照自己的意愿对自己的权利进行任意处理。

（2）私权的利己性。私权的本质是为了谋取利益，私权就是个体享有的各方面的利益。私权得以成立，是为了利益。在权利的构成中，利益是第一个要素。卢梭曾说：“要寻找一种结合的形式，使它能以全部共同的力量来卫护和保障每个结合者的人身和财富，并且由于这一结合而使得每一个与全体相联合的个人又只不过是在服从其本人，并且仍然像以往一样地自由。”③权利的利己性表现为权利人总是为了实现自身利益的最大化而不懈努力。

（3）私权的平等性。平等是现代社会一项非常重要的基本价值取向。所谓平等，主要是指这样一种普遍的期待和取向：社会成员应当拥有相同的基

---

① 金国中：《走向公权与私权的平衡》，《经济参考报》，2004年1月9日。

② [美] 德沃金：《认真对待权利》，信春鹰、吴玉章译，北京：中国大百科全书出版社，1998年版，第6页。

③ [法] 卢梭：《社会契约论》，何兆武译，北京：商务印书馆，2003年版，第19页。

本权利，社会成员的基本尊严应当得到一视同仁的保护，社会成员在融入社会生活以及寻求自身发展时应当得到无差别的基本平台。[①]正如恩格斯所说的："社会的经济进步一旦把摆脱封建桎梏和通过消除封建不平等来确立权利平等的要求提上日程……这种要求就很自然地获得了普遍的、超出个别国家范围的性质，而自由和平等也很自然地被宣布为人权。"[②]私权的平等不仅表现为权力主体的地位平等，还表现为权利的内容应当一致；不仅表现为法律面前人人平等，还表现在相同的人，就应当享有平等的、与生俱来的权利。"每个人应当享有同其他人同样的权利"，"一句话，凡属法律准许人们在日常生活中自由做的事，也请允许每个教会在神圣礼拜时享有这种自由。请保证任何人不至因为这些原因而蒙受生命、人身、房屋和财产上的任何形式的损害"。[③]

（4）私权的脆弱性。市民社会是以私权利为中心而构筑的一个制度体系，私权利在整个权利体系中具有基础和核心地位。但是，私权利又是非常脆弱的，它无法利用自身的能力实现权利的自我保护，必须借助于公权力的保护，因为不受保护的权利等于没有权利。[④]私权虽然是公权的本源，但是个体面对的是强大的以国家机器为后盾的公权，因而显得软弱无力。它既无力也无法有效地保护自己，因而最容易受到公权的侵害。它既需要国家权力的保护，又害怕国家权力的侵害，国家权力既是私人权利的保护者，又是私人权利最大、最危险的侵害者。"国家权力的扩张总是依靠侵蚀个人权利而实现的"，"在国家权力的侵害面前，个人无能为力，权力也无以自保，社会正义和人

① 吴忠民：《社会公正论（下卷）》，济南：山东人民出版社，2012年版，第348页。

② 马克思、恩格斯：《马克思恩格斯选集（第三卷）》，中共中央马克思恩格斯列宁斯大林著作编译局编译，北京：人民出版社，1995年版，第447页。

③ [英] 洛克：《论宗教宽容》，吴云贵译，北京：商务印书馆，1982年版，第45页。

④ 赵万一、叶艳：《从公权与私权关系的角度解读国家征收征用制度》，《华东政法学院学报》，2007年第2期，第20页。

类理性统统都失去了它昔日的灵光和作用”。[①]

三、限制公权，保护私权与个人的尊严

现代社会是法治社会，国家权力来自人民的授予，其目的是保障私人权利，公权是实现私权的手段。“任何称为民主的国家都承认，国家权力来自该社会成员，即是由人民赋予的。人民把权力赋予国家的最基本方式是，人民通过选出的代表机关进行立法，用法律确定国家机关的职权，使国家权力取得合法性。”[②]公共权力是社会存在与发展之必需，但是公共权力的强制性、扩张性等劣根性使得权力一旦失去约束，就会变得肆意而专横，成为奴役人民的工具。“权力既可按其本质规定发生作用；又可违背其本质规定，产生越轨乃至否定自身。”[③]“现代世界的法则，即权力趋于无限扩张，并超越任何国际和国内的约束现象，直到遇上更神圣的原则，更强大的力量的阻挠，才会停止下来。”[④]公共权力的强制性与扩张性使得失去监督与约束的公共权力产生腐蚀性，“权力导致腐败，绝对权力导致绝对腐败”[⑤]。为了减少乃至杜绝公共权力的负面效应，防止权力的滥用与腐败，限制公共权力、界定公共权力的边界，就成为现代法治的重要任务。

现代社会是一个法治社会，也是一个以权利为本位的社会，保护私人权利是现代法治的主旨，这也是现代社会与传统社会最大的区别所在。私权是公权的本源，无权利则无权力。公共权力的存在就是为了保护私人的生命、

---

① 刘军宁、王焱、贺卫方：《市场逻辑与国家观念》，北京：生活·读书·新知三联书店，1995 年版，第 5 页。

② 蔡定剑：《论道宪法》，南京：译林出版社，2011 年版，第 159 页。

③ 刘清华：《论权力的两重性》，《徐州师范学院学报（哲学社会科学版）》，1995 年第 2 期，第 102 页。

④ [英] 约翰·埃默里克·爱德华·达尔伯格-阿克顿：《自由与权力》，侯健、范亚峰译，北京：商务印书馆，2001 年版，第 344 页。

⑤ [英] 约翰·埃默里克·爱德华·达尔伯格-阿克顿：《自由与权力》，侯健、范亚峰译，北京：商务印书馆，2001 年版，第 342 页。

财产与自由不受侵害，因此“人们联合成为国家和置身于政府之下的重大的和主要的目的，是保护他们的财产”①。社会或由他们组成的立法机关的权力绝不容许扩张到超出公众福利的需要之外，而是必须保障每个人的财产。②社会是由个人组成的，保障个人的生命与财产安全对于社会秩序的稳定具有重要意义。个人的权利得到充分的尊重与保护，社会才会稳定，私权得到充分的尊重和保护，才能实现社会最大的安定与和谐。正如麦迪逊所说的：“当一个人被说成有权占有财产时，他可能同样可被说成他的各种权利即他的财产。政府的组成是为了保护任何财产，以及那些见于种种个人权利之中的事物的……这就是政府的目的，只有如此才是一个公正的政府，一个公正地保护每个人财产的政府。”③

“政治社会的建立并不是为了别的目的，而仅仅是为了保障每个人今生财产的所有权。对每个人的灵魂和天国里的事情的管理既不属于国家，也不能屈从于它，而只能完全由每个人自己去管。因此，国家的职责在于保卫每个人的生命和属于今生财产的安全；而官长的职责则是维护这些财产归于其合法的主人。”④私权是公权的边界，每个人都有一个属于自身的、免于公权干预的私人领域，它关乎每个人的尊严和价值，含有不可侵犯、不可凌辱的意义。《世界人权宣言》第一条规定：“人人生而自由，在尊严和权利上一律平等。”人的尊严建立在人的权利的基础之上，“人的尊严是一种标志着现代化特征的价值立场的表达。这种价值立场来自于所有的人的普遍权利”①，“人的尊严是一项权利，即不被侮辱”②。人类的个体在社会中具有

① [英] 洛克：《政府论》，叶启芳、瞿菊农译，北京：商务印书馆，1964 年版，第 77 页。

② [英] 洛克：《政府论》，叶启芳、瞿菊农译，北京：商务印书馆，1964 年版，第 80 页。

③ [美] 莫蒂默·艾德勒、查尔斯·范多伦：《西方思想宝库》，《西方思想宝库》编委会译编，长春：吉林人民出版社，1988 年版，第 758 页。

④ [英] 洛克：《论宗教宽容》，吴云贵译，北京：商务印书馆，1964 年版，第 59 页。

① 甘绍平：《作为一项权利的人的尊严》，《哲学研究》，2008 年第 6 期，第 92 页。

② 甘绍平：《作为一项权利的人的尊严》，《哲学研究》，2008 年第 6 期，第 85 页。

最高的价值，尊严所表征的首先是人区别于动物的规定性，每个人作为人类的一员都具有一种独立而不可侵犯的地位与价值，而不论其地位、天赋与财富等方面的差别。“没有权利就没有尊严”，“权利没有被落实，尊严就被悬空；权利被侵犯，等于尊严被践踏；权利失去了强有力的保障，等于尊严被拔光了衣服，任由强者凌辱”。[①]贡斯当认为对财产权的忽视实质上体现的是对人的蔑视，不将人看成独立、自主和拥有不可侵犯的权利的人，只是把其看成专制权力的臣属，因为“针对财产的专横权力，很快就会产生针对人的专横权力”。[②]

第二节 公共权力与私人权利关系的现状及其原因

在我国传统伦理思想中，基本上不存在保护私人权利的问题。“在儒家文化所追求的中国社会格局中，人格是道德成长和个性发展的问题，培养美德重于追逐物质利益，责任优先于权利，个人应该服从一个较大的社会群体和它的权威、要求和目标。”[③]随着现代化与市场经济的发展，无视私人利益、羞于谈私人权利的现象被逐渐改变。私权的兴起激发了人们的权利意识，人们逐渐意识到作为社会个体具有独立的人格与利益。各种法人、社会团体大量产生，市民社会逐渐兴起，这无疑加剧了当代中国公共权力与私人权利的矛盾和冲突。

---

① 文学平：《论尊严的内涵及其类型》，《华中科技大学学报（社会科学版）》，2012 年第 4 期，第 25 页。

② 李宏图：《从“权力”走向“权利”：西欧近代自由主义思潮研究》，上海：上海人民出版社，2007 年版，第 143 页。

③ 陈弘毅：《权利的兴起：对几种文明的比较研究》，载夏勇：《公法（第 1 卷）》，北京：法律出版社，1999 年版，第 191 页。

一、公共权力与私人权利关系现状

在中国传统的封建宗法等级社会中，“普天之下，莫非王土；率土之滨，莫非王臣”[①]，我国从进入阶级社会开始就形成了王权至上的专制社会。王权是神权、族权、军权、经济权、司法权的综合体现，是国家的最高权力，王只服从天而不受任何约束。[②]在专制盛行的传统中国社会里，儒家伦理是占统治地位的思想，强调以道德教化为主、法律强制为辅，主张“礼治”“德治”“人治”，轻视法律的作用。同时，儒家“德主刑辅”的思想形成了“重义轻利”“崇公抑私”的伦理文化，追求私人利益、私权被伦理道德否定，甚至认为诉讼是社会道德败坏的表现。长期的道德教化使得百姓的私权意识与观念普遍淡薄，人们不愿也不敢用法律来维护自己的权利，难以形成与国家权力相对抗的私权利，君权没有约束从而使国家走向集权与专制。

“在中国历史上，国家—社会模式一直是强国家—弱社会形态。在中国传统权力体系中不存在社会独立于国家之外，并获得不受国家干预的自主权利的观念和理论。”[③]中国传统社会是一个农业社会，重农抑商的政策也抑制了人们的自由、权利与平等观念，难以形成强有力的市民社会。国家作为“总合的统一体”以及专制君主作为“共同体之父”，使国家兼并、同化（不是“复合”）了市民社会而实现了“实体统一”和“同一”。[④]在“家国同构”的传统社会，家是缩小的国，国是放大的家，以私人权利为核心的市民社会始终无法得到有效发展，私人权利长期被国家权力、君王权力压制，甚至于无。君王占有整个社会的财富，包括民众的生命，民众缺乏权利及其意识，逆来顺受，这严重阻碍了中国社会的现代化进程。

人们的利益和逐利行为在市场经济中获得了道德上的合理性，权利就是

---

① 《诗经·小雅》。

② 韩冰：《中国法律文化的传统与现代化建构（上）》，《前沿》，2005年第2期，第127页。

③ 陶鹤山：《市民群体和制度创新》，南京：南京大学出版社，2001年版，第12页。

④ 马长山：《国家、市民社会与法治》，北京：商务印书馆，2002年版，第120页。

被法律承认并通过一套机制和程序受到保护的一种利益。当前的中国正处于改革的深水区，一方面，公共权力可以最大限度地调动资源去解决社会发展中面临的紧迫问题和关键问题，这是我们的优势；另一方面，某些不受法律规约的公共权力不合理地扩大其运用范围，某些领导干部打着谋取公共利益的幌子追逐私利，背离了其保护与协调私人权利的初衷。私人权利的兴起与公共权力发生了矛盾，当前我国公共权力与私人权利的矛盾主要表现在以下方面。

（一）公共权力侵害私人权利

1. 公权滥用，侵害私权

公共权力的产生是由于公共生活的需要，公共权力的目标是实现与维护社会的公共利益，保障社会基本秩序的稳定。但是，在实际的权力运作过程中，公共权力的行使者有时由于操作不当，会侵害私人权利。公权滥用是指公共权力掌握者在权力行使过程中，超越权力界限造成他人或国家、社会的利益受到损害，以满足自身越权目的的行为，其突出表现为对私人权利和公共权力的侵害。在现实生活中，公权滥用表现为权力行使的范围过大、权力行使的手段不当、权力行使的力度不够等。

（1）权力行使的范围过大，侵害私权。公共权力必须在一定的组织中，按照法律规定的方向、范围、强度发挥作用，超出法律规定的方向、范围、强度，就是越权，就是滥用公权。任何权力都有其边界，公共权力的掌握者必须在其范围内行使，而许多公共权力的掌握者由于私欲膨胀，有意超过权力行使的界限，背离了公共权力行使的公共利益目标，侵害了私人权利。公共权力的扩张性产生了一系列公权滥用的问题，致使公民的私人权利受到侵害，“国家权力的扩张总是依靠侵蚀个人权利而实现的”①。国家权力的越

① 刘军宁、王炎、贺卫方：《市场逻辑与国家观念》，北京：生活·读书·新知三联书店，1995 年版，第 5 页。

界使用使得公权饱受非议，私人权利被侵害的事件屡屡见诸报端。

（2）权力行使的手段不当，侵害私权。公共权力的行使必须在法定的范围内，而且通过法定的程序行使。“如果权力掌控者故意违反法律规定程序行使权力，或是由于对权力行使的错误认识而不能正确行使权力”，就会“造成公共权力的滥用”。①公共权力行使的手段不当，容易造成对公民人身与财产的侵犯。当前我国正处于改革的关键时期，“中国特色社会主义进入新时代，我国社会主要矛盾已经转化为人民日益增长的美好生活需要和不平衡不充分的发展之间的矛盾”②。地方政府及其职能部门过分注重其利益，会利用其所掌握的政策与资源优势，“千方百计地为部门争权力、争利益，借法律来巩固部门利益，获取法律执行权，进而获得相应的机构设置人事权和财权”③。部门利益的盲目扩张如果忘却了“权为民所用、情为民所系、利为民所谋”④，那么权力的使用就会偏离为人民服务的大方向，出现目的与手段的背离。

（3）权力行使的力度不够，侵害私权。国家的治理要靠人去落实，而治理国家的人，就是官员，官员是公共权力的掌握者。“权力行为的目的不在于权力主体的利益，而在于公共利益，弃权必使公共利益受损，有违设置权力的初衷，所以权力不可放弃。”⑤然而有的官员对人民的利益置若罔闻，对待自己的工作敷衍了事，人浮于事，消极怠慢，玩忽职守，官僚主义，出现权力滥用现象。一些政府部门怕出事，干脆就不做事，对涉及自身利益的事项，采取消极怠工的方式，部分官员官僚习气严重。正如列宁教导的那样，“共产党员成了官僚主义者。如果有什么东西会把我们毁掉的话，那就是这

① 韩升：《公共权力及其异化治理的伦理选择》，《甘肃理论学刊》，2005年第6期，第17页。

② 中共中央宣传部：《习近平新时代中国特色社会主义思想学习纲要》，北京：学习出版社，人民出版社，2019年版，第17页。

③ 林喆：《权力腐败与权力制约》，济南：山东人民出版社，2009年版，第180页。

④ 胡锦涛：《胡锦涛文选（第二卷）》，北京：人民出版社，2016年版，第106页。

⑤ 周永坤：《法理学》，北京：法律出版社，2002年版，第243页。

个”[1]。其表现方式为“不理不睬或敷衍塞责的怠工现象”[2]，他们甚至放弃权力的行使，这种对民众利益的漠视其实也是在变相侵害私人权利。

2. 公权腐败，侵害私权

所谓腐败，就是国家公职人员利用手中的权力非法获得私人利益的行为。简明地说，就是公共权力的私有化。[3]腐败有三个要素：其一，其主体是掌握公共权力的国家公职人员。其二，其实质是掌握公共权力的国家公职人员，运用权力谋取私利。此私利不仅是一已之私，亦可能是一团体之私，此利既可以是物质的，亦可以是精神的。其三，掌握权力的国家公职人员非法用权，且这种非法用权往往是在合法的幌子下进行。[4]腐败的实质是以权谋私，是权力与金钱的交换，“一方用政治权力去换取金钱，另一方则用金钱去换取政治权力”[5]。“2018 年，全国纪检监察机关共接受信访举报 344 万件次，立案 63.8 万件，处分 62.1 万人，包括省部级及以上干部 51 人。”[6]习近平同志也指出，“党的十八大之后查处的领导干部，很多在享乐主义和奢靡之风上没有收手，贪图享受，大吃大喝，花天酒地，骄奢淫逸，依然我行我素”，“种种现实表明，全面从严治党任务依然艰巨，必须持续保持高压态势”。[7]

（1）经济腐败。权力寻租是经济腐败的一种主要表现形式，它是指国家公职人员通过公共权力影响社会资源的供给与分配，以非法手段获取经济租

---

① 列宁：《列宁全集（第 35 卷）》，中共中央马克思恩格斯列宁斯大林著作编译局编译，北京：人民出版社，1959 年版，第 552 页。

② 毛泽东：《毛泽东选集（第一卷）》，北京：人民出版社，1991 年版，第 124 页。

③ 万俊人：《现代公共管理伦理导论》，北京：人民出版社，2005 年版，第 314 页。

④ 高兆明、李萍：《现代化进程中的伦理秩序研究》，北京：人民出版社，2007 年版，第 237 页。

⑤ [美] 塞缪尔 · P. 亨廷顿：《变化社会中的政治秩序》，王冠华、刘为，等译，上海：上海人民出版社，2008 年版，第 47 页。

⑥ 中国新闻网：《2018 年全国纪检监察机关处分 51 名省部级及以上干部》，http://www.chinanews.com/gn/2019/01-09/8723989.shtml，2019 年 1 月 9 日。

⑦ 习近平：《习近平谈治国理政（第二卷）》，北京：外文出版社，2017 年版，第 162~163 页。

金的腐败行为。正如美国学者 A. 克鲁格所说的："政府限制经济活动的情况在许多市场导向的经济中都可以频频见到。这些限制带来了租金，同时也促使人们去争夺租金。有的时候争夺租金的活动采取完全合法的形式。但在其他一些情况下，对租金的追求采取了别的方式，例如：行贿、贪污、走私和黑市交易等等。"①在我国改革开放的过程中，部分公共权力的掌握者在决策与制度设计中为了个人利益或部门利益，在社会资源分配中侵吞社会财富，侵犯私人权利。从 20 世纪 90 年代开始，我国在物资、证券交易、土地交易、外贸等行业实行双轨制，一些权力掌握者利用计划物资、出口配额、进出口许可证、原始股等机会牟取暴利，侵吞社会的巨额财富，造成了社会腐败与两极分化的现象，极大地损害了私人权益。

（2）政治腐败。英国学者保罗・海伍德认为，政治腐败是"政治家和官员利用他们享有的接近资源的特权来为他自己或他人谋取福利"②。俞可平认为，政治腐败就是政治公务人员以其职务之便获取私人利益，以致国家的政治生活发生病态的变化。③政治腐败的明显特点是以权谋权，就是利用公共权力来维护或扩大私人权力。政治腐败就是国家公职人员以非法的方式凭借公共权力谋取私人利益的腐败形式。美国哲学家亨廷顿认为，"在所有的国家都存在着腐化"，"某个国家处于变革时期的腐化现象比该国在其他时期的腐化现象更为普遍。大致看来，有理由认为，腐化程度与社会和经济迅速现代化有关"。④当前经济体制的深刻变革带来了利益格局和人们思想观念的深刻变化，权力腐败也呈现出新的形势，归结起来主要有以下几种表现：首先，高级领导层无视公众利益，为本家族谋利益，营造关系网、人情网以

① [美] A. 克鲁格：《寻租社会的政治经济学》，刘丽明译，《经济社会体制比较》，1988 年第 4 期，第 8 页。

② [英] 保罗・海伍德：《政治腐败：问题与透视》，《马克思主义与现实》，1998 年第 6 期，第 28 页。

③ 俞可平：《政治腐败概念探微》，《社会科学》，1991 年第 2 期，第 35 页。

④ [美] 塞缪尔・P. 亨廷顿：《变化社会中的政治秩序》，王冠华、刘为，等译，上海：上海人民出版社，2008 年版，第 45 页。

对抗法制之网；其次，军队以反腐败为名，操纵国家政权，并干预工业化进程，是政府腐败的一种特殊表现方式；再次，公共权力行使过程中的渎职与残暴；最后，为达到个人目的，在政治手段上凶狠毒辣。①

（3）司法腐败。司法腐败是司法权力运行过程中的腐败，是指司法工作人员，主要是指法官、检察官、警察等，利用手中掌握的司法职权，违反法律规定和职业道德规范，以非正当手段谋取私人利益的腐败行为。其实质是把法律赋予的司法权力商品化，出租司法权力，收受贿赂，贪赃枉法。

司法是社会正义的最后一道防线，如果这道防线失守的话，那就意味着社会正义的彻底沦丧。最高人民法院院长在谈到当下人民法院的工作及其问题、困难时说："法院内部监督、队伍管理还有薄弱环节，存在'灯下黑'问题，司法作风不正、违纪违法情况仍有发生，监督机制有待完善。"②

（二）私人权利滥用，侵害公共权力及其合法性

任何一种公共权力要想长久地存在下去，都必须将现存的政治秩序建立在一种道德秩序之上。正如美国社会学家丹尼尔·贝尔所说的："归根结底，任何社会都是一种道德秩序，它必须证明它的分配原则是合理的"，"是必要的，是天经地义的"。③"政治权力的合法性，是指政治权力或权威得到人民的广泛认同、信仰、忠诚和服从，并通过特定时空条件下适当的决策及政策实施来塑造政治秩序和适应环境变化，保持政治体系的有效性和稳定性。"①中国传统社会"重义轻利"的伦理文化与"德主刑辅"的法律文化导致了人们私权及其意识的淡漠，市场经济的发展使得人们的利益与权利意

① 万俊人：《现代公共管理伦理导论》，北京：人民出版社，2005 年版，第 327 页。

② 周强：《法院内部监督、队伍管理还有"灯下黑"周强》，http://news.163.com/19/0312/09/EA2DL7II00018AP2.html，2019 年 3 月 12 日。

③ [美] 丹尼尔·贝尔：《资本主义文化矛盾》，赵一凡、蒲隆、任晓晋译，北京：生活·读书·新知三联书店，1989 年版，第 309 页。

① 姚润月：《论权力变异与政治腐败》，《东南大学学报（哲学社会科学版）》，2004 年第 2 期，第 57 页。

识得以无限扩大，私权急剧膨胀，由私权淡漠演变为私权狂热，但是由于长期以来我国缺乏私权传统，这导致私权缺乏理性的支撑，引发了私权滥用。现实社会中私权滥用、侵犯公权、侵害公共利益的事件屡有发生。权利不是绝对的，《中华人民共和国物权法》第一章第四条规定："国家、集体、私人的物权和其他权利人的物权受法律保护，任何单位和个人不得侵犯。"《中华人民共和国宪法》与《中华人民共和国物权法》等明确了对私权的保护，但是私权并不是无限的，在保护私权的同时，不能损害他人的私权和公共利益。私权滥用，会干扰公权的行使，影响国家公职人员与政府的办事效率，甚至影响公权的合法性。

公共权力是人们认可的权力，这种认可要外化为一种制度表现出来。所谓制度化就是通过形式化的安排，建立规则和程序将公共权力及其关系模式确立下来的过程。①制度化为公共权力的掌握者"盖上了社会普遍承认的印章"②。制度化为公共权力奠定了一个稳定的、长期的、持续的机制，为人们对公共权力的服从构建了一种价值与心理基础，而滥用私权则会破坏这种价值与心理基础。私权是公民、企业以及社会组织在社会生活中所拥有的人身权与财产权。"由加害目的乃加害意思之主观的标识，而演进至权利人间相对立的利益均衡之破坏、合法利益之欠缺、社会的经济的目的之违法、公序良俗之违背、诚信原则之违反等客观的标识，使权利滥用要件更为客观化，此为权利滥用理论发展之一般的倾向。"③私权滥用引发他人仿效，使得财富分配不公，影响了公权的合法性，衍生出其他的社会矛盾。不可否认，当公权与私权发生矛盾时，人们更加关注公权滥用侵犯私权的现象，但是随着市场经济的发展和法律体系的完善，人们的权利意识也不断增强，一些人用

① 周光辉：《论公共权力的合法性》，长春：吉林出版集团，2007 年版，第 39 页。

② 马克思、恩格斯：《马克思恩格斯选集（第四卷）》，中共中央马克思恩格斯列宁斯大林著作编译局编译，北京：人民出版社，2012 年版，第 123 页。

③ 史尚宽：《民法总论》，北京：中国政法大学出版社，2000 年版，第 714～715 页。

私权来对抗公权，不惜牺牲个体生命，也损害了公共利益，因此，私权滥用也要受到限制。2003 年 4 月 22 日《法制日报》报道了北京市某区居民兴起“离婚热”，假离婚骗取拆迁费的事件，是一起典型的私权滥用、侵害公权的事件。

二、公共权力与私人权利紧张的原因

现代性是以市场经济、民主政治和个性文化为特征的，经济上实行市场经济，政治上就实行民主政治，它尊重人的正当利益，注重人的个性与能力的发挥，确立理性的权威，崇尚人的自主性，维护人的权利。政治现代性是现代性的重要组成内容，是现代性演进的一条主要路径。政治现代性就是以民主、自由、平等和权利等价值理念作为内在的元素，以民主、自由、平等和权利等构成的现代民主制度作为其外在支撑的政治演进。①中国传统社会追求私人利益、私权被“崇公抑私”的伦理道德文化否定，随着市场经济的发展与市民社会的兴起，这必然加剧私权与公权的对抗和冲突，其原因如下。

（一）公权具有的阶级性妨碍了公权的公共性

公共权力源于维护社会公共利益与社会公共秩序的需要，是公共意志的集中体现，这是公共权力所具有的公共性。但是，在阶级社会中，公共权力以国家权力的面目表现出来，成为日益与人民大众相脱离的权力，更多地体现统治阶级的意志，维护的是有利于统治阶级根本利益的社会秩序。国家权力的阶级性是指国家是阶级矛盾不可调和的产物，是各个阶级借以实现其共同利益的形式。为了使各个阶级不至于在无谓的斗争中把自己和社会消灭，就需要国家权力这种表面上凌驾于社会之上的力量，把冲突保持在秩序的范围以内。国家权力从社会中产生并逐渐与社会相脱离，成为凌驾于社会之

① 赵宬斐：《政党政治与政治现代性》，北京：中央编译出版社，2010 年版，第 18 页。

上的公共权力，“国家的本质特征，是和人民大众分离的公共权力”[①]。国家权力一经产生就在一定程度上与全体公民相脱离，“国家是以一种与全体固定成员相脱离的特殊的公共权力为前提的”[②]，国家作为协调阶级矛盾不可或缺的存在物，而且“如果没有一种似乎站在社会之上并在一定程度上脱离社会的‘权力’，社会就无法存在”[③]。这就使得阶级社会中的公共权力不可避免地带上了阶级性，国家权力成为统治阶级手中的政治工具，为谋取统治阶级的利益服务。虽然统治阶级也会谋求公共利益，发挥其公共事务管理的职能，“政治统治到处都是以执行某种社会职能为基础，而且政治统治只有在它执行了它的这种社会职能时才能持续下去”[④]，但是其阶级性并未改变，“国家是文明社会的概括，它在一切典型的时期毫无例外地都是统治阶级的国家，并且在一切场合在本质上都是镇压被压迫被剥削阶级的机器”[⑤]。

在我国这样一个社会主义国家里，国家权力与人民大众在根本利益上的一致性决定了二者在政治统治与公共管理职能上的一致性，二者的相对分离只是国家政治权力形式上与程序上的分离。当前我国的人民大众是国家的主人，无产阶级与人民大众的利益从根本上讲是一致的，这就使国家政治权力在实践中同时是一种公共管理权力，这种权力植根于人们共同生活的社会关系之中，扮演了维系公共生活秩序的角色，是维护私人权利的需要，与人民大众的私人权利从根本上讲是一致的。但是，根本利益上的一致性不能掩盖

① 马克思、恩格斯：《马克思恩格斯选集（第四卷）》，中共中央马克思恩格斯列宁斯大林著作编译局编译，北京：人民出版社，2012年版，第132页。

② 马克思、恩格斯：《马克思恩格斯选集（第四卷）》，中共中央马克思恩格斯列宁斯大林著作编译局编译，北京：人民出版社，2012年版，第106页。

③ 列宁：《列宁选集（第二卷）》，中共中央马克思恩格斯列宁斯大林著作编译局编译，北京：人民出版社，1995年版，第441页。

④ 马克思、恩格斯：《马克思恩格斯选集（第三卷）》，中共中央马克思恩格斯列宁斯大林著作编译局编译，北京：人民出版社，2012年版，第559~560页。

⑤ 马克思、恩格斯：《马克思恩格斯选集（第四卷）》，中共中央马克思恩格斯列宁斯大林著作编译局编译，北京：人民出版社，2012年版，第193页。

实际生活中公权与私权的矛盾和冲突，现实生活中引发公权与私权矛盾的原因很多。“当前，腐败问题依然存在。有的仍心存侥幸，搞迂回战术，卖官帽、批土地、抢项目、收红包，变着花样收钱敛财，动辄几百万、几千万甚至数以亿计；有的欺瞒组织、对抗组织，藏匿赃款赃物，与相关人员订立攻守同盟，企图逃避党纪国法惩处。他们故意制造一些噪音杂音，企图混淆视听，自己好从中脱身。‘四风’在面上有所收敛，但并没有绝迹。”[①]

（二）政府科层制与自利的存在影响了公权的公共性

在阶级社会中，政府是国家的代表，是国家机器的主要组成部分，国家政治权力表现为政府权力。国家的属性决定了政府的属性，也就是说，政府也具有阶级性与公共性。与国家一样，政府随着国家的产生而产生，随着国家的发展而发展，并随着国家的消亡而消亡。在阶级社会中，政府是一个阶级压迫统治另外一个阶级的工具。政府除了其阶级性与公共性之外，还有一个容易被人们忽视的属性，即自利性。现代科层制是现代公共管理活动中的产物，它从实践上确立了现代社会公共管理的新模式。科层制又称官僚制，存在着发展为官僚主义的可能性。“现代科层制所具有的劳动分工专业化、森严的等级制度、严格的规章制度以及行政管理档案系统原则等特点使得法理型权威在现代组织中得以确立，相比家长制而言极大地提高了组织的运行效率，更有效地制约了政府及其行政人员的行为，使其行为更具有合法性，从而推动了社会从人治到法治的转变。”[②]现代科层制也以其特殊的方式表达了掌握着公共权力的特殊利益集团的存在，官僚政治是指“政府权力全把握于官僚手中，官僚有权侵夺普通公民自由的那种政治制度”，它“惯把行政当作例行公事处理，谈不到机动，遇事拖延不决，不重实验。在极端场合，

---

① 习近平：《习近平谈治国理政（第二卷）》，北京：外文出版社，2017 年版，第 162 页。

② 金辉、陶建平、金玲：《现代科层制在中国：困境及其破解》，《中共山西省委党校学报》，2012 年第 5 期，第 75 页。

官僚且会变成世袭阶级，把一切政治措施，作为自己图谋利益的勾当”。[①]政府的公共性规定了政府必须完成对社会的公共事务的管理，但是代表国家掌握公共权力的政府本身就是一个重要的利益主体。如果政府在追求公共利益的过程中偏离为人民服务的大方向，以自身利益代替公共利益，就会形成政府自利与私利，不仅会侵害阶级利益与公共利益，还会侵害私人权利。政府自利包括三个层次：政府整体自利、职能部门自利与政府工作人员自利。

公共权力具有公共性，它起源于人民的同意与授权，但是在现实政治生活中，公共权力却不能由全体民众直接掌握并行使。这是因为作为集体人格的人民的意志无法在现实政治生活中得以有效表达。在现实社会中，每个人的个性、目的与偏好都不同，这就使得公共利益能够表达所有社会成员的利益需求成为不可能，那么全体社会成员共同掌握权力，就会导致权力无法行使，“虽然人民拥有一切权力，拥有一切道义上的正义与智慧，作为一个集体却既不能表达自己的意志，也无法将其付诸执行”[②]。不仅如此，与现代社会纷繁复杂的社会事务相适应，政府部门的工作日趋细致，分工明确，各司其职，而且具有专业化的特点，政府决策还受到时效性的限制。这些因素决定了在现实政治生活中，公共权力只能被少数人所掌握与行使，这就使得公共权力具有了特殊性。公共权力的代表者政府不仅是一个利益主体，有其特殊的利益，而且政府职能部门与政府的工作人员也有着各自的特殊利益要求。“权力获得与权力行使，总是少数人的事情。而独立存在的每一个个体都是有自己独立思维和相对利益的，他们在总体上都有一种背离集体或者公众的倾向。”[③]

公共权力的腐败性是不分资本主义与社会主义的，当前我国政府工作人员中的一些人，特别是少数执掌权力的官员，道貌岸然，把公共权力作为工具与手段，不断地设租、寻租，以权谋私，徇私枉法，官僚主义作风严重。

① 王亚南：《中国官僚政治研究》，北京：中国社会科学出版社，1981年版，第19页。
② 廖加林：《现代公民社会的道德基础》，长沙：湖南大学出版社，2006年版，第149页。
③ 李林：《走向宪政的立法》，北京：法律出版社，2003年版，第63页。

邓小平曾把公务员队伍中的这种官僚主义现象描述为："高高在上，滥用权力，脱离实际，脱离群众，好摆门面，好说空话，思想僵化，墨守成规，机构臃肿，人浮于事，办事拖拉，不讲效率，不负责任，不守信用，公文旅行，互相推诿，以至官气十足，动辄训人，打击报复，压制民主，欺上瞒下，专横跋扈，徇私行贿，贪赃枉法。"[①]在拜金主义、享乐主义思想的侵蚀下，部分政府职能部门及其工作人员，尤其是少数领导干部所滋生的权钱交易、行贿受贿、贪赃枉法、以权谋私等腐败现象屡禁不止，已经影响到了公权力的权威。习近平同志严正指出："在肯定成绩的同时，我们也要看到，滋生腐败的土壤依然存在，反腐败形势依然严峻复杂，一些不正之风和腐败问题影响恶劣、亟待解决。全党同志要深刻认识反腐败斗争的长期性、复杂性、艰巨性，以猛药去疴、重典治乱的决心，以刮骨疗毒、壮士断腕的勇气，坚决把党风廉政建设和反腐败斗争进行到底。"[②]

（三）利益分化侵蚀了公权的公共性

随着改革开放与市场经济的深入发展，经济因素在维系社会关系中的作用越来越大，而政府能够强力干预市场交易，并具有对社会资源的强制性支配力，这就增加了市场经济条件下政治权力资本化的可能性。权力资本化是指"权力行为主体利用手中拥有的公共权力，以及通过资本的经济活动来获取政治特权的方式，来谋取个人非正当利益的行为"[③]。少数公共权力的掌握者在决策与制度设计中抵挡不住诱惑，大搞权钱交易，以权谋私，在社会资源分配中与民争利，侵犯私人权利，走上了违法犯罪的道路。市场经济无限扩大了人们的逐利意识及行为，它激发了人们发展经济、创造财富的积极性，同时也带来了一定的负面效应。为了实现利益最大化的目标，一部分人

---

① 邓小平：《邓小平文选（第二卷）》，北京：人民出版社，1994 年版，第 327 页。

② 习近平：《习近平谈治国理政（第一卷）》，北京：外文出版社，2014 年版，第 394 页。

③ 阎德民：《中国特色权力制约和监督机制构建研究》，北京：人民出版社，2011 年版，第 186 页。

为满足个人贪欲而不择手段，部分官员为了攫取个人私利，利用职权大搞权钱交易，以权谋私。受到拜金主义、享乐主义侵蚀的国家公职人员在思想上容易产生价值观的扭曲，走向以权谋私的腐败与堕落。腐败现象为什么在社会转型期的国家易发、多发，在美国政治学家亨廷顿看来主要有以下三个方面的原因："首先，现代化涉及社会基本价值观的转变。其次，现代化开辟了新的财富和权力来源，从而进一步助长了腐化行为……第三，现代化通过它在政治体制输出方面所造成的变革来加剧腐化。"①

当前我国处于改革开放的关键时期，各种利益矛盾错综复杂，使得我国反腐的形势也呈现出复杂的局面，"当前一些领域消极腐败现象仍然易发多发，一些重大违纪违法案件影响恶劣，反腐败斗争形势依然严峻，人民群众还有许多不满意的地方"②。正如亨廷顿所说的："某个国家处于变革时期的腐化现象比该国在其他时期的腐化现象更为普遍。"③近年来，我们坚持"'老虎'、'苍蝇'一起打，既坚决查处领导干部违纪违法案件，又切实解决发生在群众身边的不正之风和腐败问题"④，2018 年"各级法院审结贪污贿赂、渎职等案件 2.8 万件 3.3 万人，其中被告人原为省部级以上干部的 18 人，厅局级 339 人，县处级 1185 人"⑤。这些高级别的、贪腐数额较大的涉案官员，他们道德沦丧，渎职侵权，严重败坏了党与政府在人民心中的威望。我国一定要对当前腐败的形势保持清醒的认识，旗帜鲜明地反对腐败，对一切腐败形势保持高度警惕，以保护人民的权利不受损害。

---

① 参见[美] 塞缪尔·P. 亨廷顿：《变化社会中的政治秩序》，王冠华、刘为，等译，上海：上海人民出版社，2008 年版，第 45~47 页。

② 习近平：《习近平谈治国理政（第一卷）》，北京：外文出版社，2014 年版，第 385~386 页。

③ [美] 塞缪尔·P. 亨廷顿：《变化社会中的政治秩序》，王冠华、刘为，等译，上海：上海人民出版社，2008 年版，第 45 页。

④ 习近平：《习近平谈治国理政（第一卷）》，北京：外文出版社，2014 年版， 第 388 页。

⑤ 北京青年报：《最高人民法院院长周强作工作报告 2018 年纠正 10 件重大冤错案》，http://china.qianlong.com/2019qglh/2019/0313/3161898.shtml，2019 年 3 月 13 日。

（四）我国传统“重公权、轻私权”的伦理文化错置了公权的公共性

“中西传统文化中价值观的不同，导致了法观念的不同”，“西方的法观念与权利观念密切联系，在它的指导下，罗马法最发达的部分是调整平权关系的私法，与此相适应的抽象独立的人格、发达的契约关系、平等观念等等，是私法发达的基础和标志。中国传统法观念的核心是刑，其职能主要是‘绳顽警愚’，是‘防民之具’。在它的指导下，中国古代法律重公权、轻私权”。[①]中国自进入阶级社会开始，就建立了一个历史悠久的以君王为中心的专制政体，在传统中国的伦理思想史上，王权代表着国家，王权是神权、族权、政权、军权、经济权、司法权的体现，是国家的最高权力，不存在有关个人及其权利的概念。在中国传统社会中，儒家思想一直占据统治地位，形成了“德主刑辅，注重教化”的法律文化，“自汉武帝独尊儒术以来，儒家法律思想是在‘德主刑辅，明刑弼教’和‘出礼入刑’等原则下实行儒法合流的”[②]，它强调德治、礼治，主张以道德教化为主，轻视法律的作用。董仲舒曰：“王者承天意以从事，故任德教而不任刑。”[③]唐代魏征也提出：“仁义，理之本也；刑罚，理之末也”，因而“圣人甚尊德礼而卑刑罚”。[④]在儒家德治主义的理念中，对人的基本要求是通过修己安人的道德内省、消除物质上的欲求，来达到各安其分的社会和谐。在“义以为上”“崇公抑私”的社会舆论下，个人首先要把国家与君父的利益放在首位，个人的利益与权利得不到应有的尊重。礼治是德治的外化与制度化。传统中国社会重人伦，“人人亲其亲，长其长，而天下平”[①]，并把礼视为人禽之别。

① 张晋藩：《中国法律的传统与近代转型》，北京：法律出版社，1997 年版，第 2 页。

② 沈宗灵：《法理学》，北京：北京大学出版社，2001 年版，第 325 页。

③《汉书·董仲舒传》。

④ 吴兢：《贞观政要译注》，裴汝诚、王义耀、郭子建，等译注，上海：上海古籍出版社，2006 年版，第 266 页。

①《孟子·离娄上》。

“礼义以为纪”[①]，“礼以定伦”[②]，君主依礼义治理天下就可以实现天下大治。传统社会以纲常之理来指导法律的制定，甚至直接把礼典、礼文援引如律。通过礼法来节制人欲的贪求，使社会各阶层尊礼、守礼、行礼，“别贵贱，序尊卑”，即保持传统社会君君、臣臣、父父、子子的等级秩序不会犯上逾越，达到社会各阶层各安其分的宗法等级和谐。由此中国古代的礼法维系着国家与社会的稳定，也维护着帝王的权威，在“朕即国家”的时代，强化了专制主义的国家集权。法由君出，君王支配法律，法律维护至高无上的皇权，皇帝的特权凌驾于一切法律之上，不受法律的限制，在漫长的封建时代，法律成为君王控制臣民的一种工具。

在传统中国社会，专制主义的政治体制产生了“义务本位”的法律观。“法律从产生之日起，便被视为禁民为非、抑民为君的工具，统治者对庶民的要求就是使用民力、使用民能和用民之死命”，“为了达到这个目的，通过立法的手段把它规定为必须履行的法律义务。但对于庶民的法定权利，却不见或少见与法律的规定”，“在中国古代，民事法律不发达的原因之一，就是国家不重视庶民的个人权利，当然也缺乏法律上的‘私人平等’”。[③]在传统中国社会，皇权主宰着一切，在强大的国家权力面前，人数众多的弱小民众无力保护自己。孔子曰：“听讼，吾犹人也，必也使无讼乎。”[④]儒家追求的是一个没有纷争、大公无私的和谐社会，在儒家伦理思想的支配下，乐、群、贵、和成为中国传统文化的特征。儒家倡导的“克己复礼”与“存天理，灭人欲”的主张压制人们去追求权力和利益，甚至牺牲个人合理的利益来实现社会关系的和谐。处于社会下层的民众，不知道法律的作用，不愿意、不敢也不善于运用法律来维护自身的权利。

---

①《礼记·礼运》。

②《荀子·致士》。

③ 张晋藩：《中国法律的传统与近代转型》，北京：法律出版社，2005年版，第61~62页。

④《论语·颜渊》。

中国古代是沿着由家而国的途径进入阶级社会的，以血缘为纽带的宗法制的存在，是传统中国社会人际关系的天然形式。宗法与政治的高度结合，形成了家国一体、家国同构的社会特点，家是国的缩小，国是家的放大，宗统与君统、国与家、君权与父权的统一从根本上规定了中国传统“重公抑私”“重群轻己”“重义轻利”的价值取向。孟子曰：“天下之本在国，国之本在家。”①“家齐而后国治，国治而后天下平。”②中国文化道德结构的核心是家庭伦理，社会被视为一个大家庭，对个人的责任与义务的理解往往置于其生活的社会关系中才能确定。中国伦理文化往往强调人的社会性，人的价值的实现与其所担负的社会角色与社会责任有着密不可分的关系。孔子曰：“志士仁人，无求生以害仁，有杀身以成仁。”③孔子认为求仁者不应带有个人的私利与私欲，为了践行“仁”这一最高的道德义务，就是牺牲生命也应在所不惜，其实质“就是个体必须服从群体，也就是个人必须服从家庭、宗族、国家（君主即其代表）和民族的利益”④。我国传统社会的家族制强调个人对家族的伦理责任与义务，漠视个体意识的觉醒，这种个人对家庭的依附导致缺乏自主的、自立的、拥有权利的个体。“家庭和人类关系的伦理居于主导地位显然是中国文明最突出的特点之一”，“中国文化的强烈的道德主义的呼声，与社会和谐的至高无上的价值以及与自然结合在一起，也阻碍了任何权利观念的出现”，“任何关于自身利益（‘权利’）的主张都是道德上可疑的和非法的”。⑤

1949年中华人民共和国成立，人民成为国家的主人，“但是由于过于强调集体性，个人的权利没有得到足够的重视；由于缺乏制度性的保证措施，

---

①《孟子·离娄上》。

②《大学》。

③《论语·卫灵公》。

④ 朱贻庭：《中国传统伦理思想史》，上海：华东师范大学出版社，2003年版，第50页。

⑤ 夏勇：《公法（第一卷）》，北京：法律出版社，1999年版，第187~189页。

人民当家作主的口号在不少方面也没有落到实处”[①]。传统伦理文化的影响，导致我国国家权力过于集中，使得对公共权力的监督难以有效发挥作用，产生了权力腐败。邓小平曾说：我党和国家的政治体制的过度集权，“容易造成个人专断，破坏集体领导，也是在新的条件下产生官僚主义的一个重要原因”[②]。随着市场经济的不断发展，个人及其利益意识逐渐兴起，个人从家庭中逐渐独立与解放，私人权利被写入宪法，私权受到法律的保护。现代社会是权利本位的社会，但这并不意味着私人权利的无限扩大和不受节制，“权利乃是以每个人自己的自由与每个别人的自由之协调一致为条件而限制每个人的自由的”[③]。由于市场经济无限放大了人的逐利意识与行为，而我国长期以来缺乏私人权利的传统导致理性精神的缺失以及相关法律法规的不完善，使得私权泛滥，以侵犯他人的权利来谋取自己的利益，引发和加剧了公权与私权的矛盾及冲突。

第三节　公共权力与私人权利和谐关系建构的基本路径

公共权力与私人权利不是从来就有的，而是历史发展到一定社会阶段的产物，二者的区分“源自于一个国家或社会共同体内部私人利益与公共利益之间的关系”[④]。公共权力与私人权利的关系是辩证统一的，“私权是公权的来源，公权是私权的保障，二者在冲突中走向均衡，在对立中趋于统一”[⑤]。笔者认为，一方面，私权是公权得以存在与实施的价值与基础；另一方面，

① 夏勇：《走向权利的时代：中国公民权利发展研究》，北京：社会科学文献出版社，2007 年版，第 45 页。

② 邓小平：《邓小平文选（第二卷）》，北京：人民出版社，1994 年版，第 321 页。

③ [德] 康德：《历史理性批判文集》，何兆武译，北京：商务印书馆，1990 年版，第 194 页。

④ 甄自恒：《从公权社会到私权社会》，北京：人民日报出版社，2004 年版，第 1 页。

⑤ 陶鹏：《虚拟社会治理中公权与私权的冲突与调适》，《甘肃理论学刊》，2015 年第 3 期，第 76 页。

没有公权，私权也就无法得以实现。理论上的统一无法掩盖现实社会中二者的冲突，公共权力与私人权利的矛盾才是贯穿于阶级社会中的常态。现实社会中，公共权力总是强大的，私人权利总是弱小的，但是市场经济的发展总在主张私人权利的不断生长，因此“消除权力与权利的对立和冲突，使两者在平衡中寻求和解与一致，已成为现代社会和法治国家的普遍追求”，“权力与权利的失衡将使两者在相互作用中畸形发展，权力与权利相互关系的畸形发展将会产生行政专横和践踏人权或者权利滥用与社会混乱”。[①]公共权力与私人权利和谐关系的建构，要坚持以下基本路径。

一、确立私权的正当性

在中国传统的伦理思想中，不存在关于个人及保护其权利的问题。在传统中国社会，皇权至上，皇权垄断着国家的一切，“中国古代社会中个人权利、个体本身的缺失”，“法就不是成为保护个体正当权利的工具，而是成为统治者的惩罚工具”。[②]在“义以为上”“大公无私”“崇公抑私”的伦理文化的倡导下，个人首先要把君王及其所代表的利益放在首位，自身的利益与权利得不到应有的尊重。中国传统伦理文化还强调人的社会性，牺牲个人合理的利益来实现社会关系的和谐。整个社会把“无讼”作为追求的理想状态，在重视义务的伦理环境中，无法有效生成人人重视权利、边界清晰的权力观。直到改革开放以后，随着市场经济与现代化的深入发展，人们的利益和权利观念日益增强。

（一）保护私权，有助于实现个人的自由与解放

私权的本质是自由。人类天生都是自由、平等和独立的，如不得本人的同意，不能把任何人置于这种状态之外，使之受制于另一个人的政治权

① 高兆明：《伦理学理论与方法》，北京：人民出版社，2005年版，第116页。
② 张晋藩：《中国法律的传统与近代转型》，北京：法律出版社，2005年版，第61~62页。

力。[①]英国学者弗里德里希·哈耶克认为，权利是获得或实现自由的方式，只有获得权利才能得到自由。权利是争取自由的结果和争取自由的依据。[②]在近代社会中，每个人都有对自己固有的利益进行支配的世界，在这个范围内他是不受他人侵犯的“主体人”，在这个范围内他将自己作为“自由”的主体人来意识。因此，作为这种固有的支配领域在社会上得以确立和尊重的现实形态的“权利”，对主体人即权利人来说是他的自由的客观化的表现。[③]“对权利的侵害就只能是对主体人人格和自由侵害的表现”，“所谓权利的主张——即所谓为权利而斗争——是近代的自觉的主体者人格的呐喊，在这个意义上它是一种有伦理价值的行为”。[④]

在马克思、恩格斯看来，国家权力与自由的冲突是必然的。国家表示社会陷入了不可调和的矛盾之中，为了协调这些矛盾，国家就从社会中产生但又居于社会之上，并且日益同社会相脱离。国家是必要的恶，但自由应当成为国家的原则，国家权力的目标应当服务于人的自由。从这个角度出发，恩格斯认为，“目前统治着法国的这种极端形式的集权，乃是国家超越了自己的范围，超越了自己的本质。但是，国家的范围一方面是个人，另一方面是世界历史。集权则使双方都遭受到损害。如果国家把本来只归历史享有的权力攫为己有，它就消灭了个人的自由”[⑤]。马克思、恩格斯在批判过度集权的同时，主张以法治精神来限制国家权力、保障私人权利，私人权利的实现

① [英] 洛克：《政府论（下篇）》，叶启芳、瞿菊农译，北京：商务印书馆，1964 年版，第 59 页。

② 贺斌：《论法治进程中的人权法律保护》，《湖南行政学院学报》，2003 年第 2 期，第 56 页。

③ [日] 川岛武宜：《现代化与法》，王志安、渠涛、申政武，等译，北京：中国政法大学出版社，1994 年版，第 54 页。

④ [日] 川岛武宜：《现代化与法》，王志安、渠涛、申政武，等译，北京：中国政法大学出版社，1994 年版，第 55 页。

⑤ 马克思、恩格斯：《马克思恩格斯全集（第 41 卷）》，中共中央马克思恩格斯列宁斯大林著作编译局编译，北京：人民出版社，1982 年版，第 393~394 页。

是通过法律来实现的。马克思说："法典就是人民自由的圣经。"[①]恩格斯说："一切自由的首要条件：一切公务人员在自己的一切职务活动方面都应当在普通法庭上按照一般法律向每一个公民负责。"[②]法治化就是要求制约国家权力、保护私人权利，国家不断集权使得国家把自己这个特殊的东西规定为普遍物、至高无上者，丧失其公共性，逐渐成为某一阶级或阶层利益的代表。法治的精神就在于让体现人民意志的法律成为社会生活的最高统治者，"法律的基本作用之一乃是约束和限制权力，而不论这种权力是私人权力还是政府权力。在法律统治的地方，权力的自由行使受到了规则的阻碍，这些规则迫使掌权者按一定的行为方式行事"[③]。"法律的目的不是废除或限制自由，而是保护和扩大自由"，"哪里没有法律，那里就没有自由"。[④]

（二）保护私权，有助于市场经济的稳定运行

权利的核心是利益，"个人拥有社会必须尊重的权利"[⑤]。权利的本质是自由，故尊重权利、保障权利是市场经济有序运行的前提。[⑥]马克思认为："人们为之奋斗的一切，都同他们的利益有关。"[⑦]市场经济是一种追求利益的活动，利益最大化是其目的，利益是市场经济条件下一切创造性活动的动力，商品交换的特点决定了市场经济必然以权利为本位。黑格尔说："从自

---

① 马克思、恩格斯：《马克思恩格斯全集（第1卷）》，中共中央马克思恩格斯列宁斯大林著作编译局编译，北京：人民出版社，1995年版，第176页。

② 马克思、恩格斯：《马克思恩格斯全集（第19卷）》，中共中央马克思恩格斯列宁斯大林著作编译局编译，北京：人民出版社，1963年版，第7页。

③ [美] 博登海默：《法理学：法律哲学与法律方法》，邓正来译，北京：中国政法大学出版社，2004年版，第372页。

④ [英] 洛克：《政府论》，叶启芳、瞿菊农译，北京：商务印书馆，1964年版，第36页。

⑤ [法] 贡斯当：《古代人的自由和现代人的自由》，闫克文、刘满贵译，北京：商务印书馆，1999年版，第32页。

⑥ 江平：《私权的呐喊：江平自选集》，北京：首都师范大学出版社，2008年版，第128页。

⑦ 马克思、恩格斯：《马克思恩格斯全集（第1卷）》，中共中央马克思恩格斯列宁斯大林著作编译局编译，北京：人民出版社，1995年版，第187页。

由的角度看，财产是自由最初的定在”[①]，自由意志是人的本质规定，“人把他的意志体现于物内，这就是所有权的概念”[②]。财产权是人的生命权与自由权的延伸，也是人类自由与尊严的保障，没有财产权，其他的权利也无法实现，它与生命权、自由权一起，构成了人类最基本的人权。所谓产权，即财产权利，是一定社会所确认的人们对某种财产或资产所拥有的各种权利的总和，是基于一定的物的存在和使用的人们之间的一种权利关系，是人的社会存在的一种肯定方式。[③]

市场经济不仅是商品自由、平等的交换，更是权利的自由、平等的交换，商品交换领域“是天赋人权的真正伊甸园。那里占统治地位的只是自由、平等、所有权和边沁”[④]，市场交换主体双方是平等的，正如马克思所说的：“作为交换的主体，他们的关系是平等的关系。在他们之间看不出任何差别，更看不出任何对立，甚至连丝毫的差异也没有。”[⑤]那么，“从法律上来看这种交换的唯一前提是任何人对自己产品的所有权和自由支配权”[⑥]。

对于市场主体来说，财产权的存在明确了“你的”与“我的”之间的界限，是市场主体独自占有财产权使用所产生效益的合法保障，通过明确市场主体的权利，形成有效的激励机制，防止市场过程中的“搭便车”现象。市场主体以利益最大化为目的，财产权的存在使得人们多劳多得、少劳少得、不劳不得，这必然促使市场主体最大限度地调动其人力、物力、财力去获得预期的收益，从而调动其积极性与创造性，提高资源使用的效率，优化资源配置。财产权的存在明确了市场主体的权利，也明确了市场主体的责任，形

---

① [德] 黑格尔：《法哲学原理》，范扬、张企泰译，北京：商务印书馆，1961 年版，第 54 页。

② [德] 黑格尔：《法哲学原理》，范扬、张企泰译，北京：商务印书馆，1961 年版，第 59 页。

③ 罗能生：《产权的伦理维度》，北京：人民出版社，2004 年版，第 43 页。

④ 马克思、恩格斯：《马克思恩格斯选集（第二卷）》，北京：人民出版社，2012 年版，第 168 页。

⑤ 马克思、恩格斯：《马克思恩格斯全集（第 46 卷上）》，中共中央马克思恩格斯列宁斯大林著作编译局编译，北京：人民出版社，1979 年版，第 193 页。

⑥ 马克思、恩格斯：《马克思恩格斯全集（第 46 卷上）》，中共中央马克思恩格斯列宁斯大林著作编译局编译，北京：人民出版社，1979 年版，第 454 页。

成了有效的约束机制，要求市场主体独立承担市场经济行为的后果。界定财产权的意义就在于市场主体必须为自己的经济行为负责，强化自己的责任意识，这降低了“机会主义”行为，保证了市场经济有序运行。因此，“市场经济必然是权利经济，没有明晰权利界定，就不会有商品交换和市场交易；搞市场经济，必须由权利先行，权利到位，市场经济才能到位”①。

在我国这样一个有着悠久的“崇公抑私”伦理文化的社会里，一些人不把别人的权利尤其是财产权当回事，这是当前我国社会生活中各种侵权现象频频发生的深层社会与心理原因。“私权的保障应由私法和公法共同来完成”，“公权与私权之间的界线可以靠私法来确定”，“私法应对私权的内涵和外延加以规定，对私权利的存在空间加以界定，使得公权力不能侵犯法律所规定的私权利”。②要从根本上遏制侵权现象，就要使人们树立私人权利不可侵犯的理念，这种私人权利受到法律的充分保护，任何个人或组织不经法律授权不得肆意侵夺。“当人们普遍有了这样一种产权伦理观，产权侵犯现象就会大大减少，甚至被完全克服。市场经济以至整个社会的秩序就会得到良好的维护。”③法国《人权宣言》宣称，“政府的腐败和社会灾难的原因是对人的粗野无知，忘记了天赋的、不可剥夺的神圣的人权。这个权利就是自由、财产、安全和反抗压迫”。我们应当从理论上为私权正名，进行广泛的舆论宣传与全面的观念教育，树立“私权可不侵犯”的理念，改变过去压抑与践踏私权的现象。马克思认为，“在协作和对土地及靠劳动本身生产的生产资料的共同占有的基础上，重新建立个人所有制”④是“自由人的联合体”的前提条件，也是共产主义社会的本质特征。树立尊重私权的观念是公权与私权和谐的前提。

---

① 沈宗灵：《法理学》，北京：高等教育出版社，1994 年版，第 143 页。

② 徐琳：《增强私权司法观念，防止公权力滥用》，《知识经济》，2008 年第 1 期，第 31 页。

③ 罗能生：《产权的伦理维度》，北京：人民出版社，2004 年版，第 6 页。

④ 马克思、恩格斯：《马克思恩格斯选集（第二卷）》，中共中央马克思恩格斯列宁斯大林著作编译局编译，北京：人民出版社，2012 年版，第 300 页。

（三）保护私权，有助于我国的民主政治建设

民主是社会稳定的重要保证，它立足人民的基本权利，让每个公民都有足够的尊严。民主政治，是奉行多数人统治的一种政治制度，它是凭借公共权力来协调冲突、建立秩序，并实现平等、自由、人民主权等价值理念的方式和过程。在现代社会，私人权利构成了国家权力的边界与责任，民主制度则起着维护这一界限的作用，规定了人民与国家权力的范围。民主与人权是人类共同的政治理想，也是当代中国政治文明建设的基本内容。国家的一切权力都属于人民，它表现为一种所有权。只有当政府以公共利益为目标时，人民才能让渡自己的权利，将其授予政府，形成公共权力。民主政治要维护人的尊严，保证国家政治秩序的稳定，真正体现人民当家做主的地位，从本质上说就是要赋予和保障人民的权利。

社会主义民主的实质是以国家制度的形式维护和保障人民依法享有的各种权利与自由。但是由于历史上我国长期处于封建社会的君主专制之下，人民的权利被排除在政治生活之外，“中国缺少的东西固然很多，但是主要的就是少了两件东西：一件是独立，一件是民主”①。中华人民共和国成立后，保障人民权利的各项法律制度也不健全，这使得国家权力频繁侵犯公民权利。现代政治脱胎于传统社会，必然带有传统社会的弊病，但是我们要转换观念，只有保护私权，才能充分体现民主政治的本质，从而推进我国政治文明的建设。正如胡锦涛在十七大报告中所说的：“人民民主是社会主义的生命”，“人民当家作主是社会主义民主政治的本质和核心”，要“保障人民享有更多更切实的民主权利”。党的十七大报告对社会主义民主政治建设进行了全面的部署，并把“扩大社会主义民主，更好保障人民权益和社会公平正义”作为全面实现小康社会的奋斗目标之一。②习近平同志也说，“人

① 毛泽东：《毛泽东选集（第二卷）》，北京：人民出版社，1991年版，第731页。

② 胡锦涛：《胡锦涛文选（第二卷）》，北京：人民出版社，2016年版，第634~636页。

民群众能否畅通表达利益要求，社会各方面能否有效参与国家政治生活”，“权力运用能否得到有效制约和监督”是“评价一个国家政治制度是不是民主、有效的”重要标准之一。①保证人民依法行使民主权利、促进社会和谐是全面建设小康社会的重要内容与保证，也是妥善处理公权与私权的矛盾、形成良好的社会秩序的重要途径。

二、加强对公权的制约

历史与现实的经验证明：不受限制的权力会走向腐败。“就权力最普遍的品格而言，利益驱动使其一般倾向于追求权力的无限扩张，直到遭遇外在的社会马勒为止。这就使权力的扩张和制约成为人类社会政治生活中最普遍的矛盾现象。”②公共权力与私人权利失去平衡将会使二者在相互作用中畸形发展，公权腐败会践踏人权，私权滥用会引起社会混乱。而公共利益是公共权力设立的目标，权力一旦失去制约，就有可能被滥用而产生背离公共利益的方向。因而，在我国这样一个“在个人利益和公共利益还存在着差异的社会里，在权力的所有者和权力的使用者还处于相对分离的状态下，权力必须受到制约”③。制约公权，是保障私权的必然要求，没有科学而有效的权力制约机制，人民的政府会偏离其谋取公共利益的主旨，出现权力腐败与权力滥用，这是现代社会公共权力运行的普遍规律。制约公权不是要消灭公权，而是要把公权限制在一定的范围内，使私权免于公权的无限扩张。正如习近平同志所说的：“要加强对权力运行的制约和监督，把权力关进制度的笼子里，形成不敢腐的惩戒机制、不能腐的防范机制、不易腐的保障机制。”④

---

① 习近平：《习近平谈治国理政（第二卷）》，北京：外文出版社，2017年版，第287页。

② 吴建华、罗卜：《公共权力的异化和制约》，《哲学研究》，2003年第9期，第30页。

③ 张贤明：《论政治责任》，长春：吉林大学出版社，2000年版，第122页。

④ 习近平：《习近平谈治国理政（第一卷）》，北京：外文出版社，2014年版，第388页。

（一）以权力制约权力

以权力制约权力，是指公共权力的不同主体之间的相互制约，强调政府内部立法权、行政权、司法权的相互制衡，通过这种权力制约，防止公共权力的滥用与权力腐败。在现代西方各个国家，国家政权组织的一般原则是立法权、行政权与司法权分别由议会、政府与法院三个机关分别掌握行使，它们相互牵制，称为“权力制衡”，又称“三权分立”。由于我国的国家性质与西方国家有根本不同，所以西方国家三权分立的权力制约方式在我国未必适用，但是权力制约权力的思想是可以借鉴的。要防止滥用权力，就必须以权力约束权力。[①]

在西方社会，权力制约权力的思想最早可以追溯到古希腊，为了有效制约权力，亚里士多德第一次提出了权力分立的思想萌芽。他说：“一切政体都有三个要素”，“三者之一为有关城邦一般公务的议事机能（部分）；其二为行政机能部分”，“其三为审判（司法）机能”。[②]洛克认为，国家权力来自人民的授让，为了防止权力滥用与专制，国家权力应分为三个部分，即立法、执行和对外权，其中，立法权是国家的最高权力，其他一切权力都应处于从属地位。洛克认为：不同的人要执掌不同的权力，否则法律的制定与执行就会屈从于他们的私利。孟德斯鸠同洛克一样主张三权分立，国家权力之间相互制约，并且他第一个把国家权力划分为立法权、行政权与司法权，他说：“一切权力合而为一，虽然没有专制君主的外观，但人们却时时感到君主专制的存在。”[③]马克思和恩格斯对分权思想也是持肯定态度的。恩格斯认为集权违反了国家的本质，把集权视为自由的对立物。恩格斯说：“在那些确实实现了各种权力分立的国家中，司法权与行政权是完全独立的”，

---

① [法] 孟德斯鸠：《论法的精神（上册）》，张雁深译，北京：商务印书馆，1959年版，第184页。

② [古希腊] 亚里士多德：《政治学》，吴寿彭译，北京：商务印书馆，1965年版，第215页。

③ [法] 孟德斯鸠：《论法的精神（上册）》，张雁深译，北京：商务印书馆，1959年版，第185~186页。

“这两种权力的混合势必导致无法解决的混乱”。[①]马克思的分权思想主要是立法权与行政权的分离，他对分权的支持最突出地体现在他在 1831 年对黑森宪法的赞扬。马克思说：“没有哪一部宪法对执行机关的权限作过这样严格的限制，在更大程度上使政府从属于立法机关，并且给司法机关以如此广泛的监督权”，“众议院从议员中选出一个常任委员会，组成类似雅典最高法院的机构，对政府的活动实行监督，并把违反宪法的官员送交法院审判，即使是下级执行上级的命令时违反宪法，也不得例外”。[②]从人类政治文明发展的历程来看，以权力制约权力的思想并不是资产阶级所独有的，而是人类政治文明的宝贵财富，我们应当借鉴这种政治文明的有益成果，为我们发展社会主义政治文明服务。

1. 健全与完善人民代表大会及其常务委员会的监督制约机制

《中华人民共和国宪法》规定一切权力属于人民，人民行使国家权力的机关是人民代表大会。人民按照法律规定，依法通过各种途径，管理国家各项事务。人民代表大会制度是我国的根本政治制度，全国人民代表大会是我国的最高权力机关，全国人民代表大会常务委员会（简称“常委会”）是其常设机关，地方各级人民代表大会是地方最高的国家权力机关。人民代表大会及其常务委员会的制约和监督是人民行使国家权力的重要体现，是最高层次、最具权威性与代表性、最具法律效力的制约和监督，动摇了这一制约和监督方式，就违背了《中华人民共和国宪法》，动摇了人民当家做主的地位与根本原则。

作为国家的最高权力机关，人民代表大会及其常务委员会行使职权的实质就是对权力的制约和监督。正如江泽民所说的：“监督‘一府两院’

① 马克思、恩格斯：《马克思恩格斯全集（第 41 卷）》，中共中央马克思恩格斯列宁斯大林著作编译局编译，北京：人民出版社，1982 年版，第 321 页。

② 马克思、恩格斯：《马克思恩格斯全集（第 13 卷）》，中共中央马克思恩格斯列宁斯大林著作编译局编译，北京：人民出版社，1962 年版，第 597 页。

的工作是人大及其常委会的一项重要职责。这种监督，既是一种制约，又是支持和促进。”[①]这种制约与西方的分权制衡有着本质的区别，我国的最高权力机关是全国人民代表大会，“一府两院”由它产生，对它负责，受它监督。“这与西方国家议会、政府、法院‘三权鼎立’有着本质区别。人大与‘一府两院’不是相互掣肘，不是唱对台戏”，“人大根据党的主张和人民的意愿，通过制定法律、作出决议，决定国家大政方针，并监督和支持‘一府两院’依法行政、公正司法，保障各国家机关协调有效地开展工作，把人民赋予的权力真正用来为人民谋利益”。[②]近几年来，各级人民代表大会及其常务委员会逐渐加大了监督力度，取得了一定的成效，但是人民代表大会及其常务委员会对其他国家机关权力的制约和监督仍待提高。“我们的民主法治建设同扩大人民民主和经济社会发展的要求还不完全适应，社会主义民主政治的体制、机制、程序、规范以及具体运行上还存在不完善的地方，在保障人民民主权利、发挥人民创造精神方面也还存在一些不足，必须继续加以完善。”[③]

第一，理顺党委、政府与人大的关系。目前，人大及其常委会行使监督权遇到的主要体制性障碍，是党政不分、以党代政问题。[④]江泽民在十六大报告中指出：“党的领导主要是政治、思想和组织领导，通过制定大政方针，提出立法建议，推荐重要干部，进行思想宣传，发挥党组织与党员的作用，坚持依法执政，实施党对国家和社会的领导。党委在同级各种组织中发挥领导核心作用，集中精力抓好大事，支持各方独立负责、步调一致地开展工作。”[⑤]党应当通过全国人大及其常委会，把党的意志转化为国家的法律

---

① 江泽民：《江泽民文选（第一卷）》，北京：人民出版社，2006年版，第115页。

② 吴邦国：《坚持中国特色社会主义政治发展道路，努力把人大工作提高到一个新水平》，《求是》，2008年第8期，第5页。

③ 习近平：《习近平谈治国理政（第二卷）》，北京：外文出版社，2017年版，第289页。

④ 阎德民：《中国特色权力制约和监督机制建构研究》，北京：人民出版社，2011年版，第311页。

⑤ 江泽民：《江泽民文选（第三卷）》，北京：人民出版社，2006年版，第555页。

与政策，人大及其常委会根据党提出的工作方针展开工作。理顺党政关系，就是要把坚持“人民当家做主”“党的领导”“依法治国”有机统一起来，坚持党必须在宪法和法律的范围内活动，使党组织的主要精力转向研究路线、方针、政策和思想、作风、组织建设等问题，更好地领导我国的各项事业。

第二，完善人大代表选举制度，使人大代表真正代表人民权益。恩格斯在总结巴黎公社的经验时说：“为了防止国家和国家机关由社会公仆变为社会主人——这种现象在至今所有的国家中都是不可避免的”，公社“把行政、司法和国民教育方面的一切职位交给由普选选出的人担任，而且规定选举者可以随时撤换被选举者”。[①]《中华人民共和国宪法》赋予人民代表大会作为我国最高权力机关的地位，人民代表大会关系着广大人民群众的根本利益和长远利益，并依法行使立法权、决定权、任免权和监督权，如何避免人大的监督形同虚设，避免人大成为“橡皮图章”，真正发挥人大在现实政治生活中的作用，是构建公权与私权和谐关系的重要途径。

（1）提高直接选举的范围。我国人大代表的选举分为直接选举和间接选举，根据选举法规定，县、乡两级人大代表由选区选民直接选举产生。为了能够更加全面地、准确地反映社会的公共利益，我们应尝试扩大能够让选民亲自表达意愿的直接选举的范围。直接选举能让选民的意愿和权益得以充分表达，直接投票产生候选人，并对竞争选举进行公示，能够公开、公平地保证有能力、有责任的人大代表候选人脱颖而出，避免了在代表候选人上“安排性”“荣誉性”“照顾性”的倾向，使人大代表积极维护选民的私人权利，真正体现了人民当家做主的原则。随着市场经济的发展与市民社会的壮大，人们的权利意识与自治意识增强，我们应该在更广的范围内分阶段、有层次地进行试点，进一步推行直接选举，促进国家权力与私人权利的良性互动。

（2）建立人大代表专职制度。目前我国实行的是人大代表兼职制度，除

---

① 马克思、恩格斯：《马克思恩格斯选集（第三卷）》，中共中央马克思恩格斯列宁斯大林著作编译局编译，北京：人民出版社，2012 年版，第 55 页。

人大常委会工作人员外，人大代表一般都有自己的本职工作。有些代表平时忙于自己的工作，疏于考察调研，提不出有效满足人民需求的提案，无法获得选民的认可，在履职时疲于应付，成为“举手代表”和“表决机器”，虚置了主权在民的原则。我国应完善选举法，确立人大代表专职化制度，建立人大代表履职培训制度与监督制度，提高人大代表履职的公开性与透明性，加强人大代表与选区人民群众的联系，保证人民群众更好地参政议政，实现自身的权益。

（3）完善人大代表罢免制度。为了建立一种真正的代表制关系，代表由被代表者所选出或任命是不够的。必须要求代表在法律上具有执行被代表者的意志的义务，而且这一义务的履行在法律上是受保障的。典型的保障就是当代表的活动并不符合被代表者的愿望时，被代表者有罢免代表的权利。①罢免权与选举权是不可分割的，而且是对选举权的延伸与保护。《中华人民共和国选举法》第十章第四十六条规定：“全国和地方各级人民代表大会的代表，受选民和原选举单位的监督。选民或者原选举单位都有权罢免自己选出的代表。”罢免权是选民监督人大代表履行职务的有效手段，也是保证人大代表代表人民利益的根本保障。我国应完善选举法与相关法律制度，对不按时参加人大会议的、不反映民众权益的、不能完成考察调研的、不能通过述职评议的甚至以人大代表身份为掩护违法犯罪的，要坚决罢免其职务。

第三，加强人大及其常委会的监督力度，将人大及其常委会的监督权落到实处。自 2007 年《中华人民共和国各级人民代表大会常务委员会监督法》颁布实施以来，各级人大及其常委会逐渐加大了监督力度，取得了一定的成效，但是监督不力的现象仍然存在。正如栗战书在《全国人民代表大会常务委员会工作报告》所强调的：“过去一年，工作中也存在差距和不足，主要是：立法工作的质量和效率需要进一步提升，监督工作机制和方式需要进一

① [奥] 凯尔森：《法与国家的一般理论》，沈宗灵译，北京：中国大百科全书出版社，1996 年版，第 321 页。

步健全完善，密切与人大代表、人民群众联系的制度机制需要进一步落细落实，人大理论研究和新闻舆论工作水平需要进一步提高，自身建设需要进一步加强。”[①]。

（1）赋予人大调查听证权。人大及其常委会应经常就“一府两院”影响广泛的重大问题进行调查，召集专家、群众、官员进行听证，加强对“一府两院”的监督制约，保证人民享有知情权与参与权。充分发挥宪法赋予人大及其常委会的权力，根据特定问题成立调查委员会，就影响重大的决策进行调查，并举行听证会。首先，听证会要本着公正、公平的原则遴选听证代表，以保证听证代表的公正性与广泛性。其次，要坚持公开原则。保证听证内容公开、规则公开、遴选公开、过程公开、结果公开。再次，要保证听证代表充分表达意见。最后，听证意见对决策具有重要参考作用，对没有采纳听证意见的决策，要给予充分的理由说明。

（2）加强人大的质询权。2010 年 3 月，吴邦国在十一届全国人大三次会议上首次提出要“选择代表普遍关心的问题听取国务院有关部门专题汇报，根据有关法律的规定，要请国务院有关部门主要负责同志到会听取意见、回答询问、答复问题”[②]。质询权是我国各级人大代表及其常委会对本级国家行政机关、审判机关、检察机关的违法行为与有重大失误的职权行为依法提出询问或质询，并要求予以答复的权力，各级人大及其常委会通过对“一府两院”进行询问或质询进行权力的监督制约。加强人大及其常委会的质询权，要赋予人大代表闭会期间的质询权，使其能够随时随地对“一府两院”的违法失职行为进行质询。确定公开质询的程序与期限。要求答复人按照法律程序与期限及时答复有关问题，允许人大代表与答复人进行充分辩论、交换看法。未通过质询的答复，可以进入司法程序。公开质询过程，公布质询结果。

---

① 栗战书：《全国人民代表大会常务委员会工作报告》，《人民日报》，2019 年 3 月 19 日，第 1 版。

② 中共中央文献研究室：《十七大以来重要文献选编（中）》，北京：中央文献出版社，2011 年版，第 612 页。

明确质询的法律责任。对弄虚作假或拒绝答复的给予处分，对确定违法或失职者予以罢免。

2. 健全与完善司法权的监督制约机制

我国的司法监督主要以国家司法机关为主体，司法权由人民法院和检察院行使。我国的司法监督机制实行双重领导原则，以同级党委或政府的领导为主，又受上级监督机关的领导，即“以块为主，以条为辅”。当前司法不独立是我国司法机关监督工作难以真正实现的主要原因。健全与完善司法监督，要处理好党的领导与司法独立之间的关系。坚持党的领导是我国政治生活的基本原则，司法机关也不例外，司法独立并不是要独立于党的领导，而是要更好地坚持党的领导。党的领导主要是政治、思想和组织上的领导，这种领导主要应从政策、方针上的政治思想领导与向人大推荐司法机关领导干部的组织领导来实现，而不是直接干预司法权。司法机关贯彻执行《中华人民共和国宪法》和法律，维护人民的权利，既反映了人民的意愿，也体现了党全心全意为人民服务的宗旨与意志，实际上是更好地体现了党的领导。《中华人民共和国宪法》规定：“任何组织和个人都不得有超越宪法的特权。”因此，党政机关必须在《中华人民共和国宪法》和法律的范围内活动，要按照法定程序并通过人大来实现对司法机关的领导，而不能直接干涉。改革司法机关的财政人事制度，增强司法机关的独立性。

3. 设置合理的中央与地方分权

在计划体制下，我国确立了高度中央集权的管理体制，地方的权力高度集中于中央政府，管理自主权相对较弱。权力高度集中，不仅在局部产生了官僚主义作风与权力腐败，而且在一定时期内破坏了社会主义民主集中制与法制化进程。正如邓小平所说的：“我们历史上多次过分强调党的集中统一，过分强调反对分散主义、闹独立性，很少强调必要的分权和自主权，很少反对个人过分集权。过去在中央和地方之间，分过几次权，但每次都没有涉及到党同政府、经济组织、群众团体等等之间如何划分职权范围的问题。”[①]

在我国中央与地方的合理分权，目标是要建立中央适度集权与地方自治相结合的模式。强化中央政府的权威，发挥中央政府在宏观调控中的作用，不断完善宏观调控体系，加强中央政府的引导作用，促进我国的经济、政治、文化健康有序地发展。明确中央政府与地方政府在财权、事权方面的划分，建立完善的转移支付制度。中央政府只承担地方政府难以有效完成或不宜由地方政府完成的事务，如国防、外交等。地方政府则要依法履行其职责，提供有效的公共服务。对于中央政府与地方政府共同承担的事务，要明确各级政府所要承担的比例。完善财政管理体制，合理划分税权，既保障了中央政府的宏观调控能力得以有效发挥，又保证了地方政府的积极性。实行地方自治，把地方自治纳入《中华人民共和国宪法》与法律规范，建立规模适度的地方自治单位，允许居民通过自治权自主处理与居民切身利益相关的事务，维护自身权益。

（二）以法律制约权力

以法律制约权力是指公共权力的设置、运行、惩处等都由宪法和法律进行规范和调整，从而实现公共权力运行的法治化。作为一种区别于人治、德治与礼治的治国方略，法治已经成为现代社会文明进步的显著标志，在依法治国战略目标的指引下，运用法治手段防止公共权力的滥用与腐败，维护社会公平正义，已成为当代中国的共同价值追求。现代法治以制约公权、保障私权为基本价值取向，其基本手段就是运用具有普遍约束力的法律限制权力。它要求所有公共权力的运作都必须在法治的范围内进行，任何超越法治框架的公权运作都是非法的、无效的。《中华人民共和国宪法》规定：“任何组织和个人都不得有超越宪法的特权。”宪法是我国的根本大法，它意味着在宪法和法律的范围内，公共权力对人民负责，以更好地保护私人权利，

① 邓小平：《邓小平文选（第二卷）》，北京：人民出版社，1994 年版，第 329 页。

同时也限制私人权利的滥用；依法保证公共权力的正常运行，否则私人权利将失去保障，同时也限制了公权滥用。因此“维护宪法权威，就是维护党和人民共同意志的权威。捍卫宪法权威，就是捍卫党和人民共同意志的尊严。保证宪法实施，就是保证人民根本利益的实现”①。“各级领导干部都要牢记，任何人都没有法律之外的绝对权力，任何人行使权力都必须为人民服务、对人民负责并自觉接受人民监督。”②法治的核心是限制公权，“对权威的限制是必不可少的。只有当一个政府受到有效的限制时，它才是合法的”③。宪法和法律作为人民利益和权利的集中体现，是权力运行的规范和边界，“公民的基本权利和义务是宪法的核心内容，宪法是每个公民享有权利、履行义务的根本保证”，“只有保证公民在法律面前一律平等，尊重和保障人权，保证人民依法享有广泛的权利和自由，宪法才能深入人心，走入人民群众，宪法实施才能真正成为全体人民的自觉行动”。④

1. 树立法律至上的理念

现代法治的基本理念是法律至上，我们要树立法律至高无上的权威，严格依法行使权力。“在专制政府中国王便是法律，同样地，在自由国家中法律便应成为国王。”⑤“从某种意义上说，法律的使命正是为了防止权力的滥用。以法律制约权力，防止公共权力滥用，保障公民权利不受权力的不法侵害，是社会主义法治的基本要义和不懈的价值追求。”⑥法律至上是现代法治的基本准则，法律至上意指法律具有至高无上的地位，就内部秩序而言，是指宪法位于法律体系的顶端，一切其他法律违反宪法都是无效的，法律高

① 习近平：《习近平谈治国理政（第一卷）》，北京：外文出版社，2014 年版，第 137 页。

② 习近平：《习近平谈治国理政（第一卷）》，北京：外文出版社，2014 年版，第 388 页。

③ [英] 约翰·埃默里克·爱德华·达尔伯格-阿克顿：《自由与权力》，侯健、范亚峰译，南京：译林出版社，2011 年版，第 295 页。

④ 习近平：《习近平谈治国理政（第一卷）》，北京：外文出版社，2014 年版，第 140~141 页。

⑤ [美] 潘恩：《潘恩选集》，马清槐译，北京：商务印书馆，1982 年版，第 35~36 页。

⑥ 阎德民：《中国特色权力制约和监督机制构建研究》，北京：人民出版社，2011 年版，第 258 页。

于行政法规、规章与行政命令；就外部秩序而言，是指宪法居于任何社会势力、组织、个人的权力之上。法律是主权在民原则的体现，是人民根本利益与共同意志的反映，法律必须保护公民的普遍权利、尊严与自由，这是现代法治的价值基础。在民主国家，经过法律授权的权力，才是合法的权力，才能得到人民的拥护与支持。宪法和法律具有至高无上的权威，意味着国家权力的行使要符合法律规定的范围、程序、要件等，而且公民权利没有经过正当的法律程序不能被剥夺，任何公权的滥用与越权不仅是无效的，而且要受到法律的追究。正如我国法学家龚祥瑞所说的："法治就是对权力的制约"①，"法治的基本要求是限制权力的滥用"②。

亚里士多德在《政治学》中认为，法治优于人治。洛克认为，立法权与行政权的分离有助于保护自然法的实现，立法机构通过颁布法律行使立法权，国家权力"不应该是专断的和凭一时高兴的，而是应该根据既定的和公布的法律来行使"③，否则人类就处在比自然状态还坏的状况里。洛克明确指出："法律的目的不是废除或限制自由，而是保护和扩大自由"，"哪里没有法律，那里就没有自由"④，"法律一停止，暴政就开始了"⑤。马克思认为，国家是无产阶级取得政权之后仍不得不暂时利用的一个力量，因此必须采取措施对国家权力加以制约，而法律就是其中的有效措施之一。马克思将法律与自由相联系，他说："法律是肯定的、明确的、普遍的规范，在这些规范中自由获得了一种与个人无关的、理论的、不取决于个别人的仁性的存在。法典就是人民自由的圣经。"⑥列宁也认为，"宪法就是一张写着

① 龚祥瑞：《比较宪法与行政法》，北京：法律出版社，1985 年版，第 74 页。

② 龚祥瑞：《比较宪法与行政法》，北京：法律出版社，1985 年版，第 518~519 页。

③ [英] 洛克：《政府论》，叶启芳、瞿菊农译，北京：商务印书馆，1964 年版，第 86 页。

④ [英] 洛克：《政府论》，叶启芳、瞿菊农译，北京：商务印书馆，1964 年版，第 36 页。

⑤ [英] 洛克：《政府论》，叶启芳、瞿菊农译，北京：商务印书馆，1964 年版，第 123 页。

⑥ 马克思、恩格斯：《马克思恩格斯全集（第 1 卷）》，中共中央马克思恩格斯列宁斯大林著作编译局编译，北京：人民出版社，1995 年版，第 176 页。

人民权利的纸"[①]，法律监督是"把共产主义社会第一阶段调整好，使它能正常地运转所必需的主要条件"[②]。法律至上的理念是法治的前提，法律的权威性、普遍性与稳定性，使得法律能够约束公权、保障私权，成为形成公平正义的社会秩序的有效工具。但是目前我国制约和监督国家权力的法律法规还存在很多不足，法制不够健全、无法可依、有法不依的情况还有待改善，我们必须尽快制定相应的法律法规，使得法律制约权力得以有效实施。

2. 加强立法工作，使公共权力有法可依

加强立法工作，是法律得以有效运行的前提条件。依法治国就是要通过法制化的规则和程序实现对公共权力的制约。洛克认为："在一切场合，只要政府存在，立法权是最高的权力"，"社会的任何成员或社会的任何部分所有的其他一切权力，都是从它获得和隶属于它的"。[③]加强立法就是要把公共权力的运行及其程序以法律的形式加以规定，对于公共权力来说，越权与不作为都是违法的。法治就是要运用法律的权威性、普遍性与强制性来防止公共权力的扩张和滥用。"法治的意思就是指政府在一切行动中都受到事前规定并宣布的规则的约束。"[④]依据社会主义法治理念，加强与完善立法工作，要做到科学立法与民主立法的统一，确立以宪法为核心的社会主义法律体系。宪法是"规定政府性质、职能及其限制的根本性法律或原则"，"是一部限制政府权力、保障个人权利的法律文件"，其职能"主要表现于对政府权力所施加的有效限制"。[⑤]要大力推进全面覆盖国家机关与公务员的国

① 列宁：《列宁全集（第 12 卷）》，中共中央马克思恩格斯列宁斯大林著作编译局编译，北京：人民出版社，1987 年版，第 50 页。

② 列宁：《列宁选集（第三卷）》，中共中央马克思恩格斯列宁斯大林著作编译局编译，北京：人民出版社，2012 年版，第 539 页。

③ [英] 洛克：《政府论》，叶启芳、瞿菊农译，北京：商务印书馆，1964 年版，第 92 页。

④ [英] 哈耶克：《通往奴役之路》，谭爽译，北京：京华出版社，2000 年版，第 73 页。

⑤ 张千帆：《西方宪政体系（上册·美国宪法）》，北京：中国政法大学出版社，2004 年版，第 2~4 页。

家监督体系，“监察对象要涵盖所有公务员。要坚持党对党风廉政建设和反腐败工作的统一领导，扩大监察范围，整合监察力量，健全国家监察组织架构”，“要把党内监督同国家监督、群众监督结合起来，同法律监督、民主监督、审计监督、司法监督、舆论监督等协调起来，形成监督合力，推进国家治理体系和治理能力现代化”。①

3. 完善执法体制，使公共权力有法必依、执法必严

法律的生命在于它的实施。建设社会主义法治社会不仅体现在立法上，还体现在党与政府依法行政能力的显著增强上，完善我国的执法体制就是要国家机关做到有法必依与执法必严。国家行政机关与司法机关是执法的主体，那么完善执法体制，就要求我国的行政机关与司法机关有法必依、执法必严。依法治国是我国法治建设的必然要求，目前，我国的执法体制还不完善，主要表现为国家机关有法不依、执法不严，领导干部以权代法，执法人员以权怠法，执法部门越权行政，执法者不按程序严格执法，等等。完善执法体制，要做到以下几点。

（1）严格执法程序。程序正义是实质正义的基础，对于公共权力来说，只有在保证国家机关按照合法程序行使公共权力的基础上，才能谈得上合法行政，使公共权力严格按照程序法行使公共权力，是制约公共权力膨胀的有效手段。“各国法治的发展史已经表明，法律程序是人治与法治的分水岭，是防止专横和权力滥用的屏障，公正合理的程序是法治现代化的基石。行政程序则是人治行政与法治行政的分水岭，是现代市场经济、民主政治和法治观念不断发展的产物，行政程序具有其自身独立的价值。”②严格遵守法定的程序，是现代法治的基本要求，有了程序性的规范，才能有效地避免行政权与司法权的随意性行使。针对行政权设计行政程序，如检查程序、裁决程

① 习近平：《习近平谈治国理政（第二卷）》，北京：外文出版社，2017 年版，第 169 页。

② 王学辉、宋玉波等：《行政权力研究》，北京：中国检察出版社，2002 年版，第 248 页。

序、处罚程序等，针对司法权设计诉讼程序，如行政诉讼程序、民事诉讼程序、司法救济程序等。历史的经验表明，法令兴则国家昌盛，法令衰则国家败亡，有法必依、执法必严也是我国社会主义法治建设实践经验的总结。邓小平多次强调执法必严，不允许存在法律之外的任何特权，他说："不管谁犯了法，都要由公安机关依法侦查，司法机关依法办理，任何人都不许干扰法律的实施，任何犯了法的人都不能逍遥法外……不许任何违反党纪的人逍遥于纪律制裁之外。"①

（2）提高执法人员的业务素质。江泽民曾说："做到严格依法、公正司法，还要着力解决领导机关和领导干部违法违规干预问题。这是导致执法不公、司法腐败的一个顽瘴痼疾。"②在法律实践中，国家机关的一些领导干部法治意识不强，重政策、轻法律，重人治、轻法治的错误思想严重，执法部门的首长负责制变成了领导个人的"一言堂"，导致了因言废法、以权代法、干扰执法等现象的发生。还有的执法者存在"重实体、轻程序"的错误倾向，不把程序法当法。要实现依法办事，必须提高执法人员的执法水平，有计划、有步骤地对执法人员进行培训、考核，提升执法人员的业务素质。各级执法机关要对执法者进行法制教育，要在宪法和法律的范围内行使公共权力，各级领导干部要以身作则，严格依法办事，自觉维护法律的尊严。全体执法机关与执法人员必须尊重和保障私人权利，实现以人为本、执法为民。执法人员要转化思维定式，由"权力本位"转向"权利本位"，由"无限政府"转向"有限政府"，由"管理型政府"转向"服务型政府"。国家政府权力由无限向有限过渡，有两个基本方面：其一，国家政府权力不应是不受监督的权力，而应是受到有效监督与制约的权力；其二，国家政府权力不应

① 邓小平：《邓小平文选（第二卷）》，北京：人民出版社，1994版，第332页。

② 中共中央文献研究室：《习近平关于全面依法治国论述摘编》，北京：中央文献出版社，2015年版，第73页。

是无所不在的权力，而应是在其所应在，应回归公共领域。[①]

4. **建立违宪审查机制，对公共权力违法必究**

违法必究的目的在于保障宪法和法律得到遵守与执行，违法必究就是追究执法机关违法与失职者的法律责任，这是依法治国的重要保证，是法律权威的体现。“违法必究是社会主义法治原则的一项基本要求。违法必究有两重含义：一是对违法行为追究的必要性、必然性，即只要是违法行为必须也必然要受到追究；二是对违法行为追究的无差别性或曰平等性，即无论什么人，不管地位多高、功劳多大，都没有违法的特权，其违法行为都要受到追究。”[②]通过法律明确国家机关的法律责任，就可以督促行政机关与司法机关合法行政，在一定程度上制约公共权力，防止公权滥用，保护私权。邓小平说：“公民在法律和制度面前人人平等，党员在党章和党纪面前人人平等。人人有依法规定的平等权利和义务，谁也不能占便宜，谁也不能犯法。”[③]

“人类为了克服政治对公民权利的侵犯，逐渐确立了限制权力产生和发展的理念，这一成果就是立宪主义。立宪主义在现代国家的一个重要成果就是确立违宪审查制度，并根据国民利益和意志来对宪法的实施予以保障。”[④]任何权力都来自宪法和法律，任何权力都要受到立法和司法的制约与监督，法律的作用既要治民，更要治官，以制约国家机关的公共权力。要建立宪政国家，就要建立违宪审查制度。违宪审查又叫司法审查，是由特定的司法机关执行的对一切法律与政府、组织、个人的行为是否合乎宪法进行的审查。“没有司法性质的机构对立法进行独立与中立的审查，宪法条文和精神之落实就完全取决于立法机构的意愿，法治也就不可能真正上升到宪

① 高兆明、李萍：《现代化进程中的伦理秩序研究》，北京：人民出版社，2007 年版，第 217 页。
② 卢瑞玲：《执政为民与违法必究》，《光明日报》，2003 年 11 月 18 日。
③ 邓小平：《邓小平文选（第二卷）》，北京：人民出版社，1994 版，第 332 页。
④ 张庆福：《宪政论丛（第 1 卷）》，北京：法律出版社，1998 年版，第 174 页。

政。”[①]宪法是我国的根本大法，在国家法律体系中处于最高地位，宪法规定人大及其常委会有权监督宪法的实施，但是这种监督还不能视为真正意义上的违宪审查，它不仅缺乏专门的、独立的监督机构，而且这种监督权包括哪些方面、如何具体执行、要经过哪些程序等都没有具体规定，因此我国违宪审查的程序仍有待完善。而且，由人大及其常委会行使宪法监督权，免除了人大及其常委会颁行法律的合宪性审查，在一定程度上降低了宪法监督的权威。我们应尽快完善宪法与法律监督机制，设立专门的宪法委员会，选派资深法学家、法官与律师，加大违宪与违法审查的力度和范围，把主动性审查与被动性审查结合起来，推行司法独立，使得一切执法机关的违法行为都得到应有的惩处。正如习近平同志所说的：“我们要以宪法为最高法律规范，继续完善以宪法为统帅的中国特色社会主义法律体系，把国家各项事业和各项工作纳入法制轨道，实行有法可依、有法必依、执法必严、违法必究，维护社会公平正义，实现国家和社会生活制度化、法制化。”[②]

（三）以制度制约权力

以制度制约权力是指依靠制度建设与制度创新加强对公共权力运行的制约和监督，权力制度的科学设置是防止公共权力滥用与腐败的有效手段。邓小平分析了权力过分集中产生的严重危害，“容易造成个人专断，破坏集体领导，也是在新的条件下产生官僚主义的一个重要原因”[③]。受传统政治伦理文化的影响，我国一直是一个重公权、轻私权的国家。中华人民共和国成立以后，传统观念的惯性使得国家权力本位论在实际的政治生活与社会生活中发挥着持续的影响。而当代中国的权力观教育往往侧重于从思想政治教育方面强调权力来源于人民，在一定程度上忽视了制约权力的制度建设。

① 张千帆：《宪法学导论：原理与应用》，北京：法律出版社，2004年版，第149页。
② 习近平：《习近平谈治国理政（第一卷）》，北京：外文出版社，2014年版，第140页。
③ 邓小平：《邓小平文选（第二卷）》，北京：人民出版社，1994年版，第321页。

2010 年 1 月 12 日，胡锦涛同志在第十七届中央纪律检查委员会第五次全体会议上强调："要以建立健全惩治和预防腐败体系各项制度为重点，以制约和监督权力为核心，以提高制度执行力为抓手，加强整体规划，抓紧重点突破，逐步建成内容科学、程序严密、配套完备、有效管用的反腐倡廉制度体系，切实提高制度执行力、增强制度实效。"①习近平同志也指出："关键是要健全权力运行制约和监督体系，让人民监督权力，让权力在阳光下运行，把权力关进制度的笼子里。要更加科学有效地防治腐败，全面推进惩治和预防腐败体系建设，提高反腐败法律制度执行力，让法律制度刚性运行。"②

1. 完善党内监督制度

邓小平曾经指出："在民主的实践方面，我们过去作得不够，并且犯过错误"，"现在我们已经坚决纠正了过去的错误，并且采取各种措施继续努力扩大党内民主和人民民主"。③中国共产党是我国的执政党，是我国国家政治生活和各项事业的领导者，我党的路线、方针、政策直接关系着国家的命运与社会主义事业的前途。由于我党的执政地位，一些领导干部容易沾染主观主义、官僚主义和宗派主义的习气，一些领导干部大搞权钱交易、权色交易，"这里面的突出问题，就是还没有完全形成有效的监督管理制度和机制，越是高级干部越缺少有力的监督和管理"④，为了保证党领导我国的社会主义事业不断向前进，党自身要不断克服主观主义、官僚主义和宗派主义的不良影响，扩大党内民主，完善党内监督制度。习近平同志说："长期以来，党内存在的一个突出问题，就是不愿监督、不敢监督、抵制监督等现象不同程度存在，监督下级怕丢'选票'，监督同级怕伤'和气'，监督上级

---

① 胡锦涛：《胡锦涛文选（第三卷）》，北京：人民出版社，2016 年版，第 299 页。
② 习近平：《习近平谈治国理政（第一卷）》，北京：外文出版社，2014 年版，第 391~392 页。
③ 邓小平：《邓小平文选（第二卷）》，北京：人民出版社，1994 年版，第 168 页。
④ 江泽民：《江泽民文选（第二卷）》，北京：人民出版社，2006 年版，第 503 页。

怕穿‘小鞋’。在不少地方和部门，党内监督被高高举起、轻轻放下，成了一句口号。党内监督缺位，必然导致党的领导弱化、党的建设缺失、全面从严治党不力。”[①]党内监督要出效果，监督工作水平要有所提高，有赖于党内制度建设的完善与加强。

第一，加强领导干部权力制约的制度设计。制约和监督党内权力运行，重点是要“加强对党的领导干部的监督，督促其正常参加组织生活、履行党员义务”[②]。《中国共产党党内监督条例（试行）》规定，要把对党的各级领导干部的监督作为党内监督的重点。要重点加强党政领导干部关键岗位的监督，着力健全领导干部述职、质询、经济责任审计、引咎辞职、撤换、罢免等制度，推行领导干部问责制、廉政承诺制与行政责任制。加强对制度执行情况的监督检查，尤其是牢记“党内监督在党和国家各种监督形式中是最根本的、第一位的”，同时也要与“国家机关监督、民主党派监督、群众监督、舆论监督等结合起来”。[③]第二，完善党的代表大会制度。《中国共产党章程》规定，中国共产党的领导机关，是党的全国代表大会和地方各级领导机关以及由它们所产生的常委会。完善党的代表大会制度最重要的是实行党员代表大会的常任制，使得党代表在党员代表大会闭会期间也能充分发挥监督权、批评权与罢免权。还要实行党内规范化的、正常化的竞争性选举制度，增强党代表的广泛性，解决党内权力授受关系这一问题，保证领导干部正确运用权力，坚持全心全意为人民服务的宗旨。第三，开展党内民主，保障党员权利。党内民主是党的生命，违逆党内民主必然导致削弱党的执政能力。推行党内民主建设，就是要提高党员的主体意识，保障党员的民主权利，切实保障党员的各项监督权。我们应加大党内民主的力度，扩大党内民主的范围，正如习近平同志所说的：“全党要深刻认识到，党内监督是永葆党的

① 习近平：《习近平谈治国理政（第二卷）》，北京：外文出版社，2017 年版，第 185 页。
② 习近平：《习近平谈治国理政（第二卷）》，北京：外文出版社，2017 年版，第 187 页。
③ 习近平：《习近平谈治国理政（第二卷）》，北京：外文出版社，2017 年版，第 187 页。

肌体健康的生命之源，要不断增强向体内病灶开刀的自觉性，使积极开展监督、主动接受监督成为全党的自觉行动”，“在党的会议上，党员要勇于对违反党章党规的行为提出意见，有根据地批评党的任何组织和任何党员，负责地向党反映党的任何组织和党员违纪违法的事实”，“对于扰妨碍监督、打击报复监督的人要依纪严肃处理”。[①]

2. 健全政务公开制度

“确保权力正确行使，必须让权力在阳光下运行。”[②]政务公开是现代民主政治发展的必然结果，是我国推进政府体制改革的重要内容，是塑造服务型政府的基础性工作。没有政务公开就没有民众的知情权，政务公开为民众了解政策法规创造了便利条件，促使公共权力的透明化运作，是一种有效制约和监督公权的手段。当前加快政务公开工作，是完善权力制约与监督机制、防止公共权力的滥用与腐败、督促政府依法行政、实现依法治国的重要任务。没有政务公开、民主监督，任何民主制度和政治文明的实现都是不可能的。[③]所谓政务公开，是指政府机关在行使管理的全过程中，把涉及群众切身利益的重大事项和群众关心的热点问题，向社会公开，以便于群众办事、接受社会监督，建设廉洁、高效、务实的政府。[④]政务公开的形式是多种多样的，如政府公报、政务公开大厅、政务公开专栏、政务听证会、政务专线、政务咨询台、新闻媒体与互联网等。政务信息公开是政务公开的核心。《中华人民共和国政府信息公开条例》于 2008 年 5 月 1 日正式施行，该条例填补了我国政务公开制度建设方面的缺失与不足，但是由于行政体制的不完备、配套法律法规的不完善以及各地区发展水平的参差不齐，我国的政务公开仍需进一步地推进与加强。

---

① 习近平：《习近平谈治国理政（第二卷）》，北京：外文出版社，2017 年版，第 185~187 页。

② 胡锦涛：《胡锦涛文选（第二卷）》，北京：人民出版社，2016 年版，第 638 页。

③ 中共中央纪委办公厅：《政务公开》，北京：中国方正出版社，2004 年版，第 1 页。

④ 中共中央纪委办公厅：《政务公开》，北京：中国方正出版社，2004 年版，第 2~3 页。

第一，坚持依法公开信息制度。政务公开的实质是要让广大民众有效监督政府依法行政，保护私人合法权利。没有公开，就没有监督，没有监督，权力就会被滥用，产生权力腐败。我国的政务公开应坚持“以公开为原则，以不公开为例外”，广泛公开政府信息，只要内容不涉及国家秘密、商业秘密和个人隐私的政府信息，都应当予以公开。行政机关公开的政务信息应当包括：本机关的职责、职权、机构，编制、职位，以及主要领导成员的履历、分工；本机关既定的行政法规、规章和其他规范性文件，以及制定过程中形成的记录、报告、咨询等意见；本机关指定的发展战略、规划、政策，以及制定过程中形成的记录、报告、咨询等意见；本机关做出的设计不特定对象的命令、决定、通告、通知、通报、意见、解释等；本机关有权做出的行政行为及其依据、种类、权限、程序、救济途径和其他事项；本机关的联系方式，以及行政机关围绕人事权、财权和物权的公开，如本地区发展规划、重大项目审批、税费减免、大额资金使用、重大物资分配、大宗物品采购、行政机关工作人员和领导干部勤政廉政等情况的公开。①第二，加强网上政务公开工作。随着互联网的普及，政府启动了网上政务公开工程。“网上政务公开，即指政府机关在行使行政管理全过程中，通过网络技术，建设科学、合理、有效的政府网站或其他网上信息平台，把涉及群众切身利益的重大事项和群众关心的热点问题，向社会公开，以便于群众办事、接受社会监督，建设廉洁、高效、务实的政府。”②网上政务公开不仅能够全面、及时、有效地传递政务信息，提升政务公开的广度与深度，而且极大地降低了自由裁量权带来的权力滥用与权力腐败，增加了政府行政的透明度，还可以实现政府与民众的互动，拓宽公民政治参与和制约权力的渠道。我们应建立一支专业高效的网上政务公开工作人员队伍，健全配套的法律法规，推行政务公开

① 中共中央纪委办公厅：《政务公开》，北京：中国方正出版社，2004年版，第35~36页。

② 刘轶南：《网上政务公开研究——对贵州省网上政务公开现状的调查与分析》，贵州大学硕士学位论文，2007年，第2页。

责任制，坚持“谁主管、谁负责”的原则，推动网上政务公开工作不断完善。

（四）以权利制约权力

以权利制约权力，“其含义在于，在正确理解权利与权力的关系的基础上，恰当地配置权利，以使它能够起到一种限制、阻遏权力之滥用的作用”[①]。以权利制约权力，主要有两层含义：其一是承认和尊重公民的私权，如财产权、人身自由权和隐私权等，这些权利是国家权力不可逾越的界限；其二是当国家权力逾越其法定的界限、侵害私权时，公民可以通过选举权、知情权、结社权、参与权等对政府机关及其工作人员的不当行为进行检举与控告，并有侵权救济的权利。“如果说规则至上和秩序至上只是宪法至上的表层特征的话，那么权利至上则是宪法至上的核心内容。因此我们完全可以认为：宪法至上的内在精神即以权利制约权力。”[②]权力来自权利的让渡，因此权力必须以权利为法定界限，保障私人权利。以权利制约权力，就是使公民成为公共权力制约和监督的重要力量，以权利制约权力得以实现的关键在于，国家以宪法和法律的形式确立公民权利的至上性，这是以权利制约权力得以实施的前提条件。因此，以权利制约权力的实现需要以一种民主制度为保障，以确保每一位公民能够充分有效地行使其权利。以权利制约权力的实现程度还是衡量一个国家政治文明发展程度的重要标志，“我们衡量一个国家的民主发达程度，不仅要看它的法律所表明的统治权力的最终归属，更要看普通公民以权利制约权力的实现程度”[③]。宪法和法律至上就意味着人民的权利至上，现代政治文明的显著标志，就是通过建设法治社会实现对权力的有效规范，以保障公民的权利，其实质就是保障公民权利、限制国家权力。

---

① 何永红、郭珊：《权力制约的机制及其在我国的运用》，《行政论坛》，2004年第3期，第20页。
② 周叶中：《宪法至上：中国法治之路的灵魂》，《法学评论》，1995年第6期，第4页。
③ 侯健：《三种权力制约机制及其比较政治学研究》，《复旦学报》，2001年第3期，第105页。

我国应通过完善人民代表大会制度来保障公民的选举权，通过政务公开制度来实现公民的知情权。对于公民来说，要树立权利意识，树立运用法律来保护自身的人格、尊严和利益的观念。“为了把政治权力控制在适当的范围内，要求保持最大限度的警惕和谨慎。”[①]“如果没有示威的决心，示威的权利就形同虚设。如果没有人要批评什么，言论自由就毫无意义。出版自由、司法自由、隐私权都可能在无须改动宪法一个字的情况下荡然无存。”[②]除此之外，我们还应通过制度设计，提高公民的政治参与意识，保障公民的参与权。

“政治参与是普通公民通过各种合法方式参与政治生活，并影响政治体系的构成、运行方式、运行规则和政策过程的行为。”[③]参政议政是一项基本政治权利，公民参与是公民权利意识的觉醒，是对公民政治权利的尊重与保护，也是制约和监督公共权力的有效手段。党的十七大报告指出：“从各个层次、各个领域扩大公民有序政治参与，最广泛地动员和组织人民依法管理国家事务和社会事务、管理经济和文化事业。”[④]在民主国家，政治参与是主权在民原则的体现，“公民在政治舞台的现身和表演不是被迫卷入而是自愿作为，积极介入政治过程意味着通过行使正当权利而在一种互动情景中做出关乎公共事务的集体决策”[⑤]。有效的公民参与，是获得政治自由与规范公共权力运行、防止权力腐败的有效工具。

当前我国政治参与的渠道主要包括人民代表大会制度、人民政治协商制度、地方自治制度，但是我国动员式政治参与的消极影响以及政治参与制度的不健全，导致了人们对政治参与的冷漠。根据学者对我国低度政治参与的调研数据，只有 21.7%的公民是真正的政治参与者，78.3%的公民对政治参与

① [美] 伯恩斯：《民治政府：美国政府与政治》，陆震纶，等译，北京：中国社会科学出版社，1996年版，第 265 页。

② 胡玉鸿：《“以权利制约权力”辨》，《法学》，2009 年第 9 期，第 14 页。

③ 王浦劬：《政治学基础》，北京：北京大学出版社，2006 年版，第 38 页。

④ 胡锦涛：《胡锦涛文选（第二卷）》，北京：人民出版社，2016 年版，第 635 页。

⑤ [美] 萨托利：《民主新论》，冯克利、阎克文译，北京：东方出版社，1993 年版，第 118~119 页。

持一种冷漠的态度。[①]我国应大力完善政治参与的途径，健全人民代表大会、政治协商会议、地方自治等政治参与形式，完善公民政治参与的法律与程序，拓展新兴阶层政治参与的渠道。“真正的民主应当是所有公民直接的充分的参与公共事务的决策的民主，从政策议程的设定到政策的执行，都应该有公民的参与，只有在大众普遍参与的氛围中，才有可能实践民主所欲实现的基本价值。”[②]

（五）以社会制约权力

以社会制约权力是指“在民主的目标下，以权力制约为实现手段，将制约国家权力与保护公众和社会的权利结合起来的一种方式”[③]。市场经济的发展使得我们的社会结构、社会生活发生了巨大的变化，由过去的一元封闭性社会转变成为多元开放性社会，国家的权力中心也由过去的国家单个中心出现了多元化现象。因此，仅仅依靠国家权力内部的分权制衡是不够的，还必须依靠社会的力量实现对权力的制约，“尤其是自治性、多元性、社会性、开放性社团组织的大量存在，是抗衡专权、监督权力的一只‘独立之眼’”[④]。市民社会不仅可以制约国家权力、保障私人权利，还可以制约私人权利，形成市民社会的自治秩序。市民社会基于不同社会阶层的集体性自我意识形成市民认同，这种市民认同“就成为规约个人、集体、社会和国家彼此间的关系，遏制冲突强度与制约离心倾向的必要途径和可靠手段”[⑤]，构成国家权力合法性和宪法与法律制度的变革的社会基础。

以社会制约权力强调依靠社会的力量来实现对国家权力的制约和监督，

① 申长富、吴小建：《当代中国低度政治参与的现象透析》，《江苏省社会主义学院学报》，2005年第2期，第45页。

② [美] 佩特曼：《参与和民主理论》，陈尧译，上海：上海人民出版社，2006年版，第26页。

③ 郭道久：《“以社会制约权力”：理念、内涵和定位》，《延安大学学报（社会科学版）》，2011年第3期，第7页。

④ 马长山：《国家、市民社会与法治》，北京：商务印书馆，2002年版，第243页。

⑤ 马长山：《国家、市民社会与法治》，北京：商务印书馆，2002年版，第166页。

来保证国家权力的正当行使，防止国家权力的滥用与腐败，维护私人权利。以社会制约权力体现了维护和实现主权在民这一民主制度的核心内容，是民主政治的社会基础。社会制约权力为民众的政治参与提供了组织基础，大量非政府组织、社会团体与大众传媒作为相对独立的市民社会而存在，为民主制度提供了社会支持，对民主政治的发展起着积极的推动作用。如果说以权力制约权力是国家权力的不同主体之间的相互制约，具有一定的强制性，那么以社会制约权力的主体主要来自社会，包括非政府组织、大众传媒、社会自治组织等，主体相对分散，面对强势的国家权力，力量相对较弱，具有非强制性。大众传媒通过对国家权力的舆论监督形成对国家权力的舆论压力，社会团体通过参与社会公共事务的管理使得国家权力不能随意干涉私人权利，它们构成了对国家权力的一种监督制约，形成了更加公平合理的社会秩序，保障公民的权利。

1. 大力发展非政府组织

非政府组织参与政府的公共决策，以组织形式拓展了公民政治参与的途径，在一定程度上实现了对国家权力的制约，通过表达社会各阶层的利益诉求，缓和了国家权力与私人权利之间的冲突。在社会公共事务的管理中，通过政府的授权，非政府组织承担了更多的公共事务，监督政府公共权力的运行，也在一定程度上遏制了政府机关及其工作人员的权力腐败。非政府组织在公共部门建设中，通过增加透明性、社会公开度，发挥社会监督作用，有利于防止腐败的发生，增进公共利益。[①]在社会生活中，公民个人的力量难以对公共权力形成有效的制约，如果通过一定的社会组织来表达其意愿，就有助于保证公民的利益表达，保障个人权益。在经历了市场失灵与政府失败之后，人们开始注重发挥公民社会与非政府组织在实现公共参与和公共利益过程中的作用。非政府组织强调公民对政治生活的参与和对国家权力的制约

① 张霞、张智河、李恒光：《非营利组织管理》，济南：山东人民出版社，2005年版，第74页。

与监督，其进行政治参与的合理性在于：通过合法的制度设计参与公共事务的管理，参加公共政策的制定与实施，表达公意。在维护公民自身合法权益的同时，也在国家与社会之间避免、矫正国家权力与私人权利之间的冲突。“在没有这种社团的国家，如果人们之间不能随时仿造出类似的社团，我看不出有任何可以防止暴政的堤坝。”①

以社会制约权力坚持认为，一个独立于国家之外的、多元的、自我管理的市民社会与大量的非政府组织的存在，对于民主社会来说是必不可少的。正如达尔所说的：“它们对民主过程本身的运转、对减缓政府的高压政治、对政治自由以及对人类福利也是必要的。”②非政府组织把分散的公民及利益诉求集中起来，形成了抵御国家权力的免于控制和约束的私人领域，“从而使国家权力受到了社会多元权利的有效制衡，遏制了权力滥用和提高了权力运作效能，民主、自由和权利得到了切实的保障，也为自由理性、自主自律的社会秩序奠定了重要基础”③。非政府组织通过对社会公共事务的管理形成对国家权力的监督制约，没有这种制约的国家权力总是“危险的和不可欲的，是对专制主义的放纵”④。

因此，我们要大力发展非政府组织。第一，完善与非政府组织有关的法律法规，保障公民的结社权。《中华人民共和国宪法》规定公民有自由结社的权利，但是由于缺乏具体的法律法规而没有可操作性。结社权对于非政府组织的发展具有重要的意义，因此，我们应加快制定相关的法律法规，以公民结社自由为契机奠定非政府组织发展的法制基础。第二，转变政府职能，保证非政府组织的充分发展。转变政府职能的总体趋势是弱化政府的政治统

---

① [美] 托克维尔：《论美国的民主（上卷）》，董国良译，北京：商务印书馆，1988年版，第217页。

② [美] 达尔：《多元主义民主的困境：自治与控制》，周军华译，长春：吉林人民出版社，1989年版，第1页。

③ 马长山：《国家、市民社会与法治》，北京：商务印书馆，2002年版，第163页。

④ 邓正来、[美] 亚历山大：《国家与市民社会：一种社会理论的研究路径（增订版）》，北京：中央编译出版社，1999年版，第120页。

治职能，强化政府的公共管理职能。非政府组织通过提供公共服务与产品，部分承担政府的管理职能，有助于防止公共权力的滥用与腐败，“它们在促进社会发展方面发挥着越来越大的作用，体现出明显的职能优势”①。目前我国对非政府组织的管理可以归纳为“归口登记、双重负责和分级管理”，这种双重管理体制使得非政府组织成立的法律与行政成本过高，导致大量非政府组织游荡于政府之外，无法积极发挥作用。我国应强化政府对非政府组织的信任，转变政府对非政府组织的双领导体制，建立注册登记制，简化登记程序，由严格的事前控制转变为事后的评估审查管理方式。

2. 加强舆论监督

舆论监督又称大众传媒监督，是公众通过刊物、电视、广播、互联网等媒介对国家权力及其工作人员的监督与制约。西方国家把舆论监督称为立法权、行政权与司法权之外的第四权，“就他们的‘第四权力’而论，舆论监督特指通过新闻媒介对行政、立法、司法的监督”②。大众传媒“一方面鼓励和保障公众参与公众生活讨论，行使包括知情权、表达权等在内的言论自由权利；另一方面又对国家机器和民主进程行使批判和监督功能”③。大众传媒具有对国家权力的制约和监督功能，从而保证政治活动表达民众的意愿，使国家权力具有政治上的合法性。大众传媒作为民众与政府之间的减压阀和缓冲器，还能够释放民众的情绪，缓和国家权力与私人权利的矛盾与冲突，最大限度地保持社会稳定。新闻舆论监督是各种舆论监督形式中最主要和最有效的方式。

舆论是公众对现实社会以及社会中的各种现象、问题所表达的信念、态度、意见和情绪表现的总和，具有相对的一致性、强烈程度和持续性，对社

---

① 李珍刚：《当代中国政府与非营利组织互动关系研究》，北京：中国社会科学出版社，2004年版，第188页。

② 童兵：《童兵自选集——新闻科学：观察与思考》，上海：复旦大学出版社，2004年版，第383页。

③ 潘一和：《观念与体制——政治文化的比较研究》，上海：学林出版社，2002年版，第270页。

会发展及有关事态的进程产生影响。[①]在现代社会，舆论监督的主要途径是新闻媒介，新闻舆论监督以其广泛性、公开性、及时性与持续性等特点，以强大的民意为后盾，发挥着有效地监督与制约国家权力的作用，“其效率之高、范围之大、威力之强，是以往任何舆论运作手段难以与之相比的”[②]。但是，由于缺乏明确的法律法规的保障、行政机关对新闻机构的过度干预以及新闻从业人员素质不高等原因，我国的舆论监督不能有效发挥对国家权力的监督作用，有些媒体“成为行业保护和地方保护的宣传工具，成为不正当利益、自我吹捧甚至逃避腐败惩罚的庇护所”[③]。

因此，要有效发挥舆论监督对公共权力的监督与制约，要健全舆论监督的法律法规，加强舆论监督的相对独立性。马克思说：“报刊按其使命来说，是社会的捍卫者，是针对当权者的孜孜不倦的揭露者，是无处不在的耳目。”[④]邓小平也曾经说过：“常常有这样的情况，党和政府听不到的，报纸能听到，它能摸到社会的脉搏。目前最突出的问题是什么，把读者来信加以综合研究，常常就能看出来。”[⑤]从总体上看，我国目前还没有专门的或具体的法律条款从舆论监督主体同被监督者的权利和义务关系上加以操作性的规定，缺乏在某些情况下新闻媒介独立自主地开展舆论监督、享受免责权利的授权性法律条款和妨害正当新闻舆论监督行为的制裁性法律规定。[⑥]舆论监督权是宪法赋予每一个公民的权利。《中华人民共和国宪法》规定：我国公民有言论、出版、集会、结社、示威的自由与权利。《中华人民共和国宪法》第四十一条规定：“中华人民共和国公民对于任何国家机关

---

① 陈力丹：《舆论学——舆论导向研究》，北京：中国广播电视出版社，1999 年版，第 11 页。

② 何梓华：《新闻理论教程》，北京：高等教育出版社，1999 年版，第 181 页。

③ 高元：《法治视角下的新闻舆论监督建设》，《中共成都市委党校学报》，2009 年第 3 期，第 47 页。

④ 马克思、恩格斯：《马克思恩格斯全集（第 6 卷）》，中共中央马克思恩格斯列宁斯大林著作编译局编译，北京：人民出版社，1961 年版，第 275 页。

⑤ 邓小平：《邓小平文选（第一卷）》，北京：人民出版社，1994 年版，第 150 页。

⑥ 陈堂发：《授权与限权：新闻事业与法制》，北京：新华出版社，2001 年版，第 114 页。

和国家工作人员，有提出批评和建议的权利。”新闻媒体开展舆论监督是宪法赋予的权利，新闻舆论监督通过对党政机关的政策制定、法律法规执行情况进行公开、揭发、检举、控告等，纠正党政机关及其工作人员的腐败行为与不正之风。我国应尽快制定具体的、系统的、全面的、可操作性强的新闻法、新闻舆论监督法等法律法规，明确新闻舆论监督主体与对象之间的法律责任和义务，规范新闻舆论监督活动，规范党政机关的行为，使其在宪法和法律的范围内活动，实现新闻舆论监督法制化。“新闻舆论监督法制化是指国家根据新闻舆论监督的职业特征及其与公共利益的关系对这种社会行为须加规范的需要而制定的成文的行为约束。它包括二层意思：其一，它是指新闻舆论监督的法律和制度；其二，它包括立法、执法、司法等环节构成的一个完整的系统。简言之，新闻舆论监督法制化就是将新闻舆论监督这种社会职业行为纳入法制化的轨道，以法律为准绳进行活动。”①

（六）以道德制约权力

以道德制约权力就是主要通过思想政治教育使公共权力的掌握者确立正确的权力观，实现权力控制的道德自律。道德自律是指公共权力主体在权力行使过程中按照道德规范进行的自我约束。“这就要求权力主体必须坚持以德行权、以德控权，保证把人民赋予的权力真正用来为人民谋利益。要着力增强各级领导干部的道德自律能力，强化其内在之良心作为个人自我道德评价的功能，积极构建确保伦理用权施权的自控、内控机制。”②以道德制约权力就是通过权力掌握者自身的道德修养，实现对其权力行使的监督制约。

道德规范能否得到执行的保证，在于个人的内心，而不是外部的强制。“秩序的真正生命力依然源自内部。是良知造就了我们所有的公民。”③公平

① 李立广：《论新闻舆论监督的法制化》，广西大学硕士学位论文，2004年，第5页。

② 阎德民：《中国特色权力制约和监督机制构建研究》，北京：人民出版社，2011年版，第257页。

③ [美] 博登海默：《法理学：法律哲学与法律方法》，邓正来译，北京：中国政法大学出版社，2004年版，第366页。

正义的制度是个人道德修养的前提。但是，制度与规范要通过道德内化成为每个人内心遵守的行为准则，以每个人道德观念与意识的提升作为价值支撑，否则这些制度与规范就会成为无源之水、无本之木。“当社会事实，特别是道德规范，继续独立于个人而存在时，它们只有在转变成个人的内在意识之后，才能有效地指导和控制个人行为。按照这一观点，这种制约力不再是控制个人意志的简单的外部强制力，而是从属于某种规范的道德义务。”[①]而且较之制度设计，长久形成的道德观念、意识更加不易改变，转变的过程也更加漫长、痛苦。与其他制约公共权力的方式相比，道德制约权力侧重于事先的预防，其旨在培养国家机关工作人员内心的道德信念，增强他们抵御不良诱惑的能力，从而减少公共权力的滥用与腐败。“民主不但是一种国家制度，而且应该是一种普遍的社会观念和社会关系。民主制度是在缺乏相应的民主观念和民主关系的状况下建立起来的。或者说，有了民主的形式，却缺少民主的内容，有了保护民主关系的制度，却缺少需要保护的民主关系”[②]，所以“只有在大多数公民中逐渐树立起确认自由、平等、容异（容忍不同意见存在）和法律的民主观念，使大多数人能够自觉行使和维护自己的民主权利；作为人民利益的代表者和人民权力的行使者的党和国家领导人在行使权力的时候，能够自觉地约束自己不侵犯广大群众的民主权利，这样才能形成真正民主的社会关系。建立在这种民主观念和民主关系之上的民主制度才能切实运作，民主才能得以实现”[③]。

在中国传统社会“重义轻利”“崇公抑私”“重群轻己”伦理文化的支配下，以“君君、臣臣、父父、子子”为特点的封建专制制度使得个人被淹没在家族与国家之中，失掉了独立的人格与自主的权利。古代中国无“公民”的概念，通常使用的是庶人、民、子民、百姓、臣民等概念。清代光绪三十

① 谢立忠：《西方社会学名著提要》，南昌：江西人民出版社，2001 年版，第 146 页。
② 胡绩伟、常大林：《民主论》，北京：中外文化出版公司，1988 年版，第 4~5 页。
③ 胡绩伟、常大林：《民主论》，北京：中外文化出版公司，1988 年版，第 197 页。

四年（1908年）制定的《钦定宪法大纲》，仍用臣民概念。[①]随着市场经济与现代化的深入发展，民主意识、平等意识与自由意识成为社会越来越广泛认同的观念，从封建等级社会的臣民意识到现代法治社会的公民意识，人们的道德观念正在经历一场深刻的变革。公民意识是建立法治社会与现代社会的必要条件，正如斯宾诺莎所说的："在一个国家或一个王国之中，最高的原则是全民的利益，不是统治者的利益，则服从最高统治之权并不使人变为奴隶于其无益，而是使他成为一个公民"，"完全听从理智的指导"。[②]因此，现代社会的私人权利构成了公共权力的边界与责任。列宁说："政治上有教养的人是不会贪污受贿的。"[③]要有效制约公共权力、防止权力滥用与腐败，必须加强思想政治教育工作，提升党员干部的道德素质。"要大力加强反腐倡廉教育和廉政文化建设，坚持依法治国和以德治国相结合。从思想道德抓起具有基础性作用，思想纯洁是马克思主义政党保持纯洁性的根本，道德高尚是领导干部做到清正廉洁的基础。"[④]因此对党员干部的道德教育就显得尤为重要。"概括起来说，好干部要做到信念坚定、为民服务、勤政务实、敢于担当、清正廉洁。"[⑤]

第一，树立正确的权力观，加强权力来自人民、服务于人民的教育。我们的国家权力是广大劳动群众给的，人民是国家的主人。人民把权力赋予党政机关，党政机关应当全心全意为人民服务。全心全意为人民服务是我党的宗旨，是党的活动的根本出发点和落脚点，是区别于其他政党的最根本的标志，也是每位共产党员与党政干部应尽的义务和根本的人生价值观。坚持全心全意为人民服务的宗旨，既是坚持党的工人阶级先锋队性质的客观需要，

---

① 信春鹰：《法律词典》，北京：法律出版社，2003年版，第454页。

② [荷] 斯宾诺莎：《神学政治论》，温锡增译，北京：商务印书馆，1963年版，第220~221页。

③ 列宁：《列宁全集（第42卷）》，中共中央马克思恩格斯列宁斯大林著作编译局编译，北京：人民出版社，1987年版，第198页。

④ 习近平：《习近平谈治国理政（第一卷）》，北京：外文出版社，2014年版，第391页。

⑤ 习近平：《习近平谈治国理政（第一卷）》，北京：外文出版社，2014年版，第412页。

也是党性原则的突出体现。每位共产党员和党政干部都必须牢固树立起全心全意为人民服务的人生观与价值观，不断提高全心全意为人民服务的自觉性，做到“权为民所用，情为民所系，利为民所谋”[①]，只有这样才能“保证人民赋予的权力始终用来为人民谋利益”[②]。

第二，树立正确的民主观，加强权力接受人民监督的观念。树立正确的民主观就是要理顺主人与公仆的关系，明确权力来自人民的观念，自觉接受人民的监督。“只有让人民来监督政府，政府才不敢松懈；只有人人起来负责，才不会人亡政息。”[③]通过思想政治教育，使国家机关的工作人员树立正确的民主观，由“官本位”转变为“民本位”，由“民本”思想转变为“民主”思想，革掉官僚主义习气，保障人民权益。邓小平也指出，我们党要领导社会主义各项事业向前进，就要接受监督，扩大党和国家的民主生活，才能克服官僚主义。邓小平说：“让群众来监督批评，只有好处，没有坏处。”[④]加强人民的监督是由我国的国家性质所决定的，“让人民监督权力，让权力在阳光下运行，把权力关进制度的笼子里”[⑤]。

---

① 胡锦涛：《胡锦涛文选（第二卷）》，北京：人民出版社，2016 年版，第 656 页。

② 胡锦涛：《胡锦涛文选（第二卷）》，北京：人民出版社，2016 年版，第 638 页。

③ 中共中央文献研究室：《改革开放三十年重要文献选编（下）》，北京：人民出版社，2008 年版，第 1432 页。

④ 邓小平：《邓小平文选（第一卷）》，北京：人民出版社，1994 年版，第 160 页。

⑤ 习近平：《习近平谈治国理政（第一卷）》，北京：外文出版社，2014 年版，第 391~392 页。

第五章

公共道德与私人道德之辨

公共道德与公共权力的运行有着密不可分的关系。国家权力机关的行为是否得当，直接关系到人们对国家政治制度的评价，影响到社会风尚的趋向。如果公共权力掌握者以公共利益为指向，那么就能促进社会稳定发展，形成社会正义与良好的社会风尚。反之，如果公共权力掌握者恣意妄为，胡作非为，贪赃枉法，公务员只为谋取私利，就会破坏社会秩序，败坏社会公德。正如博洛尔所说的："在一个国家里，政府的品质总是影响并成为该民族性格品质的模型。一个无法无天、胡作非为的政府会在社会上传播暴戾恣睢的习气；一个残暴邪恶的政府会使人民变得残暴邪恶；腐败的人民代表会造成腐败的选民；可被收买的行政机关必然染上贪污腐化；恶劣政府造成的后果是人民道德水平的普通降低。只有当人民受到良好的管理时，他们才会在道德水平上不断地迈上新的台阶。由当政者树立的良好榜样会促进社会的廉洁诚实和正直公道。"①现代社会公共领域与私人领域的分化产生了对公共道

① [法] 路易斯·博洛尔：《政治的罪恶》，蒋庆、王天成、李柏光，等译，北京：改革出版社，1999年版，第283~284页。

德与私人道德的不同需求，公共领域主要依靠制度和规范来调节，但是规范要内化成为每个人内心遵守的行为准则，要以每个人内在的道德观念与意识作为价值支撑，否则制度与规范就会成为无源之水，因为“在权力和自由裁量权方面，始终会存在一些法律所不能或只能部分渗透于其间的开放领域”①。因此，公共道德与私人道德虽然发挥作用的领域不同、处理的问题不同，但是二者还是密切相关的。

我国传统伦理文化以血缘宗法关系为基础建立的家族伦理对于维系封建等级伦理秩序的稳定发挥了重要作用，但是这种由仁爱私德出发建构公共领域基本规范的传统延伸到现代社会，带来了公共道德和公共秩序的诸多问题。公共领域与私人领域的区分“表明了公德与私德的区分的存在。没有公共领域与私人领域的区分，也就没有道德上的区分”②。公共领域与私人领域的区分要求公民在涉及他人的公共领域与相对私密的私人领域中具备不同的德行与规范，从而要求区分公共道德与私人道德。但是由于我国传统崇公抑私伦理文化的影响，传统的熟人社会和差序格局的社会结构在一定范围内的存在导致的人情世故，侵蚀着公共生活的规则与社会公正。那么我们研究公共道德与私人道德的关系，划分二者的相对范围，对于形成良好的社会公德、构建社会主义先进文化、建设社会主义和谐社会就具有重要意义。

第一节　公共道德与私人道德的内涵

公共道德与私人道德是一个历史范畴，其思想源头可以追溯到古希腊哲学家对城邦正义的追求和对个体道德完满的关注。16 世纪意大利政治思想家

---

① [美] 博登海默：《法理学：法律哲学与法律方法》，邓正来译，北京：中国政法大学出版社，2004 年版，第 372~373 页。

② 吴潜涛：《论公共伦理与公德》，武汉：湖北人民出版社，2008 年版，第 29 页。

马基雅弗利第一次把政治道德与私人道德分开，他认为不能把适用于私人领域的道德与适用于政治领域的道德混同，否则就会出现道德判断的紊乱。他说："一个君主如要保持自己的地位，就必须知道怎样做不良好的事情，并且必须知道视情况的需要与否使用这一手或者不使用这一手。"[①]在西方伦理思想史上明确提出公共道德与私人道德概念的是 19 世纪英国伦理学家、功利主义创始人边沁。边沁分别使用 public ethics 与 private ethics 来表示公共道德与私人道德概念，密尔则进一步区分了可以使用舆论、法律强制的社会道德与属于个人自由的个人道德，并且认为，"个人道德在重要性上仅仅次于，假如还能说是次于，社会道德"[②]。传统中国不乏重视公共道德与私人道德及其道德教育的思想，但是血缘宗法与家国同构的社会特点，使得中国人长期缺乏公共生活的经验。以血亲私德为起点的社会公德带有双重性，"一是追求天下大公，二是维护君父之利"[③]，这使得君主以一己之私为天下之大公大肆行于世，使这种社会公德成为阶级道德，成为服务于维护封建专制体制的工具。"公德"一词在我国的出现是梁启超借鉴日本近代启蒙思想家福泽谕吉的结果。

一、公共道德的内涵

"公共道德"，简称公德，最早出现于日本启蒙思想家福泽谕吉于 1875 年出版的《文明论概略》，福泽谕吉认为，传统日本和中国所讲的道德，几乎都是仅限于个人及其周围狭小范围的私人道德，他把道德分为公共道德与私人道德，并认为"与外界接触而表现于社交行为的，如廉耻、公平、正直、勇敢等叫公德"[④]。但是在福泽谕吉的用法中，"公共道德"的含义非常宽

① [意] 马基雅弗利：《君主论》，潘汉典译，北京：商务印书馆，1985 年版，第 74 页。

② [英] 约翰·密尔：《论自由》，许宝骙译，北京：商务印书馆，1959 年版，第 90 页。

③ 张国钧：《中华民族价值导向的选择：先秦义利论及其现代意义》，北京：中国人民大学出版社，1995 年版，第 194 页。

④ [日] 福泽谕吉：《文明论概略》，北京编译社译，北京：商务印书馆，1959 年版，第 73 页。

泛，可以指涉一切社会生活中呈现的德行，而且他认为公共道德与私人道德的区别主要是应用范围的不同，而非性质上的差异，“道德的原则如能凭借现代知识技术获得普遍的实现，就可算是公德了”[①]。在福泽谕吉的时代，公德观念大体包含三项要素：①不伤害不确定的他人以及公众的利益；②协助他人，并为公众创造利益；③为国家效力。[②]前两项是公共道德的核心，最后一项则处于边缘地带，当时的公共道德主要是指个人对公共秩序与其他社会成员应负的责任，即主要是社会伦理，而政治伦理、国家伦理与集体主义的色彩淡薄。

“公共道德”被引入中国，始于梁启超 1902 年 3 月所著的《新民说》。梁启超认为：“我国民所最缺者，公德其一端也。”[③]在现代社会中，公共道德在处理公共领域的事务中发挥着重要作用，维系着社会秩序的稳定。然而，公共道德却最为国民所缺失，“公德者何？人群之所以为群，国家之所以为国，赖此德焉以成立者也”，“无公德则不能团，虽有无量数束身自好廉谨良愿之人，仍无以为国也”。[④]对于公共道德的功能，梁启超明确指出：“公德之大目的，既在利群。”[⑤]这里的“群”泛指社会与国家。不仅如此，“公德者，诸德之源也。有益于群者为善，无益于群者为恶。此理放诸四海而准，俟诸百世而不惑者也”[⑥]。梁启超的公德观主要包含两层意思：第一是爱国心，即国家道德；第二是公共心或公益心，即社会道德，尤以前者为重。梁启超旨在唤醒当时灾难深重的中国人民的社会责任感与爱国意识，群策群力以救亡图存。“在梁启超力倡公德之后，中国二十世纪的历史背景和时代需要实际上并没有多少改变。救亡图存演化为革命，无论是国内革命战

---

① [日] 福泽谕吉：《文明论概略》，北京编译社译，北京：商务印书馆，1959 年版，第 73 页。
② 陈弱水：《公共意识与中国文化》，北京：新星出版社，2006 年版，第 108 页。
③ 梁启超：《饮冰室合集（专集第三册）》，北京：中华书局，2015 年版，第 12 页。
④ 梁启超：《饮冰室合集（专集第三册）》，北京：中华书局，2015 年版，第 12 页。
⑤ 梁启超：《饮冰室合集（专集第三册）》，北京：中华书局，2015 年版，第 15 页。
⑥ 李华兴、吴嘉勋编：《梁启超选集》，上海：上海人民出版社，1984 年版，第 213 页。

争，还是抗击日本帝国主义的民族战争，都需要革命组织和政党用传统‘公’的意识与‘公德’来动员其追奉者为民族国家或者党派的利益而献身，这成为建设革命组织、开展革命斗争的重要思想武器。”[①]虽然有学者如马君武强调了公德的社会伦理意蕴，但是救亡压倒了启蒙，公德已经成为培养国民爱国意识的一种方式。这种以国家利益为依归的公德一直影响至今。

中华人民共和国成立之后，具有宪法性质的《中国人民政治协商会议共同纲领》把“爱祖国、爱人民、爱劳动、爱科学、爱护公共财物”规定为我国公德的基本内容。1982 年《中华人民共和国宪法》把“爱祖国、爱人民、爱劳动、爱科学、爱社会主义”规定为公德的内容。1996 年颁布的《中共中央关于加强社会主义精神文明建设若干重大问题的决议》强调指出：“大力加强社会主义道德建设，大力倡导文明礼貌、爱护公物、保护环境、遵纪守法的社会公德。”

那么，何谓公德呢？《伦理学大辞典》中对公德的解释为：“社会公德：亦称‘国民公德’，简称‘公德’。人们在履行社会义务或涉及社会公共利益活动中应当遵循的道德行为准则。”[②]罗国杰对社会公德的解释为：“关于社会公德，历来有广义和狭义两种理解。从广义上说，凡是个人私生活中处理爱情、婚姻、家庭问题的道德，以及与个人品德、作风相对的反映阶级和民族共同利益的道德，通称为公德”，例如，“五爱”就是广义上的“公德”，它要求全体社会成员共同遵守，也可称为“共同道德”，“从狭义上说，社会公德就是人类在长期社会生活实践中逐渐积累起来的最简单、最起码的公共生活规则”。[③]

改革开放以来，随着我国市民社会的发展，公共生活领域的范围在不断扩大。社会公德在维护公共利益、维系公共秩序、保持社会稳定方面发挥着

---

① 吴潜涛：《论公共伦理与公德》，武汉：湖北人民出版社，2008 年版，第 109 页。
② 朱贻庭：《伦理学大辞典》，上海：上海辞书出版社，2002 年版，第 33~34 页。
③ 罗国杰：《伦理学》，北京：人民出版社，1989 年版，第 217 页。

越来越重要的作用。与这种不断扩大的公共生活的需要相适应，笔者认为，公共道德，简称公德，是指每一个社会成员在公共生活中所应遵循的道德规范的总和。它有两个相互联系的层次：第一层是公共生活的道德规范；第二层是公共生活的道德意识与品德。公共道德包括社会公德与国家道德，在现代社会，公共道德首先是指社会公德而非国家道德，强调其对于维系日常公共生活秩序的重要意义，而国家道德则是由中国共产党领导中国人民夺取政权过程中以及社会主义改造时期倡导的革命道德直接转化而来的国家道德意识形态体系，它包括一个核心“为人民服务”，一个基本原则“集体主义”，五个基本要求“爱祖国、爱人民、爱科学、爱劳动、爱社会主义”。

陈弱水借鉴英国思想史家柏林的自由观把社会公德分为两类，即消极性的社会公德与积极性的社会公德。所谓消极性的社会公德是指“不作为”“有所守”的社会公德，如遵守交通秩序、爱护公共财物、保持公共场所卫生、在公共场所不大声喧哗等社会公德，不要求人们去做什么，而是要求人们不要做什么，它没有不重要与负面的意思。所谓积极性的社会公德是指“有所为”的社会公德，例如助人为乐、尊老爱幼、积极进行政治参与等，它要求人们积极行动，促进社会秩序的和谐与稳定。消极性的社会公德与积极性的社会公德二者都很重要，不可或缺，但是从个人行为对社会产生的后果来看，消极性的社会公德具有优先性，“公德最核心的内涵就是，公民在日常生活中应该避免损害公众的集体利益及其他个别社会成员的权益”[①]。在现代社会，普遍的日常公共生活要求每一个公民首先要具备“有所守”的消极性公德，这样才能成为能过上现代公共生活的合格公民，才会维护社会生活的基本秩序。从中西比较的角度看，外国人对当代中国人公德素质的反映，并非认为中国人没有爱心、“活雷锋”少，而是认为大声喧哗甚至吵闹，随地吐痰甚至大小便，没有一点排队意识，上下火车、飞机时的前拥后挤，这些才

① 陈弱水：《公共意识与中国文化》，北京：新星出版社，2006 年版，第 32 页。

是当代中国人公德意识缺乏的主要表现，而这些恰恰是“有所守”的消极性公德素质。[①]现代社会带来了社会结构的根本变化，也带来了公共生活领域的迅速扩展，公共道德作为处理公共生活领域的道德意识与道德原则，以社会公共生活领域为其场域基础。区别于哈贝马斯对公共领域的理解，“在公德问题上，公共领域指的是日常生活中的公共领域”，它是指“个人与公共财产或无特定关系人所构成的共同场域。这个场域包括两个部分：其一，公众使用的空间；其二，个人行为对私人关系圈外所能造成影响的范围。这个场域的第一部分主要是空间的性质。第二部分则是以行为影响力的范围——而非特定的时空因素——来作界定，当个人的行为可能对私人生活以外的人产生明显影响时，这个行为就处于公共领域”。[②]

公共道德具有普遍性、继承性、稳定性与基础性。公共道德是人类千百年来文明的积累，是“数百年来人们就知道的、数千年来在一切处世格言上反复谈到的、起码的公共生活规则”[③]，为全体社会成员所共同遵守。

二、私人道德的内涵

日本近代启蒙思想家福泽谕吉认为：“凡属于内心活动的，如笃实、纯洁、谦逊、严肃等叫作私德。”[④]福泽谕吉认为，传统日本与中国所讲的私德，都局限于个人及其周围狭小的范围，是未开化社会维持公共秩序的手段。梁启超也认为，中国私人道德发达而公共道德缺失。他说：“私德居十之九，而公德不及其一焉”[⑤]，“吾中国数千年来，束身寡过主义，实为德育之中心点。范围既日缩日小，其间有言论行事，出此范围外，欲为本群本国之公

① 吴潜涛：《论公共伦理与公德》，武汉：湖北人民出版社，2008年版，第114页。

② 陈弱水：《公共意识与中国文化》，北京：新星出版社，2006年版，第30页。

③ 列宁：《列宁选集（第三卷）》，中共中央马克思恩格斯列宁斯大林著作编译局编译，北京：人民出版社，1972年版，第247页。

④ [日] 福泽谕吉：《文明论概略》，北京编译社译，北京：商务印书馆，1959年版，第73页。

⑤ 梁启超：《饮冰室合集（专集第三册）》，北京：中华书局，2015年版，第12页。

利公益有所尽力者，彼曲士贱儒，动辄援不在其位不谋其政等偏义，以非笑之挤排之。谬种流传，习非胜是，而国民益不复知公德为何物”[①]。私人道德的功能与公共道德不同，“人人独善其身者谓之私德”[②]，私人道德盛行的结果是“以之养成驯厚谨愿之奴隶则有余，以之养成活泼进取之国民则不足矣”[③]。

那么，何谓私人道德呢？魏英敏认为：“个人私德，就是个人的品德，或个人的操守。主要表现在私人交往与私人生活中所体现的信念与准则。”[④]“私德是私人或个人在私人生活与私人交往中要遵循的道德行为准则，如处理父子、夫妻、情侣、师徒、朋友、邻里之间的关系所依据的原则。”[⑤]笔者认为，私人道德是指每一个社会成员在私人生活中应遵循的道德规范的总和。它有两个相互联系的层次：第一是私人生活的道德规范；第二是私人生活的道德意识与品德。与公共道德的特点相比，私人道德具有自律性与私人性的特点。总之，“私德与公德的最大区别在于，私德重情感力量而轻规则和主体能动的理性反省力，道德适用的范围具有狭隘性。公德重规则和主体能动的理性反省力而轻情感，道德适用的范围具有广泛性”[⑥]。

第二节　公共道德与私人道德关系的现状及其原因

从理论上讲，公共道德与私人道德的关系是辩证统一的。公共道德与私人道德分别对应于现代社会人们的公共生活领域与私人生活领域。公共道德

① 梁启超：《饮冰室合集（专集第三册）》，北京：中华书局，2015 年版，第 13 页。
② 梁启超：《饮冰室合集（专集第三册）》，北京：中华书局，2015 年版，第 12 页。
③ 君武：《论公德》，《政法学报》，1903 年第 1 期。
④ 吴潜涛：《论公共伦理与公德》，武汉：湖北人民出版社，2008 年版，第 2 页。
⑤ 吴潜涛：《论公共伦理与公德》，武汉：湖北人民出版社，2008 年版，第 6 页。
⑥ 宣云凤：《公德和私德各守其位》，《江苏社会科学》，2003 年第 6 期，第 30 页。

为个人美德的形成提供了良好的社会环境，公德建设是私德涵养的社会前提。私人道德是公共道德的基础，良好的私德修养能够形成纯美的社会风气。但是理论上的辩证统一不能掩盖现实生活中公共道德与私人道德的紧张和冲突。

一、公共道德与私人道德关系现状

（一）以国家道德替代公共道德，侵蚀私人道德

“为人民服务”最早是毛泽东提出的作为党和人民军队宗旨的一项政治要求，他说：“我们共产党人区别于其他任何政党的又一个显著的标志，就是和最广大的人民群众取得最密切的联系。全心全意地为人民服务，一刻也不脱离群众；一切从人民的利益出发，而不是从个人或小集团的利益出发；向人民负责和向党的领导机关负责的一致性；这些就是我们的出发点。”①对于先进分子尤其是共产党员来说，他们要“全心全意为人民服务，不要半心半意或者三分之二的心三分之二的意为人民服务”②。毛泽东在其《论十大关系》中，反复强调社会主义要“兼顾国家利益、集体利益和个人利益”③。中华人民共和国成立之后具有宪法性质的《中国人民政治协商会议共同纲领》规定：“爱祖国、爱人民、爱劳动、爱科学、爱护公共财物为中华人民共和国全体国民的公德。”1982年《中华人民共和国宪法》规定：“国家提倡爱祖国、爱人民、爱劳动、爱科学、爱社会主义的公德。”同年，根据宪法的规定对广大学生进行公德教育，我国《全日制五年制小学思想品德课教学大纲（试行草案）》规定：“思想品德课是建设社会主义精神文明，全面贯彻党的教育方针，用共产主义思想向小学生进行思想品德教育的一门课程”，要求中小学生“维护集体利益，珍惜集体荣誉，小集体服从大

① 毛泽东：《毛泽东选集（第三卷）》，北京：人民出版社，1991年版，第1094~1095页。
② 毛泽东：《毛泽东文集（第七卷）》，北京：人民出版社，1999年版，第285页。
③ 毛泽东：《毛泽东文集（第七卷）》，北京：人民出版社，1999年版，第221页。

集体”。[①]以“为人民服务”为核心、以“集体主义”为基本原则、以“五爱”为基本内容的国家道德成为公共道德教育的主要内容，也是我国学校德育的主要内容。在 20 世纪五六十年代极左思潮较重时，政治意味浓重的国家道德几乎完全取代了公共道德，“大公无私”“毫不利己，专门利人”这些对社会先进分子提出的道德要求，成为全民追求的道德目标。“一切私人领域都具有政治性质，或者都是政治领域。换句话说，政治也是私人领域的特性。”[②]个人与社会依附于国家，国家道德代替公共道德，成为私人生活中的道德意识与规范，成为私德教育的目标。

与国家道德在我国长期的、系统的宣传教育相比，社会公德的提出较晚。1981 年 2 月 15 日，中华全国学生联合会、全国伦理学学会、中华全国总工会、中国共产主义青年团、中华全国妇女联合会、中国文学艺术节联合会、中国语言学学会、中华全国美学学会、全国爱国卫生运动委员会等九个单位，联合做出《关于开展文明礼貌活动的倡议》，在全国人民，特别是青少年中开展文明礼貌月活动，倡导“五讲四美”之风。“五讲”，即讲文明、讲礼貌、讲卫生、讲秩序、讲道德；“四美”，即语言美、心灵美、行为美、环境美。此后，这项活动又和“三热爱”（即热爱祖国、热爱社会主义、热爱中国共产党）活动结合起来。1986 年《全日制小学思想品德课教学大纲》规定，“通过以‘五爱’和‘五讲四美’为中心的社会公德教育和社会常识教育，从小培养学生社会主义国家公民应有的良好的思想品德和行为习惯”[③]。1983 年 3 月 11 日，中央成立了“五讲四美三热爱”委员会，大力开展这一讲文明礼貌的活动。这是我国最早明确列出把公德作为教育目的的教学大纲，而且社会公德教育明显与国家道德教育混同，在社会公德的教育中，

① 课程教材研究所：《20 世纪中国中小学课程标准·教学大纲汇编：思想政治卷》，北京：人民教育出版社，2001 年版，第 49~54 页。

② 沈宗灵：《现代西方法理学》，北京：北京大学出版社，1995 年版，第 473 页。

③ 课程教材研究所：《20 世纪中国中小学课程标准·教学大纲汇编：思想政治卷》，北京：人民教育出版社，2001 年版，第 57 页。

仍然在大力强调积极性的社会公德，没有具体说明社会公德的条目与内容。1986年《中共中央关于社会主义精神文明建设指导方针的决议》规定：“在社会公共生活中，要大力发扬社会主义人道主义精神，尊重人，关心人，特别要注意保护儿童，尊重妇女，尊敬老人，尊敬烈军属和荣誉军人，关心帮助鳏寡孤独和残疾人。要遵守公共秩序，讲文明礼貌。要提倡人人爱护公共财物，保护环境和资源，自觉履行对国家和社会的义务。在国家安全受到威胁，社会公共安全受到危害的时候，要挺身而出，英勇斗争。”1996年《中共中央关于加强社会主义精神文明建设若干重要问题的决议》指出社会公德的内容为：“文明礼貌、爱护公物、保护环境、遵纪守法。”1997年的《九年义务教育小学思想品德课和初中思想政治课课程标准（试行）》详细规定了社会公德的具体内容，例如，“爱护学校的物品、爱护花草树木、遵守公共秩序、爱护公共财物、保护环境卫生等”。社会公德教育在我国深入开展起来。

近年来，在我国的社会公德教育中，越来越重视对“不乱扔垃圾、不随地吐痰、不横穿马路、不破坏公物、不在公共场所吸烟、不说粗话脏话”等消极性社会公德的宣传教育，但是与国家道德相比，社会公德的地位仍然有待提升，党的十四届六中全会指出：“社会主义道德建设要以为人民服务为核心。”《公民道德建设实施纲要》指出：“从我国历史和现实的国情出发，社会主义道德建设要坚持以为人民服务为核心。”江泽民也说：“社会主义道德建设最重要的是要抓住为人民服务这个核心，在全社会坚持倡导为人民服务的精神。”①《新时代公民道德建设实施纲要》也要求“坚持马克思主义道德观、社会主义道德观，倡导共产主义道德，以为人民服务为核心，以集体主义为原则。”②在我们的道德理论、道德宣传与道德实践中，我们仍

① 中共中央文献研究室：《十四大以来重要文献选编（下）》，北京：人民出版社，1999年版，第2082页。

② 《新时代公民道德建设实施纲要》，北京：人民出版社，2019年版，第4页。

然把国家道德放在首位，把“大公无私”“无私奉献”“自我牺牲”等国家道德视为公共道德的核心。当然，“大公无私”“无私奉献”“自我牺牲”等品质是高尚的，但我们常常错误地以为，如果全体社会成员关心别人的利益都胜过关心自己的利益，那么社会矛盾与冲突就会降到最低，先不说这种理想状态能否实现，即使人们都以他人的利益为重，也不一定能实现社会的和谐。我们的道德宣传倡导的“毫不利己，专门利人”与“先人后己”的教育理念常常是无条件的、不分层次的，从理论上看，它仍然混淆了国家道德与社会公德的界限和层次，忽视了社会公德在道德建设中更为基础性的作用。经过四十多年改革开放的历程，我国已经由过去的一元封闭性社会转变为多元开放的社会，国家的政治生活与市民社会的区分越来越明显，因此，“我们所面临的不再是亡国灭种的危机，也不能对全体公民强行推广那种一元化、政治化的革命道德”，我们“如果还把社会公德理解为国家道德，而非社会道德，必然漠视社会公德建设，这将不利于中国公民道德素质的提高”。①

（二）私人道德泛滥，侵害公共道德

从我国社会公德建设的实际状况来看，主流是健康向上的，但是由于种种原因，也存在不少亟待解决的问题，主要是私德泛滥、以私德代替公德来解决公共生活中的问题，导致社会公德水平下降。中国传统社会是一个以差序格局为特点的熟人社会，长期缺乏公共生活的传统没有培育出支持公共生活运转的系统的社会公德。传统社会依靠血缘、亲缘与地缘关系，通过伦理道德形成对社会成员的有效制约，但是现代化是一场从“身份到契约”的转变，社会阶层分化、社会流动加大必然突破传统的血缘宗法社会。然而，由于中国传统伦理文化的巨大惯性与我国市民社会发展的不成熟，传统社会的人情世故在当代中国仍然有其顽强的生存基础，甚至成为我国社会的“潜规则”，侵蚀着公共生活规则与社会公正，败坏社会公德。

① 肖群忠：《关于社会公德的几个基本理论问题》，《河北学刊》，2007年第6期，第34页。

在差序格局中，社会关系是逐渐从一个一个人推出去的，是私人联系的增加，社会范围是一张张由私人联系所构成的网络，因此，我们传统社会里所有的社会道德也只在私人联系中发生意义。[①]在差距格局的社会中，以狭隘的血缘、亲缘与地缘关系建立起来的“爱有差等”的私德并不具有普遍适用性，但为了解决社会公共生活的问题，只能诉诸私德来应对社会公共问题。这种建基于血亲私德的社会公德必然受到前者的限制与束缚，“从己向外推以构成的社会范围是一根根私人联系，每根绳子被一种道德要素维持着”，“所有的价值标准也不能超脱于差序的人伦格局而存在了”。[②]调查显示，在与陌生人交往时，表示持“关心态度”的只占 8.57%。[③]于是在社会生活中，不遵守社会公德的现象时有发生。例如，在公交车上，无人为老弱病残孕让座；在公共场所吸烟，大声喧哗，随地吐痰，乱扔垃圾纸屑，乱吐口香糖；随意践踏绿地，破坏公物，乱贴小广告，乱涂乱画；占道经营；等等。尤其是有些公职人员，对一般他人的态度就是所谓的“公事公办”，一旦遭遇亲情或者友情，即使是障碍重重，也要为亲人或者友人尽可能地提供私便。在熟人社会里以私人化的方式或向人情倾斜的方式来处理公共事务，表现为灵活执行各种政策与法规，置公共生活准则于不顾，大搞人情买卖，这样，普遍的公共规则就演变为突破底线伦理的无道德。“中国的道德和法律，都因之得看所施的对象和‘自己’的关系而加以程度上的伸缩”，“在这种社会中，一切普遍的标准并不发生作用，一定要问清了，对象是谁，和自己是什么关系之后，才能决定拿出什么标准来”。[④]在熟人社会中，如果任由“在家靠父母，在外靠朋友”“多一个朋友多条路”等观念盛行，公共生活规则的私人灵活处理必然导致公职人员徇私枉法，使得执行规则时“看菜下饭”，

① 费孝通：《乡土中国》，上海：上海人民出版社，2006 年版，第 25 页。

② 费孝通：《乡土中国》，上海：上海人民出版社，2006 年版，第 28~30 页。

③ 廖申白、孙春晨：《伦理新视点：转型时期的社会伦理与道德》，北京：中国社会科学出版社，1997 年版，第 140 页。

④ 费孝通：《乡土中国》，上海：上海人民出版社，2006 年版，第 28~30 页。

这就进一步破坏了社会公正，败坏了社会风气。

二、当代中国公共道德与私人道德关系紧张的原因

（一）以家庭为主的差序格局的影响仍未消除

以家庭为主的差序格局的影响是当代中国公德与私德冲突的社会原因。中国与西方有一个根本不同点：西方认为个人与社会为两对立之本体，而在中国则以家族为社会生活的重心，消纳了这两方对立的形势。[①]中国的家族制度在传统伦理文化中处于极其重要的地位，家庭或家族是基本的社会单位，中国伦理文化历来轻个人而重家族，先家族而后国家，家庭或家族生活是中国人第一重视的社会生活。中国社会就形成了以家族为中心，一层一层往外推出去的差序格局，在这个格局中，每个人都是根据社会关系与这个中心的远近来思考问题，“我们传统社会里所有的社会道德也只在私人联系中发生意义”[②]。在中国传统伦理文化中，家族制成为遏制社会公德发展的主要障碍，导致了公德与私德的矛盾。中国传统伦理儒家思想把家族看作一个整体，个体只有在整体中才能体现其价值和意义。家族具有高于个人的价值，个人不仅在现实生活中必须依附于家族与家族的利益，而且强调个体对家族的责任与义务，以服从家族利益为美德。“传统社会几乎所有的社会联系都是以血缘和地缘为纽带联系起来的，因而不需要发展血缘伦理之上的公共生活设置，亲情成为价值的始点与标准，血缘宗法是社会结构的原型和纽带，由此形成一种家族式的整体主义，它实质上属于‘私德’的范畴。”[③]

差序格局使得私德囿于家族的范围内，使得我国公共领域与私人领域的分化不充分，从而使得公德与私德的边界模糊，以至于把公德与私德对立起来。梁启超说：“吾中国道德之发达，不可谓不早，虽然，偏于私德，而公

① 梁漱溟：《中国文化要义》，上海：上海人民出版社，2011年版，第17页。
② 费孝通：《乡土中国》，上海：上海人民出版社，2006年版，第25页。
③ 张晓东：《中国现代化进程中的道德重建》，贵阳：贵州人民出版社，2002年版，第61页。

德殆阙如”，“我国民所最缺者，公德其一端也”。[①]中国传统社会家国同构的特点以血缘和家族为基本单位，建构了国家的基本秩序，造成了我国公共领域与私人领域的混沌不分，其影响延续至今，当代中国仍未完全摆脱熟人社会的负面影响。公共观念、纪律观念、组织能力、法治精神，“这四点亦可总括以公德一词称之”，“公德，就是人类为营团体生活所必需的那些品德。这恰为中国人所缺乏”。[②]在我国传统社会里，所有的价值标准都不能超脱于差序的人伦格局，中国人的仁、义、礼、智、信等私德都局限于熟人社会与家族关系中，对于陌生人则是普遍的冷漠，滋生“对于公众是一种恶行，对于家族却是美德的家族自私主义”[③]，把公共道德与私人道德对立起来。家族私德的盛行使得中国人在处理社会公共事务时习惯于把家族伦理道德延伸到社会公共领域，使得社会公共领域具有了私人化的特点。

随着市场经济与现代化的高速发展、人口流动的加快，我国开始步入陌生人社会，但是由于法制建设的滞后，传统伦理文化的惯性使然，我国并未完全摆脱熟人社会的负面影响，血缘、地缘、学缘仍然在一定程度上、一定范围中发挥作用，一些公职人员为了人情、面子关系徇私枉法，败坏社会公德与社会风气，影响了社会秩序的稳定。

（二）中国传统专制主义的影响

中国传统专制主义残余的影响使得我国政治生活中公共权力过大，是当代中国公德与私德矛盾的政治原因。在传统中国社会，“普天之下，莫非王土；率土之滨，莫非王臣”，君王是一国之主，每一个国民都是臣民、子民、小民甚至草民。专制主义把民众视为奴隶，民众自然只知道关心自己的私事而漠视公共事务。正如梁启超所说的：“故夫中国群治不进，由人民不顾公

① 梁启超：《饮冰室合集（专集第三册）》，北京：中华书局，2015 年版，第 12 页。

② 梁漱溟：《中国文化要义》，上海：上海人民出版社，1987 年版，第 64 页。

③ 高兆明：《制度公正论：变革时期道德失范研究》，上海：上海文艺出版社，2001 年版，第 229 页。

益使然也；人民不顾公益，由自居于奴隶盗贼使然也；其自居于奴隶盗贼，由霸者私天下为一姓之产而奴隶盗贼吾民使然也。”①几千年的专制统治，君王把人民视为奴隶，而无自主性的奴隶自然不会视自己为国家的主人，有自觉的爱国心，因此“凡专制之国间或有贤明之主，而臣民之有德者则甚希”②。在我国一家一姓的王朝更替历史中，皇权居于国家的顶端，一方面“大公无私”的美德在很大程度上是为了皇权的稳固，正如刘泽华所说的：“从理论上看，崇公抑私强调国家至上，但在实际上由于君主居于国家之巅，所以最后的结果是加强了君主专制。”③另一方面，君主“以我之大私为天下之大公”，“敲剥天下之骨髓，离散天下之子女，以奉我一人之淫乐，视为当然”④，故而民众在面对公共利益时会有“事不关已，高高挂起”的淡漠，无怪乎梁启超将我国传统私德堕落的首要原因归于“专制政体之陶铸也”⑤。“如果当政者粗暴践踏公理并树立了非正义的坏榜样，那么，怎么才能教育人民去尊重公理和热爱正义呢？”⑥在一个专制横行没有民主的国家里，要求民众大公无私、诚实守信、爱国如爱家，那简直太困难了。

（三）我国传统“重私德、轻公德”的伦理文化

我国传统儒家伦理“重私德、轻公德”的倾向把家族伦理这一私德视为公德的基础，“当代表家族利益的私人道德与体现大多数人意志的社会公德发生价值冲突时，儒家伦理大多是以回避甚至是牺牲社会公德的方式来维护自己的理论立场”⑦，从而引发私德与公德的矛盾。其实我国传统伦理文化

---

① 梁启超：《饮冰室合集（专集第三册）》，北京：中华书局，2015 年版，第 58 页。

② 梁启超：《饮冰室合集（专集第三册）》，北京：中华书局，2015 年版，第 120 页。

③ 刘泽华：《先秦政治思想史》，天津：南开大学出版社，1984 年版，第 68 页。

④ 《明夷待访录·原君》。

⑤ 梁启超：《饮冰室合集（专集第三册）》，北京：中华书局，2015 年版，第 120 页。

⑥ [法] 路易斯·博洛尔：《政治的罪恶》，蒋庆、王天成、李柏光，等译，北京：改革出版社，1999 年版，第 284 页。

⑦ 吴潜涛：《论公共伦理与公德》，武汉：湖北人民出版社，2008 年版，第 134~135 页。

中并不缺乏公德教育，例如，孟子的“忧以天下，乐以天下”，范仲淹的“先天下之忧而忧，后天下之乐而乐”，文天祥的“人生自古谁无死，留取丹心照汗青”，顾炎武的“天下兴亡，匹夫有责”，黄宗羲的“不以一己之利为利，而使天下人受其利；不以一己之害为害，而使天下人释其害”，这些闪耀着“大公无私”光辉的价值导向激励着无数仁人志士为了国家民族的利益赴汤蹈火、鞠躬尽瘁、死而后已，涌现出无数挽救民族危亡于狂澜的英雄人物，孕育了中华民族团结奋斗、公而忘私的优秀品质。那么为何还如梁启超所说的“我国民所最缺者，公德其一端也”[①]呢？这些为国为民的公德思想源于孔子以“仁”为核心的理想人格。儒家认为，个体价值体现在群体价值的实现上，君子的使命在于“修己以安百姓”[②]。为了践行“仁”这一最高的道德价值，就是牺牲个体的生命也要在所不惜，其实质就是个体对家族、国家（君主即其代表）和民族利益的服从。孔子塑造的理想人格奠定了儒家乃至中国伦理文化在处理群己关系、公私关系时的基本价值导向。但是儒家仁爱的社会公德是以血亲私德为本根的，《论语》曰：“君子务本，本立而道生，孝悌也者，其为仁之本与。”[③]孔子认为：“君子笃于亲，则民兴于仁。”[④]孟子也认为：“亲亲，仁也”[⑤]，“仁之实，事亲是也”[⑥]。可以说，宗法血缘的亲子之爱是“仁”最深层次的心理基础。儒家主张以血亲私德为基础来实现恻隐仁爱的社会公德，孔子曰：“弟子入则孝，出则悌，谨而信，泛爱众而亲仁。”[⑦]在社会生活中，血亲私德是第一位的，仁爱公德则是派生的，孟子曰：“事孰为大？事亲为大。”[⑧]由于儒家伦理赋予孝悌私德以

① 梁启超：《梁启超全集（第3卷）》，北京：北京出版社，1999年版，第660页。
②《论语·宪问》。
③《论语·学而》。
④《论语·泰伯》。
⑤《孟子·尽心上》。
⑥《孟子·离娄上》。
⑦《论语·学而》。
⑧《孟子·离娄上》。

远远高于仁爱公德的终极意义，所以在它倡导的道德规范体系中，只有血亲私德才能构成占据主导地位的核心内容，而处于依附地位的社会公德则必然受到前者的束缚限制，以致丧失自己的自律意义，难以获得充分发展。[①]当儒家倡导的血亲私德与仁爱公德发生冲突时，不惜牺牲仁爱公德来维系血亲私德的至上性。当“诚实正直”的社会公德与“父慈子孝”的血亲私德发生冲突时，孔子明确表达了血亲私德相对于仁爱公德的价值优先性，主张父为子隐，放弃了公正守法、诚实正直的社会公德。孟子盛赞如果舜面对其父杀人的窘境，能够抛弃天子之位，“窃负而逃，遵海滨而处，终身䜣然，乐而忘天下”[②]，这就是“人伦之至”。中国儒家传统文化把以血亲私德为根基的仁爱外推作为社会处置公共生活的基本规范，形成了重视家族私德、轻视社会公德的价值导向，其内在的逻辑矛盾造成了公共道德与私人道德的矛盾和冲突。中国传统伦理文化的巨大惯性以及当代中国兼具前现代性与现代性的社会特点，使得传统伦理文化仍然在当代社会具有较大的生存空间，很多“中国人只讲自己小圈子里的道德——遵守家庭、朋友熟人的道德规范，而一旦脱离这种血缘关系或类血缘环境，到了陌生的公共环境中，就往往对公共秩序中应该共同遵守的东西熟视无睹”[③]，但是这却成为我们在市场经济形成的陌生人的社会里建构规则的普遍性的重大障碍之一，是我们现代化的过程中要着力克服的问题。

（四）社会公德教育的缺失

我国社会公德教育的缺失，导致人们存在很多对社会公德教育的错误认识，认为高层次的道德教育才是公德教育，从而使得真正的社会公德及其教育难以开展和深入人心。当代中国社会公德教育的主要问题有以下几个。

---

① 刘清平：《儒家伦理与社会公德》，《哲学研究》，2004年第1期，第37~38页。

②《孟子·尽心下》。

③ 刘智峰：《道德中国：当代中国道德伦理的深重忧思》，北京：中国社会科学出版社，2001年版，第8页。

1. 以理想性与先进性的道德教育代替社会公德教育

中国传统伦理文化倡导的是一种神圣的、理想的、先进的道德教育，它希图造就出一批道德人格高尚、安贫乐道、能够在艰苦的社会条件下战胜困难的人，完成民族振兴与发展的使命。圣人与君子是儒家倡导的理想人格，在孔子那里，圣人不仅要有内在的德行，还要有安天下的功业，是“内圣”与“外王”的结合，不是那么容易做到的。孔子曰：“圣人，吾不得而见之矣。得见君子者，斯可矣。”[①]相对于需要具备一定物质条件和地位的“圣人”而言，“君子”意味着一种道德理想，从而具有一定程度的可实现性。孔子认为君子要做到“义以为上”[②]“义以为质”[③]“见利思义”[④]。与孔子“内圣外王”的圣人相比，孟子的“圣人”地位与政治地位无关，突出了内在德行的修养，增加了平民化的色彩。孟子认为，无论在任何环境下都要保持本心和操守，“富贵不能淫，贫贱不能移，威武不能屈，此之谓大丈夫”[⑤]。儒家的“圣人”与“君子”理想人格成为具有象征意义的文化标尺，有效规范着社会发展的方向，对中国传统的伦理文化影响深远，表现在道德教育上，就是过于关注道德教育的理想性与先进性，过分偏爱高层次的道德教育，如“大公无私”“舍己为人”“毫不利己，专门利人”等美德，而轻视与人们的日常生活息息相关的社会公德和社会公共生活的道德原则，如不随地吐痰、不乱扔垃圾纸屑、不在公共场合大声喧哗等。我国的道德教育侧重于高层次的精英式道德教育，而社会公德教育被认为是细枝末节，处于不受重视的地位。一方面，这种高层次的道德教育严重脱离广大人民群众的实际生活，导致人们的行为与道德教育的目标不一致，道德教育不能落实到位，

---

①《论语·述而》。

②《论语·阳货》。

③《论语·阳货》。

④《论语·宪问》。

⑤《孟子·滕文公下》。

社会上伪善盛行；另一方面，这种大公无私的高层次道德教育，只能培养出不事事功的“平日袖手谈心性，临危一死报君王”的醇儒，培养不出关心公共事务的现代公民。正如梁启超所说的：“吾中国数千年来，束身寡过主义，实为德育之中心点。范围既日缩日小，其间有言行论事，出此范围外，欲为本群本国之公利公益有所尽力者，彼曲士贱儒，动辄援不在其位不谋其政等偏义，以非笑之排挤之。谬种流传，习非胜是，而国民益不复知公德为何物。”①当然，这种理想的、先进的神圣道德确实揭示了人的理想性存在，为人类表明了至善的道德方向，使人类具有了一种超凡脱俗的精神力量，但是公民只有在遵守日常生活的最基本的道德原则的基础上才有可能进一步发展与完善自己，这个基本要求就是社会公德。“现代社会需要道德，现代化的人需要道德精神，但是现代化社会的道德应当基于个体的现实生活世界及其存在方式，应当防止自身坠入神秘主义或幻想主义。”②我国所要培养的新人是一种平民化的自由人格，并不要求培养全智全能的圣人，也不承认有终极意义的觉悟和绝对意义的自由。不能把人神化，人都是普普通通的人。③这种偏重于崇高道德规范的教育脱离了广大人民群众的现实生活，人们对此只能敬而远之。而对人们应该遵守的基本道德规范的蔑视使人们在日常的公共生活中不知应该承担哪些基本义务。④

2. *以国家道德教育代替社会公德教育*

当代中国的国家道德即社会主义道德意识形态，是由中国共产党领导中国人民在革命战争年代以及社会主义改造时期所倡导的革命道德直接转化而来的。中国革命道德的形成与千百万中国革命者的实践紧密相关，它是革

① 梁启超：《饮冰室合集（专集第三册）》，北京：中华书局，2015年版，第13页。

② [美] 保罗·库尔茨：《保卫世俗人道主义》，余灵灵、杜丽燕、尹立，等译，北京：东方出版社，1996年版，第36页。

③ 冯契：《冯契文集（第3卷）》，上海：华东师范大学出版社，1996年版，第309页。

④ 高山：《论社会公德意识现状及公德意识培养》，《呼兰师专学报》，2001年第2期，第29页。

命者无私无畏人格魅力的写照，是一种伟大精神的凝结。[①]全心全意为人民服务是中国革命道德的核心，集体主义是中国革命道德的基本原则。中华人民共和国成立后，革命道德上升为国家伦理，开始在全社会倡导一种“不怕牺牲”“无私奉献”“大公无私”“毫不利已，专门利人”的共产主义道德。不可否认，这种革命道德与国家道德是革命胜利、社会主义改造与我国改革开放取得巨大成就的精神保障，并且形成了良好的社会风尚，在发展社会主义市场经济条件下，我们也应当结合时代精神将其发扬光大，特别是作为社会先进分子的共产党员，更加应当践行它。但是这种“不怕牺牲”“无私奉献”“大公无私”“毫不利已，专门利人”的国家伦理是一种理想的、先进的道德要求，是一种精英式道德教育，在社会主义道德规范体系中属于高层次的道德要求，不仅如此，它还是一种政治道德，这种政治道德赋予了社会公德过多的意识形态性。“一个忽视经济条件的道德体系只能是一个遥远空洞的道德体系。”[②]如果不顾当前我国仍然处于社会主义初级阶段的国情与公民道德的层次性特征，强行推广这种代替社会公德的政治化的国家伦理，使其成为社会的普遍道德要求，会导致“道德结构的贫乏性、片面性，一旦面临今天变化了的社会新情况，就会出现道德的真空”[③]。这种政治化的国家伦理是一种由国家机器自上而下倡导的伦理道德，它没有取得社会中个体的自愿认同。不论其价值内容如何向善，仅靠强制性的道德教育或灌输，都会消解个体的道德责任意识，造成社会伪善成风，败坏社会风气。改革开放以来，我国已经由过去的一元封闭式社会转变为多元开放式社会，政治生活与社会生活、文化生活的分际越来越明显，如果我们还以政治性的国家道德教育代替社会公德教育，必然不能提高我国民众的真实的社会公德水平，这

① 张博颖：《中国革命道德与当代中国国家伦理内涵的确立和发展》，《吉首大学学报（社会科学版）》，2005 年第 1 期，第 38 页。

② 杜威：《确定性的寻求》，载高兆明、李萍：《现代化进程中的伦理秩序研究》，北京：人民出版社，2007 年版，第 285 页。

③ 肖群忠：《伦理与传统》，北京：人民出版社，2006 年版，第 32~33 页。

将出现“中国社会有经济发展，而缺乏人的文明进步，使国人在全球化的过程中，不能与全世界人民过一种现代公共生活，其公德素质的匮乏和低下将使我国在与世界人民交往的过程中汗颜，并可能丢自称为‘礼仪之邦’的中国人的脸”①。

3. 以积极的社会公德教育代替消极的社会公德教育

在中国的社会公德教育体系中，非常重视有所为式的、积极性的道德教育，提出了一系列的道德规范，如乐于助人、见义勇为、尊老爱幼等，相比之下，那种不作为式的、消极性的道德教育一般不放在主要位置来强调，如不随地吐痰、不横穿马路、不乱扔垃圾纸屑、不破坏公物、不在公共场合大声喧哗等。1996 年《中共中央关于加强社会主义精神文明建设若干重要问题的决议》指出社会公德的内容为：“文明礼貌、爱护公物、保护环境、遵纪守法。”2001 年中共中央发布的《公民道德建设实施纲要》规定：“爱国守法、明礼诚信、团结友善、勤俭自强、敬业奉献”为我国公民道德建设的基本规范。2019 年颁布的《新时代公民道德建设实施纲要》规定：“推动践行以文明礼貌、助人为乐、爱护公物、保护环境、遵纪守法为主要内容的社会公德。”②但是目前我国不作为式的、消极性的社会公德的地位与有所为式的、积极性的社会公德相比，仍然有差距，“而在现代社会，社会普遍的日常公共生活要求每一个公民首先要做到‘有所守’的消极公德，这样才能成为一个能过上现代公共生活的合格公民，才会维护社会生活的基本秩序”③。

在现实的道德生活中，对成就圣贤的美德的追求应当是公民道德选择的自由权利，而不能成为一种基本的道德义务。积极性的道德规范“为那些在有为道德上有所追求的人们不厌其烦地提供了晋升的阶梯，即鼓励每一个人通过道德修养达到高远、超脱的终极境界。但是，若将视线由阶梯的顶端转

---

① 吴潜涛：《论公共伦理与公德》，武汉：湖北人民出版社，2008 年版，第 110 页。

② 《新时代公民道德建设实施纲要》，北京：人民出版社，2019 年版，第 5~6 页。

③ 肖群忠：《关于社会公德的几个基本理论问题》，《河北学刊》，2007 年第 6 期，第 36 页。

向底层时，就不难发现，广大庶民的日常生活并非总是向往理想道德为急务，这样的有为道德美则美矣，却因太过于理想，绝大多数普通公众万难企及”[①]。毛泽东曾经评价雷锋说：“一个人做点好事并不难，难的是一辈子做好事，不做坏事。”[②]可是雷锋只有一个，民众则有万千。对于广大民众来说，“乐于助人”“无私奉献”等积极性的社会公德固然重要，但是“不随地吐痰”“不乱扔垃圾纸屑”“不在公共场所吸烟”等消极性的社会公德更加重要，而且容易贯彻落实到位。消极性的社会公德作为一种“底线”式的道德要求，不要求个人牺牲自身的利益，只要求不去侵犯别人的权益，因此，相对于有作为式的、积极的社会公德，这种不作为式的、消极的社会公德，更具有本根意义。在进行社会公德教育时，要先要求民众不破坏公共秩序，然后在此基础上乐于助人、见义勇为。而乐于助人、见义勇为的人未必就不会乱扔纸屑、随地吐痰。这种不作为式的、消极的社会公德教育，也是对他人权益的尊重，只有尊重他人的基本权益，个人才会受到尊重，尊重他人的权利与社会公共生活规则是社会公德的基本要求。因此，“公德最核心的内涵就是,公民在日常生活中应该避免损害公众的集体利益以及其他个别社会成员的权益。公德是一种不作为性、消极性、有所守的行为，它要求人们不要为自己的利益或方便而伤害陌生人与社会”[③]。对人们应该遵守的基本道德规范的蔑视使人们在日常的公共生活中不知应该承担哪些基本义务。[④]

（五）市场经济的负面影响与工具理性的过度扩张

市场经济追求利益的最大化，不可避免地把人们的视野引向自身的现实利益。现代社会以市场经济为基础，市场经济蕴含的利益追求及其自利的价值目的，在当代社会获得了极大的合理性，无限放大了人们的逐利意识及其

① 李萍：《中国道德调查》，北京：民主与建设出版社，2005 年版，第 195 页。
② 毛泽东：《毛泽东文集（第二卷）》，北京：人民出版社，1993 年版，第 261 页。
③ 陈弱水：《公共意识与中国文化》，北京：新星出版社，2006 年版，第 32 页。
④ 高山：《论社会公德意识现状及公德意识培养》，《呼兰师专学报》，2001 年第 2 期，第 29 页。

行为，使得一部分人唯利是从，催生了利己主义和享乐主义。“终极价值目的性的缺失，以有用价值凌驾于生命价值，以效益规定一切意义，这可能是实利精神给人类精神世界所带来的最深刻、亦最令人担忧的问题。在这里，不再有传统意义上的崇高，或者说，除了实利之外，一切都不再是崇高的。”[①]马克斯·韦伯感叹道：“我们这个时代，因为它独特的理性化和理智化，最主要的是因为世界已被祛魅，它的命运便是，那些终极的、最高贵的价值，已从公共生活中销声匿迹。”[②]另外，我国在由传统社会迈向现代社会的过程中，以经济体制改革为主，伴随着政治、文化、价值观念等多方面的、全面的、系统的转变，传统的道德规范体系解构，而新的道德规范体系尚未建立健全，“从而使得社会成员发生存在的意义危机，行为缺乏明确的社会规范约束，在现象界形成社会规范的事实‘真空’、缺失，呈现出某种紊乱无序”[③]。这种道德秩序的混乱使得一部分人拒绝道德规范的调节与约束，在市场经济的大潮中把经济利益作为至高无上的目标，导致工具理性的过分膨胀，侵蚀着社会公德。正如舍勒所说的：“在现代社会中，世界不再是精神的有机的‘家园’，而是冷静计算的对象和工作进取的对象，世界不再是爱和冥思的对象，而是计算和工作的对象。”[④]在以自我为中心的现实生活中，很多人对与己无关的他人不闻不问，态度冷漠无情，并以各自相互依赖的人际关系网为依托，展开对社会公共资源的大肆掠夺，个人主义、利己主义盛行，严重破坏了社会公共秩序与社会公德，例如《公民道德建设实施纲要》所指出的“社会中的一些领域和一些地方道德失范，是非、善恶、美丑界限混淆，拜金主义、享乐主义、极端个人主义有所滋长，见利忘义、损公肥私行为时有发生，不讲信用、欺骗欺诈成为社会公害，以权谋私、腐化堕

① 高兆明、李萍：《现代化进程中的伦理秩序研究》，北京：人民出版社，2007 年版，第 169 页。

② [德] 马克斯·韦伯：《学术与政治》，冯克利译，北京：生活·读书·新知三联书店，1998 年版，第 48 页。

③ 高兆明：《简论“道德失范”范畴》，《道德与文明》，1999 年第 6 期，第 8 页。

④ 刘小枫：《现代性社会理论绪论》，上海：上海三联书店，1998 年版，第 20 页。

落现象严重存在”。

第三节　公共道德与私人道德和谐关系建构的基本路径

现代社会公共生活广度与深度的空前加剧催生了人们对公共道德的需要，“一个好的道德系统是以公德为主而以私德为辅的”[①]。虽然现代公德建设必须以公共领域与私人领域的区隔为基础，但这并不意味着公德要压倒私德或者相反，私德要压倒公德。公共道德与私人道德分别对应于公共生活领域与私人生活领域的德行或德性。正如公共领域与私人领域虽然分野日趋明显，但在实际生活中密不可分一样，公共道德与私人道德也是不能截然分开的，二者是辩证统一的。构建公德与私德的和谐关系，应努力做到以下几点。

一、社会公德建设的着力点

（一）培育公民的公共精神

社会公共生活与公共利益是社会公德存在的基础，社会公德的必要性在于公共领域中公共生活与公共利益的存在，社会公德必然指向对公共利益与公共秩序的维护。社会公德的培育首先要求公民具有公共精神，这种公共精神在尊重公民私人利益的前提下，要求公民能够超越一己之私的藩篱，把道德关怀的目标投向他人与社会，以实现与维护公共利益为依归。“公共观念不失为一切公德之本”[②]，公共观念的缺失使得传统中国人生活在以家庭为中心的狭小范围内，缺乏公共生活，也就不会产生处理公共事务的道德规范与道德意识，导致中国人“对家庭和朋友忠诚，而不顾公共利益”[③]。公共

① 陈晓平：《公德私德研究》，《开放时代》，2001年第6期，第69页。

② 梁漱溟：《中国文化要义》，上海：上海人民出版社，2011年版，第68页。

③ [美] 费正清：《美国与中国》，张理京译，北京：世界知识出版社，1999年版，第114页。

精神是现代社会的重要特征，它是维护社会成员的权利与尊严、实现社会公共利益、形成良好的社会风气与社会公德的价值基础。公共精神对良好社会公德的形成具有重要的理论和现实意义。

公共理性是公共精神的核心。公共理性是现代社会公民进入公共生活的必要前提，每一个社会成员都应当具备一定的公共理性，才能保持公共生活基本秩序的稳定，形成良好的社会公德水平，保持公德与私德的和谐。公共理性是现代社会公德要求公民具备的基本的道德人格特征，人们把这种理性以公开的方式应用于公共事务，追求“公共善”的实现，形成良好的社会秩序。什么是公共理性？罗尔斯指出：“公共理性是一个民主国家的基本特征。它是公民的理性，是那些共享平等公民身份的人的理性。他们的理性目标是公共善。”①作为公共精神的表征，一方面，公共理性意味着公民要勇于运用自己的理性，审视任何外在的权威、权力、流行的偏见，关心公共事务，促进公共利益的实现，维护公民的权利，实现稳定的社会秩序与社会公德水平。另一方面，公共理性也意味着为了公共利益和公共秩序而对私人利益的必要的克制与牺牲。正如罗尔斯所说的：“公民要成为具有理智的公民是在以下情景中发生的：他们互相视对方为世代社会合作体制中的自由与平等公民，愿意按照他们认为是最合理的政治正义概念彼此提供平等的合作条件；而且，假设其他公民也愿意接受那些条件，即便是在特殊情况下损失自身的利益，他们也同意根据那些条件去行动。”②这种克制与牺牲之所以是必要的，就在于它是为了公共的、他人的，也是为了自己的利益而做出理性的让步。公共理性建基于每一个社会成员独立、自由、平等和理性自觉的前提之上，社会成员只有以合乎道德的方式运用理性才能获得公共理性。“优良的社会生活只能来自于公民个人的理性运用。换句话说，优良的公共生活来自

① [美] 约翰·罗尔斯：《政治自由主义》，万俊人译，南京：译林出版社，2000 年版，第 225~226 页。

② [美] 哈佛燕京学社、三联书店：《公共理性与现代学术》，北京：生活·读书·新知三联书店，2000 年版，第 6 页。

于每个人的道德努力”，“只有公民的个体理性得以充分运用的时候，我们才能防止任何个人的价值偏好通过某种方式成为整个社会的偏好”。①

公共参与是公共精神实现的有效途径。狄德罗曾说：“我是一个好公民，凡是与社会的福利和同胞的生活有关的一切对我都有很大的兴趣。”②在公共生活领域，公共利益与公共精神的实现有赖于每一个社会成员的参与，公共参与是基于每一个社会成员的自由意志与公共理性而进行的，旨在通过自己的言行实现公共生活秩序的稳定与社会公共利益。在现代民主政治社会，每一个公民都有责任履行与其公民身份相适应的、符合社会公共善的义务并承担相应的后果，公民参与就是公民责任最重要的体现。积极参与公共事务、实现与维护公共利益，是现代社会公民应尽的义务，也是公共精神的基本内容之一。林语堂曾把公共参与精神的缺乏作为我国政治生活的写照，他说：“一人热心于社会改革或任何其他公共事业，看来常觉得有些可笑。吾们不顾他的诚意，又不能了解他为什么跑出来干这些事业，用意何在？是不是在向社会公众献殷勤？”“当我们瞧见一个孩子具有公共精神太丰富，勇于参加困难纠纷，吾们将确信地预言这个孩子定为父母的致命伤。”③英国学者帕特南经过长期研究发现：“公共精神发达的地区有这样一些特征：地区组织网络密集，公民积极参与共同体事务。而在公共精神不发达地区，政治和社会参与采取的是垂直组织形式，相互猜疑和腐败被视为惯例，人们极少参与公民组织，违法乱纪司空见惯”，在公共精神发达的地区，“他们准备为了实现共同的目标而采取集体行动。而在公共精神较差的地区，人们更多的则扮演离心离德、玩世不恭的角色，他们不是在参与，而是在乞求”。④提

① 孙晓春：《个体理性与公共生活的关系》，《学术研究》，2008年第4期，第51页。

② [美] 西里尔·E. 布莱克：《比较现代化》，杨豫、陈祖洲译，上海：上海译文出版社，1996年版，第178页。

③ 林语堂：《吾国与吾民》，长沙：湖南文艺出版社，2018年版，第152页。

④ [英] 罗伯特·D. 帕特南：《使民主运转起来：现代意大利的公民传统》，王列、赖海榕译，南昌：江西人民出版社，2001年版，第214页。

高公民的公共参与度，是避免专制、防止权力腐败堕落、保护公民权利的重要途径，有助于提升每一个社会成员对社会的责任感，从而努力消除社会的假恶丑，促进社会秩序的和谐稳定，推动国家繁荣昌盛。正如亨廷顿所说的："区分现代化国家和传统国家，最重要的标志乃是人们通过大规模的政治组合参与政治并受到政治的影响"，"因此，政治现代化最基本的方面就是要使全社会性的社团得以参政"。①

公共领域意识是公共精神的体现。"公共道德是能够使公共领域里的活动进行下去、公共的善能够得到维护的德性或道德。因此，公德的需要是以公共领域与私人领域的区分为前提的，也就是说，有公共领域，才有公德。而公共领域与私人领域的区分，又表明了公德与私德的区分的存在。没有公共领域与私人领域的区分，也就没有道德上的区分。"②随着现代化的发展，公共领域急速扩张，市场经济彻底改变了传统伦理秩序建基的社会结构，使得现代社会的人们每天要面对越来越多的纷繁复杂的公共事务。"缺乏明确的公共领域意识的一个后果是，社会上对何物为公，何事为私，认识相当模糊，即使法律上作了规定，也常得不到严肃看待"③，因此，确立相对清晰的公共领域意识是现代社会公德与公共精神得以建立的起点，随着现代社会市场经济与公民社会的发展，公共领域意识的培养越发显得重要。我国传统公民社会与公共精神的不健全，使得当代中国公共领域的发展显得十分缓慢，但是如果不推动公民社会与公共领域的发展，并建立相应的规范系统，社会公德的建立就是不可能的。就公共道德而言，公共领域主要指涉公共场合，在公共领域中，个体就应当遵守社会公德，自我约束，避免影响他人或破坏公共利益。

---

① [美] 塞缪尔・P. 亨廷顿：《变化社会中的政治秩序》，王冠华、刘为，等译，上海：上海人民出版社，2008 年版，第 25 页。

② 吴潜涛：《论公共伦理与公德》，武汉：湖北人民出版社，2008 年版，第 29 页。

③ 陈弱水：《公共意识与中国文化》，北京：新星出版社，2006 年版，第 29 页。

（二）加强社会公德的制度建设

一个群体、社会、国家的道德状况取决于每一个社会成员的公共道德水平，但是在现代社会的公共领域中，我们不能仅仅依靠一般的伦理道德的约束来确保公共生活秩序的稳定。仅仅依靠纯粹的道德或宗教说教不可能消除社会的不公正。如果在一个社会里好人没好报，“老实人吃亏”，“英雄流血又流泪”，而且坏人得不到应有的惩罚，社会仍然在倡导无条件地讲道德、讲奉献，把道德的本质视为自我牺牲，那么就会造成私德与公德的悖论：道德的人与不道德的社会。“将纯粹无私的道德学说转用来处理群体关系的任何努力都以失败告终”，“由此可见，要求个人为别人而牺牲自己的利益的那部分道德学说，即归于无私名义下的有关一切要求，不适合运用到一个国家的活动上去，因为任何人都没有一种作为无私的权利，以牺牲自己利益的态度来对待他人的利益”。①为了维持基本公共秩序的稳定，需要合理的强制手段，即公正的制度体系。现代社会倡导公德优先，社会公德建设要依靠国家的制度安排来培养公民的公共美德，如公平正义、文明礼貌、公共理性、参与意识、社会规则与秩序意识等，在制度建设中实现公德与私德的和谐。实际上，公共社会与公共生活越发达，对社会制度的依赖性就越强，这是维系现代民主社会的一个必要条件。“最糟的制度导致人们一方面靠道貌岸然地说假话行骗于世，另一方面只有靠损人才能利己、损公才能肥私、滥用公权才能谋取私利。”②社会的繁荣昌盛、社会秩序的稳定祥和、社会风气的纯正与良好的社会公德从根本上依赖于公正的社会制度。公正的制度优先于人性善，并且可以为个体私德的修养提供良好的社会环境。好的制度可以引导人们向善，坏的制度可以导致人们作恶，因此制定公正的制度是维系社会稳定、建构和谐的公德与私德关系的基本保证。“对个人而言，一个公正的

① [美] 莱因霍尔德·尼布尔：《道德人与不道德的社会》，蒋庆、王守昌、阮炜，等译，贵阳：贵州人民出版社，1998 年版，第 209~210 页。

② 樊纲：《经济人生》，广州：广东经济出版社，1999 年版，第 136~137 页。

制度，会使人良知清醒，选择公正，少犯错误，多做好事；使坏人不能肆无忌惮，为所欲为。对社会而言，制度公正既是一种现实秩序，又是一种社会理想和社会意识，可以使公民平等、自由的权利得到有效保障，实现公民权利与义务的统一。”[①]公正的制度能给个体美德的修养提供良好的社会环境，从而创造一个公平正义的社会秩序与社会公德水平，具体来讲，就是倡导人的正当行为、惩罚人的失当行为、鼓励人的崇高行为。

1. 加强社会公德的制度化建设

英国学者格林说：“不管先要假定什么道德的能力，这能力只有通过习惯、制度及法律才成为实际的。”[②]道德不是依靠外在的强制力发挥作用的，而是依靠社会舆论、传统习俗，尤其是人们的内心信念发挥作用的，而制度则属于强制性约束。道德规范最终要通过人的自觉性发挥作用，而在面对不自觉的人时，则显得软弱无力。道德是制度的内在价值，而制度则是道德的外在表现，制度的约束范围虽然比道德的小，但是由于制度约束的强制力，制度的约束效果比道德的要明显，可以弥补道德约束的不足。将那些维持社会秩序必不可少的社会公德规范，同时在法律中立法，转化为强制性的法律制度，从而增强社会公德的约束力。只有良好的制度，才能规范社会行为，塑造良好的社会秩序。“那些被视为是社会交往的基本而必要的道德正当原则，在所有的社会中都被赋予了具有强大力量的强制性质。这些道德原则的约束力的增强，当然是通过将它们转化为法律规则而实现的。”[③]将消极性的社会公德纳入法律制度规范的范围，如不随地吐痰、不乱扔垃圾纸屑、公共场合不大声喧哗、不吸烟等，制定相应的法规与禁令，对违反社会公德规范与法令的人，要严格依法处置。

---

① 宋增伟：《制度公正与人性完善》，北京：中国社会科学出版社，2010 年版，第 194 页。

② 余明：《西方伦理学名著选辑（下卷）》，北京：商务印书馆，1996 年版，第 606 页。

③ [美] 博登海默：《法理学：法律哲学与法律方法方法》，邓正来译，北京：中国政法大学出版社，2004 年版，第 392 页。

2. 建立社会公德的赏罚激励机制

所谓社会赏罚，就是社会组织根据其价值标准和一定的组织形式对其成员履行社会义务的不同表现及其行为后果，以物化、量化的形式所施行的报偿，包括对行为优良者给予物质的或精神的奖励，对行为不良者给予物质的或精神的制裁。[①]一个社会赏罚严明，便会对社会大众起到良好的督导作用。它犹如一种酵素，推动着人们按照社会所倡导的道德规范去严格要求自己，规范和约束自己的行为，并由此进一步推动社会道德风气欣欣向荣。反之，如果一个社会赏罚错位、是非混淆、善恶颠倒，那么，它必然会扶邪驱正，推动道德之风的腐败和堕落以及道德危机现象的蔓延。[②]"堪称'亚洲花园'之国新加坡，在道德建设上一条成功经验，便是道德立法。新加坡有这样的法规，随地吐一口痰罚款 200 新元，随地扔一个烟头罚款 1000 新元，公共厕所便后不冲水，也要罚款 1000 新元，甚至更多。对于不文明或破坏文明的行为，轻则罚款，重则起诉，法庭很快依法作出判决，加以执行。严密的道德立法和严格的执法使新加坡的道德建设有了强大的后盾和有力的保证，不仅形成了具有较高水平的法治环境，也大大地推动了整个社会道德建设的进程。"[③]在这里，社会公德赏罚激励机制的建立就显得尤为重要，只有使破坏社会公德者受到应有的惩罚，使见义勇为者得到应有的奖励，才能确立社会的公德良序。"一个社会应当努力构建起依靠赏罚分明机制调节社会利益分配的公正的社会结构，在宏观上创造出'老实人'不吃亏的合乎人性生长的良好环境，保证德行是社会的通行证"[④]，才能保证社会持续、健康、稳定地发展，提高社会公德水平。

---

① 唐凯麟：《伦理学》，北京：高等教育出版社，2005 年版，第 203 页。

② 龙静云：《治化之本——市场经济条件下的中国道德建设》，长沙：湖南人民出版社，1998 年版，第 207~208 页。

③ 陈炳水：《道德立法：社会转型期道德建设的法律保障》，《江西社会科学》，2001 年第 1 期，第 136 页。

④ 高兆明：《制度公正论：变革时期道德失范研究》，上海：上海文艺出版社，2001 年版，第 177 页。

3. 建立社会公德的引导机制

制度可以引导人们向善，公正的制度不仅可以成为社会的整合机制，而且还可以成为良好社会公德形成的引导机制。公正的制度能够给那些有益于个人私德修养，又有助于他人幸福的美德提供培养和发挥作用的环境。罗尔斯说："社会的制度形式影响着社会成员，并在很大程度上决定着他们想要成为的那种个人，以及他们所是的那种个人。"①我们可以设计各种制度，使社会成员的仁爱之心、利他之心、助人之心得到有效发挥，如建立为慈善事业捐款和捐物的制度、志愿者服务制度、义务劳动制度、"学雷锋"制度等，在增进公共利益、促进社会公德水平提高的同时，提升个人的道德品质。

（三）加强非政府组织在公德建设中的作用

非政府组织简称 NGO，是指"不以营利为目的、主要开展各种志愿性的公益或互益活动的非政府的社会组织"②。迄今，各国学者对非政府组织的概念、特征与功能等认识尚未统一。国外有的学者把非政府组织称为"第三部门"，意即如果把政府组织称为第一部门、营利组织称为第二部门，那么非政府组织就是处于第一部分与第二部分之间的组织。随着社会的发展，非政府组织在我国的经济、政治、文化建设中发挥着越来越重要的积极作用，成为提升社会公德、构建社会主义和谐社会的重要力量。

1. 培育公民进行道德自治，提升私德修养

非政府组织在道德建设中的重要功能之一就是能够有效地培育公民的伦理精神，提高公民的道德自治水平。③在公民社会中，每一个作为社会成员的私人都把个人利益作为自己的特殊目的，私德的社会基础是清晰的财产

---

① [美] 约翰·罗尔斯：《正义论》，何怀宏，何包钢，廖申白译，北京：中国社会科学出版社，1988年版，第285页。

② 王名：《非营利组织管理概论》，北京：中国人民大学出版社，2010年版，第2页。

③ 杜灵来：《当代中国道德建设实效性研究》，北京：中国社会科学出版社，2008年版，第216页。

权制度，内容是个人主义。公民社会自律意识的提升来自保护自我权益意识的普遍性提升，形成基于公民社会集体性自我意识的市民认同，这种“市民认同就成为规约个人、集体、社会和国家彼此间的关系，扼制冲突强度与制约离心倾向的必要途径和可靠手段”①。市民认同“通常都被解释为礼貌、谈吐优雅、谦逊、尊重他人、自我克制、绅士风度、文雅、高尚、良好的风范、斯文”，“拒绝尊重他人或敬重他人是与市民认同背道而驰的”。②

非政府组织的公益性与志愿性，可以培养其组织成员良好的个体美德。非政府组织倡导人们将一部分财物、关爱奉献给需要帮助的人，这些捐助不仅在客观上有利于服务对象，而且培养了非政府组织成员的公民意识，提升了他们的社会责任感。“非政府组织的这种道德优先性，在组织内部形成了良好的道德关系和浓厚的道德氛围。这种良好的组织环境和道德氛围可以培养人们的社会责任感、人道主义、关爱他人和牺牲奉献等个体美德，有助于道德人格的发展和完善。”③

2. 培养公民维护公共利益，提升公德水平

以个人主义为内容的私德是社会公德的基础，社会公德，即“共同的价值和规范的形成意味着伦理超越了利己主义和个人主义的私人道德，将独立的个人之间的相互承认和自主交往提到了一个更高的水平”④。公民社会的社会公德是以尊重个人权利为前提的，在一个不知晓私人权益的社会里，倡导无原则的大公无私只能是一场精神与现实的闹剧。公益性与志愿性是非政府组织的特征，这些特征决定了非政府组织的宗旨是出于社会责任感谋取社会的公共利益，是一种高尚的道德行为，有助于在全社会形成乐于助人、互

---

① 马长山：《国家、市民社会与法治》，北京：商务印书馆，2002 年版，第 166 页。

② 邓正来、[美] 亚历山大：《国家与市民社会：一种社会理论的研究路径（增订版）》，上海：上海人民出版社，2006 年版，第 58 页。

③ 安云凤：《非政府组织及其伦理功能》，《中国人民大学学报》，2006 年第 5 期，第 66 页。

④ 王新生：《市民社会论》，南宁：广西人民出版社，2003 年版，第 182 页。

相帮助的良好道德氛围，促进社会公德水平的提高。

非政府组织可以弥补市场经济的缺陷，弥补政府提供公共产品的不足，防止社会两极分化，实现社会的公平正义。非政府组织处在社会与政府之间，反映诉求，化解矛盾，协调利益，在我国的经济、政治和道德生活中发挥着重要作用。非政府组织以增加社会福利、促进社会发展为目的，植根于社会基层之中，能够深入地了解民情、民意，使政府与民众得以有效沟通，使得社会深层的矛盾得以缓和，“在社会冲突发生以后，社会组织又可以充当化解矛盾的润滑剂、稀释剂，起到减轻冲突影响的作用”①。

（四）加强舆论引导，营造良好的社会公德建设氛围

塑造良好的社会氛围对于推动社会公德建设具有重要意义。所谓舆论，是指“社会或社会群体中对近期发生的、为人们所普遍关心的某一争议性的社会问题的共同意见”②。根据舆论的载体与传播途径的不同，一般把舆论分为口头议论与大众传媒。口头议论是公众从普遍的价值观出发对人和事进行评价，做出贬斥或肯定，通过口耳相传的形式对评价对象施加影响。大众传媒则通过报刊、广播、影视、网络等媒介对评价对象施加影响，而且大众传媒的不断发展使得它的影响力更加深远。舆论在社会公德形成过程中发挥着重要的评价、监督与引导功能。“舆论对社会公德建设的引导作用可以概括为五个方面：形成正确的道德观念；弘扬高尚的道德情操；评价指导道德选择；揭露贬斥缺德的现象；营造良好的道德氛围。”③社会舆论的力量是无形的，表面上似乎没有什么力量，实际情况并非如此。社会舆论的力量和影响是决不可忽视的。一种强大的社会舆论，能对社会的一些重大问题，产生极其重要的影响。它能够在潜移默化中改变人的性情，影响人的气质和社

① 王传宝：《试论第三部门在和谐社会构建中的作用》，《社科纵横》，2006年第1期，第15页。
② 甘惜分：《新闻学大词典》，郑州：河南人民出版社，1993年版，第37页。
③ 罗国杰：《道德建设论》，长沙：湖南人民出版社，1997年版，第508~512页。

会风气。[①]我们要充分发挥舆论的导向作用，建设良好的社会公德。

第一，坚持大众传媒的正面引导。大众传媒是社会舆论的代表，对于公共道德建设具有强大的渗透力与影响力，是社会公德建设的重要途径。大众传媒要弘扬先进的道德观与高尚的道德行为，营造善恶分明的社会氛围，承担起弘扬真善美、鞭挞假恶丑的责任，引导社会公德水平和社会风尚的提高，推动社会公德建设稳步向前。

第二，坚持文艺作品的健康熏陶。文艺是人们进行道德品质培养的重要手段，对人们道德观念的形成有着极大的教育与感化作用。增加优秀文艺作品的数量，减少格调低下的文艺作品，多以反映良好道德风尚的音乐、美术、舞蹈、小说、散文等各类积极向上的文艺作品潜移默化地陶冶人们的性情，提高社会风尚。

（五）加强国家公务员的社会公德教育

在我国，国家公务员是指国家机关中依法执行国家公务、行使国家权力、管理国家与社会事务的人员。公务员职务分为领导职务和非领导职务。“所谓国家公务员道德，是指国家公务员在其行政和履行公务的活动中形成且必须遵守的道德原则和规范，以及他们在其特定职业实践中形成和表现出来的道德传统、道德心理意识和道德品质的总称。”[②]社会公德教育是公民道德教育的核心，应加强国家公务员的社会公德教育，培养国家公务员树立为人民服务的公共精神，在公务员良好私德的基础上为实现社会公共利益而努力。国家公务员的道德直接关系着社会道德风气是否清正，如果国家公务员清正廉明、品德高尚，他们就能给社会树立良好的道德榜样，形成良好的社会秩序与风尚。相反，如果大部分国家公务员放纵私欲，私德败坏，就会诱发社会风气与社会公德的败坏。《中共中央关于构建社会主义和谐社会若干

① 龚群：《以德治国论》，沈阳：辽宁人民出版社，2002 年版，第 11~12 页。

② 龚群：《以德治国论》，沈阳：辽宁人民出版社，2002 年版，第 203 页。

重大问题的决定》也指出："党风正则干群和，干群和则社会稳。"

我们要加强全体公务员尤其是党员干部"为人民服务"的教育。"理想信念，源自坚守，成于磨砺。要坚持不懈强化理论武装，毫不放松加强党性教育，持之以恒加强道德教育，教育引导广大党员、干部筑牢信仰之基、补足精神之钙、把稳思想之舵，坚守真理、坚守正道、坚守原则、坚守规矩，明大德、严公德、守私德，重品行、正操守、养心性，做到以信念、人格、实干立身。"①随着市场经济与改革开放的深入发展，部分国家公务员受到不良风气的影响，滋生出官僚主义、拜金主义、享乐主义和利己主义的倾向，权钱交易，徇私枉法，行贿受贿，以权谋私，道德堕落，严重影响我党的形象，败坏了社会公德。正如邓小平所说的："没有这种精神文明，没有共产主义思想，没有共产主义道德，怎么能建设社会主义？党和政府愈是实行各项经济改革和对外开放的政策，党员尤其是党的高级负责干部，就愈要高度重视、愈要身体力行共产主义思想和共产主义道德。否则，我们自己在精神上解除了武装，还怎么能教育青年，还怎么能领导国家和人民建设社会主义！"②习近平同志说："从党的十八大以来查处的中管干部违纪违法案件看，腐败分子往往集政治蜕变、经济贪婪、生活腐化、作风专横于一身"，有的"搞结党营私、拉帮结派、团团伙伙，一门心思钻营权力"，有的"搞小山头、拉小圈子"，"很多在享乐主义和奢靡之风上没有收手，贪图享乐，大吃大喝，花天酒地，骄奢淫逸，依然我行我素。"③面对党风廉政建设问题，习近平同志指出，"要注重加强党内政治文化建设，倡导和弘扬忠诚老实、光明坦荡、公道正派、实事求是、艰苦奋斗、清正廉洁等价值观"，"要落实好干部标准，严把政治关、品行关、作风关、廉洁关，真正让忠诚干净担当、为民务实清廉、奋发有为、锐意改革、实绩突出的干部得到褒奖和重

① 习近平：《习近平谈治国理政（第二卷）》，北京：外文出版社，2017年版，第181页。
② 邓小平：《邓小平文选（第二卷）》，北京：人民出版社，1994年版，第367页。
③ 习近平：《习近平谈治国理政（第二卷）》，北京：外文出版社，2017年版，第161~162页。

用，让阳奉阴违、阿谀奉承、弄虚作假、不干实事、会跑会要的干部没市场、受惩戒”。[①]党风问题是关系到我党生死存亡的重要问题，党员干部是全心全意为人民服务，还是官僚主义作风严重、以权谋私，是党风建设与社会风尚中的重要问题。因此，全体公务员尤其是党员干部要起到道德表率的作用，要始终把“为人民服务”作为自己行动的指南。

二、私人道德建设的着力点

日本启蒙思想家福泽谕吉说：“社会公德之根本，在于家庭的私德”，“人人不要忘记这一条大义”。[②]要培养良好的社会公德，就必须加强私德建设，加强个体的私德修养与私德教育。“私德、原也，公德、流也；有私德而无公德，是断其流也，有公德而无私德，是塞其原也。”[③]公共领域与私人领域的相对分离是现代社会的特征之一，在公共领域，人们必须尊重共同的处理公共事务的道德要求与规范，但是私人领域却是一个相对自由的领域，免于公共领域尤其是公权的干涉。现代社会必须存在最低限度的、不可侵犯的个人自由领域，在这个领域中，“个人的行动只要不涉及自身以外什么人的利害，个人就不必要向社会负责交代”[④]。改革开放以来，随着我国公共生活与私人生活分野的日益明显，私人领域得到前所未有的承认，正在逐渐形成相对自由的领域。如果说社会公共领域的道德规则明确要求公民自觉遵守，则个人美德就只能够是提倡，即“公德要求，私德提倡”。[⑤]就道德品质来说，私德指涉个体内在的品德与操守。就道德规范来说，私德指涉个体在私人交往中如家庭、家族、熟人社会等遵循的道德规范。梁启超认为：

---

① 习近平：《习近平谈治国理政（第二卷）》，北京：外文出版社，2017 年版，第 181~182 页。

② [日] 福泽谕吉：《福泽谕吉教育论著选》，王桂译，北京：人民教育出版社，1991 年版，第 93 页。

③ 黄建中：《比较伦理学》，济南：山东人民出版社，2011 年版，第 92 页。

④ [英] 密尔：《论自由》，程崇华译，北京：商务印书馆，1996 年版，第 102 页。

⑤ 余维武：《从“公私领域相分离”谈我国当前的道德教育》，《教育理论与实践》，2009 年第 7 期，第 47 页。

"私德者，人人之粮，而不可须臾离者也"[①]，"就析义言之，则容有私德醇美，而公德尚多未完者，断无私德浊下，公德可以袭取者"[②]，任何公德高尚的人都必须先具有良好的私德修养。陶行知也曾说："私德不讲究的人，每每就是成为妨碍公德的人，所以一个人私德更是要紧，私德更是公德的要本"，一定要"把自己的私德建立起来，建筑起'人格长城'来"。[③]

（一）继承我国的优秀道德传统

儒家思想是中华民族占主导地位的伦理文化，儒家伦理与现代市场经济从根本上讲是异质的。儒家重私德、轻公德的倾向是封建宗法等级关系的伦理反映，它追求的社会和谐是宗法等级关系的和谐，是为封建专制体系服务的。但是儒家倡导的伦理道德是一个多层次的复杂体系，日常生活中倡导的为人处世的一般私德，如义、智、恭、宽、信、敏等，包含了中华民族道德生活实践的智慧，可以作为我国的优良道德传统加以继承。对于儒家倡导的"仁""忠""孝"等伦理精神，可以扬弃其中的糟粕并为现代社会用来提升个体的道德修养。我们今天的道德建设的"思路不是要一味地弱化私德，而是将私德在个人日常私生活范围内加以发扬光大——因为这正是中国的优秀道德遗产之一"[④]。

1. 尚仁爱

"仁爱"是儒家伦理的核心精神，也是我国的优良传统之一。孔子把"爱亲"与"泛爱众"规定为仁爱的内容。孔子曰："君子务本，本立而道生，孝悌也者，其为仁之本与。"[⑤]孟子也说："亲亲，仁也。"[⑥]践行仁爱不仅

---

① 梁启超：《饮冰室合集（专集第三册）》，北京：中华书局，2015 年版，第 130 页。

② 梁启超：《饮冰室合集（专集第三册）》，北京：中华书局，2015 年版，第 119 页。

③ 陶行知：《陶行知文集》，南京：江苏教育出版社，1986 年版，第 724 页。

④ 宣云凤：《私德和公德各守其位》，《江苏社会科学》，2003 年第 6 期，第 31 页。

⑤《论语·学而》。

⑥《孟子·尽心上》。

要“爱亲”，还要“泛爱众”。传统儒家把孝视为仁的本质规定，成为中华民族历来尊崇的传统美德与最深沉的道德心理基础。虽然爱亲与泛爱众仍然带有宗法血缘关系的特点，但是现代社会与市场经济的发展已经彻底改变了传统伦理秩序建基的社会基础，我们可以打破传统儒家仁爱思想的家族局限，发展出博爱的人道主义思想，这种良好的个体道德品质，有助于缓和现代市场经济激烈的社会竞争。把仁爱的思想在全社会推而广之，有利于推动实现仁者爱人的良好的社会风尚。

不仅如此，孔子还把忠恕之道作为实现仁爱精神的根本途径。孔子提出“己欲立而立人，己欲达而达人”和“己所不欲，勿施于人”的忠恕之道作为行仁之方展开仁爱精神。孔子的修养方法是由内而外、推己及人的，主张把个体内在的仁爱精神由近及远、由内而外地推广于他人，这种诉诸主体自觉、脱离社会实践的“内省”流弊甚深。但是我们借鉴这种从自我做起来践行仁爱的思想，把理论与实践结合起来，全体社会成员私德的修养有助于形成良好的社会公德与社会秩序。

2. 尚诚信

诚信是中华伦理文化的精髓，是立人之本与立国之本。孔子曰：“人而无信，不知其可也。”①在中国传统伦理文化中，诚信被视为人之所以为人的道德标志之一，是中国人的立身之本，是做人的基本要求。《大学》说：“欲正其心者，先诚其意。”②诚信是儒家伦理思想的三纲领、八条目之一。朱熹说：“诚者，合内外之道，便是表里如一。”③诚信就是指诚实守信，它要求内心忠诚、真实、无妄，在现实生活中言行一致，认真履行承诺。朱熹说：“诚其意者，自修之始也。”④儒家诚信精神的确立是通过个体内在

①《论语·为政》。

②《大学》。

③《朱子语类》卷二十三。

④ 黄宗羲：《宋元学案》，北京：中华书局，1986年版，第2698页。

的心性修养完成的。孔子曰："吾日三省吾身：为人谋而不忠乎，与朋友交而不信乎，传不习乎。"[①]儒家伦理通过"内省"把诚信精神的确立置于个体的心性修养上，把诚信与否诉诸与生俱来的人性之善的假设上，而忽视了后天的社会实践与制度建设的重要性，而且传统诚信观作为自然经济的产物也往往局限于狭小的社会空间里。现代社会是一个"从身份到契约"的过程，市场经济实现了人在全社会范围内的普遍联系，现代社会的诚信不能再仅仅依靠个体道德的反躬自省，而要更加注重社会制度的制约，但是个体诚信观念的培育仍是社会诚信的必要的价值支撑。"儒家诚信修养论的最大优势，在于它以自我修养为路径，透过自觉的涵养活动而达至豁然澄明的'诚'的精神境界，并从高处渗透是非、利害、荣辱等得失，将诚信的精神贯通于一切有限的存在。它指向人之日用实践层面所形成的那种'成德之教'，可以为构筑人的终极精神世界和终生实践诚信准则，提供一种取之不尽、用之不竭的资源。"[②]

3. 尚勇

在先秦儒家伦理思想中勇与仁、知等一起作为一种完善理想人格要具备的德行而被大力提倡，孔子曰："知、仁、勇三者天下之达德也。"[③]在儒家伦理思想中，勇是理想人格的要素之一，也是达到仁、义理想人格的途径与手段，勇必须与仁、义、礼等德行结合起来才有可能成为一种优秀的道德品质。孔子曰："仁者必有勇，勇者不必有仁。"[④]勇的德行必须以仁作为理想的人格目标，勇者要具有矢志不渝的胆识才能达到仁的境界，即使是牺牲生命也不能改变对仁的追求，努力做到"志士仁人，无求生以害仁，有杀

①《论语·学而》。

② 王颖、赵昌宜：《儒家诚信观与和谐社会的诚信建设》，《湖州职业技术学院学报》，2008 年第 4 期，第 28 页。

③《中庸·章句》。

④《论语·宪问》。

身以成仁”[①]。勇德还必须以义为导向与制约，只有在义的引导下，勇才可能成为一种美德。孔子曰：“君子义以为上。君子有勇而无义为乱，小人有勇而无义为盗。”[②]义是勇者的行为合理与否、正义与否的指南。勇德还必须以礼为规范。礼是仁的外在形式，是封建宗法等级社会的制度，任何行为都必须接受礼的规范。孔子曰：“勇而无礼则乱。”[③]每个人各安其位，勇于自省，按照礼的规定忠于王事，勇于赴命，社会就能安定，否则就会导致变乱。儒家通过内省的方式进行勇德的道德修养，还是为了践行仁义的道德目标，忽视了后天的社会实践对勇德培育的重要性，有其局限性。

在现代社会中培养每个社会成员勇毅的美德具有重要意义。我们把自我道德修养与社会实践结合起来，突破其宗法血缘关系，在全社会范围内弘扬勇毅品质，有助于形成见义勇为的社会风尚。孔子曰：“勇者不惧。”[④]又曰：“见义不为，无勇也。”[⑤]社会成员具有勇毅的美德可以形成互帮互助、排忧解难的良好社会公德。

（二）培养自由平等的道德人格

所谓自由，主要是指在合理法律的规定范围中，社会成员能够免于他人的限制和强制，做自己想做的事情。[⑥]“作为一种道德理想，平等宣布所有人都具有平等的价值，而基于人的这种平等价值，他们有资格可以相互提出某些要求；作为一种社会理想，平等主张人类社会应该被看作平等者的合作体系，其中每个人都享有平等的地位；作为一种政治理想，平等强调公民们有资格基于自己的公民身份相互提出平等的要求，而无须考虑个人的种族、

①《论语·卫灵公》。

②《论语·阳货》。

③《论语·泰伯》。

④《论语·子罕》。

⑤《论语·为政》。

⑥ 吴忠民：《社会公正论（下卷）》，济南：山东人民出版社，2012年版，第317页。

性别、出身、信仰和能力等。”[①]培养健全的道德人格是私德教育的核心任务和最终目标，“健全的道德人格应该表现为有道德追求，知荣辱、明羞耻、守信用、讲诚实，有同情心，有正义感，讲良心，负责任，爱护自己的名誉，懂得尊敬别人，等等”[②]，但是自由平等的道德人格是现代社会私德建设的中心，是其他美德修养的基础。自由平等的价值理念是现代社会的重要标志，是现代社会的重要价值支撑，也是推动现代社会发展的重要精神动力，那么培养自由平等的道德人格对于现代社会的私德建设来说就具有重要意义。

自由平等的道德人格是现代社会个体德行形成的必要条件，是形成公平正义的社会制度与社会公德的价值基础和精神动力。我国传统儒家伦理以成就圣贤作为道德人格理想，以重义轻利、“存天理、灭人欲”作为道德教育的内容，以存心养性、反求诸己作为道德修养的方法，形成了我国传统社会内敛、责己的道德人格。这种道德人格严重依赖群体的价值，缺乏独立性，不重事功，缺少对现实生活的关照。传统的道德人格理想把人的道德存在视为人的全部存在，扼杀了人的主体性。现代社会对具有自由平等权利的个人价值的承认赋予人越来越多自由选择的权利与主体性，促进了人性的自由发展。自由平等的市场经济也赋予了人们与之相适应的自由平等的道德人格。

我们所要培养的道德人格是拥有自由价值理念的现代人格，是普通人经过努力都可以做到的，并不要求培养全善全能的圣贤，也不承认有绝对的自由。自由对于人性的培养与发展具有重要意义，传统社会是专制等级社会，大多数人处于从属地位，因而也谈不上独立的人格与个性发展问题。人性的发展与完善是现代社会的基本目标之一，只有在自由的社会环境中，人性与德行才能得以健康发展。正如洪堡所说的：“人的真正目的——不是变换无定的喜好，而是永恒不变的理智为他规定的目的——是把他的力量最充分地和最均匀地培养为一个整体。为进行这种培养，自由是首要的和不可或缺的条

① 姚大志：《平等》，北京：中国社会科学出版社，2017 年版，第 5 页。
② 杜灵来：《当代中国道德建设实效性研究》，北京：中国社会科学出版社，2008 年版，第 153 页。

件。”[①]个体内在的自由理念，是个体内在的意志自由，是深层次的价值层面的自由，它与个体的生命存在密切相关，意味着个体的独立人格与尊严必须受到尊重。个体的自由理念是私德建设的核心，它意味着尊重他人的独立人格与尊严，是外在的自由的政治、社会制度的目标与价值基础。培育自由的私德有助于市场经济的发展，自由包含着对人的独立性与权利的一视同仁。“专制制度使人民贫穷的主要原因，是它妨碍人民发展生产，而不是它夺取人民的生产成果。它使财源枯竭，却始终重视既得的财产。自由与此相反，它生产出来的财富比它所毁灭的多千百倍。了解自由好处的国家，其财源总比税收增长迅速。”[②]培育自由的私德有助于抵御公权的无限扩张，形成合理公正的政治秩序。自由理念强调每一个社会成员的合理权利的不可侵犯性，私人权利是公权的目的与边界。正如马克思所说的：“自由就在于把国家由一个高踞社会之上的机关变成完全服从这个社会的机关。”[③]

与自由理念密切相关，平等理念也是现代社会中的一个基本理念与价值取向，对现代社会的发展起着不可代替的重要作用。自由是平等的前提，平等是自由的保障。自由是人的本质特征，“自由应当先于平等而实现。自由首先到来，是根据这个简单的认识：如果没有自由，人们甚至无法提出平等的要求”[④]。但平等能够为自由提供基本的保障，没有平等，自由就无法存在。平等意味着每个社会成员具有相同的基本权利，从而防止他人以自由为借口损害自己的自由。传统社会的社会秩序是依靠依附性与等级性得以维系的等级和谐，自然没有平等可言。在不平等的宗法社会中，不可能真正实现爱国与爱护公物。市场经济平等的商品交换赋予市场主体平等的价值理念，

---

① [德] 威廉·冯·洪堡：《论国家的作用》，林荣远、冯兴元译，北京：中国社会科学出版社，1998年版，第30页。

② [法] 托克维尔：《论美国的民主（上卷）》，董果良译，北京：商务印书馆，1988年版，第237页。

③ 马克思、恩格斯：《马克思恩格斯选集（第三卷）》，中共中央马克思恩格斯列宁斯大林著作编译局编译，北京：人民出版社，2012年版，第372页。

④ [美] 萨托利：《民主新论》，冯克利、阎克文，等译，北京：东方出版社，1998年版，第403页。

使得平等超越传统社会家族的藩篱，在全社会范围内得以普及。培养平等的私德有助于形成稳定的社会秩序。没有平等理念的价值支撑，社会成员就会侵犯他人权利，从而引发社会的不公与反抗。“财产分配的不平等和权力的不平等，引起了种种混乱。这些混乱状态，使得文明国家十分之九的居民发出了合理的抱怨。因为他们的贫困、痛苦、屈辱和受奴役，就是由此产生的。”①只有平等的理念才能教会人们去尊重他人的权利，从而形成良好的社会秩序与公德水平。培养平等的私德有助于形成社会发展的巨大推动力。只有在一个平等的社会里，平等的理念才会尊重自身的权利与他人的权利，从而为社会发展提供公正的社会环境，进行有效的社会合作，促进社会发展。

（三）发挥家庭、学校在私德建设中的作用

家庭是社会的一个重要的伦理实体，是私德教育的基础。家庭美德教育是我国公民道德建设的着力点，家庭是社会的细胞，家庭和睦是社会秩序稳定的基础。“有 92.5%的当代中国人认为，家庭对人的道德认知以及教化的影响力依然是最大的”②，每个社会成员在家庭中养成良好的私德，有助于社会形成良好的社会风尚。

良好的家庭教育，有利于个体良好道德品质的形成。首先，家长的道德榜样示范。家长的言传身教对青少年个体道德品质的影响是潜移默化的、意义深远的。“榜样远远不只是口头训导，它是行动的指南，它是无声的指令，一般地，以身作则远胜于口头训导。在极坏的榜样面前，最好的口头训导也无济于事。”③父母亲对青少年的影响是无形的，据统计，青少年在选择自己最崇拜的人时，比率最高的是自己的父亲，占 44.95%，而后是自己的母亲，

① [法] 邦纳罗蒂：《为平等而密谋（上卷）》，陈叔平译，北京：商务印书馆，1989 年版，第 20 页。

② 李萍：《中国道德调查》，北京：民主与建设出版社，2005 年版，第 75 页。

③ [英] 塞缪尔·斯迈尔斯：《品格的力量》，刘曙光、刘曙光、刘志明，等译，北京：北京图书馆出版社，1999 年版，第 36 页。

占 43.95%。而且随着年龄的增长，他们越来越崇拜自己的父母亲。9～10 岁的青少年崇拜父亲的比率占 55.00%，19～20 岁的青少年崇拜父亲的比率升至 70.00%。[①]因此，家长应当加强自身的私德修养，为孩子树立一个学习的好榜样。"如果父母正直善良、诚实守信、乐于助人、勤劳勇敢，孩子会看在眼里，记在心上，表现在言行举止上；如果父母懂得尊严、责任，孩子也就可能懂得呵护尊严、承担责任；如果父母狡猾恶毒、不诚实没信用、损人利己、对别人的困难袖手旁观视而不见、好吃懒做，孩子同样会看在眼里，记在心上，表现在言行举止上。"[②]其次，实现传统家庭美德的现代转化。"儒家家庭伦理揭示了人类一般应有的血缘亲情和家庭中的道德关系，提供了一些最基本的家庭道德观念"，提出了一个具有一般性的家庭伦理模式，如父慈子孝、兄友弟悌、夫妻和顺等，为现代家庭私德的培养提供了重要的参考坐标，"只要社会上还存在着家庭，家庭中的道德关系永远是重要的，维护血缘亲情和家庭关系的伦理观念永远不会过时"[③]。中国传统家庭伦理中倡导的"父慈子孝""兄友弟悌""夫义妇贞"等强调家庭成员之间的责任与义务，强调家庭关系的团结与和谐，对今天的家庭美德建设仍然具有重要的启示。现代社会的家庭美德建设更加注重家庭成员之间的相互平等、尊重与信任，我们培养当代的家庭美德，应当摒弃传统家庭伦理中的封建糟粕，尊重家庭成员的权利与自由。现代家庭美德建设要求"将自由和责任统一起来，建立一种个人和家庭双重价值取向的家庭伦理精神。它要求个体履行对家庭的义务和责任，强调家庭的权利和价值的同时，也要求家庭关注家庭成员的个体权利和价值，保障家庭成员的人格独立和自由，只有这样建构起来的家庭伦理精神才符合现代社会的发展要求"[①]。

① 吴潜涛：《当代中国公民道德状况调查》，北京：人民出版社，2010 年版，第 224 页。
② 吴潜涛：《当代中国公民道德状况调查》，北京：人民出版社，2010 年版，第 226 页。
③ 陈瑛：《怎样看待儒家家庭伦理在当今的作用》，《高校理论战线》，2002 年第 9 期，第 46 页。
① 李桂梅：《略论中西家庭伦理精神》，《湖南师范大学社会科学学报》，2005 年第 2 期，第 23 页。

学校道德教育是学生进行私德修养、培养学生具备良好道德品质的关键。首先，教师要以身作则，树立为人师表的形象。作为正在成长的青少年学生，他们的道理人格具有可塑性强的特点，教师的言行举止对学生有着潜移默化的影响，因此，教师应当严于律己，以身作则，树立良好的为人师表的形象。陶行知说：教师的"一举、一动、一言、一行，都要修养到不愧为人师的地步"①。但是据统计，在青少年的心目中，老师的形象首先应该"像朋友一样"的比例占44.65%，应该是"严格而有爱心的老师"的比例占26.07%。但是青少年认为自己的老师像朋友一样的比例仅为22.06%。这说明，在学校的道德教育中，教师呈现在学生面前的形象与青少年的道德期待还有差距②，教师以身作则、为人师表的形象还有待提升。其次，对青少年学生展开系统的私德教育。学校私德教育应当继承中华民族的传统美德，如"仁、义、礼、智、信""温、良、恭、俭、让"，剔除其中宗法等级的不平等因素，可以将其作为学校德育的重要内容，有目的、有计划、有组织、系统地展开对青少年学生的私德修养的培育，培养青少年学生具备良好的道德品质，尊重他人、有责任心、礼貌待人、乐于助人等。

① 袁自衡：《不可忽视的私德教育》，《江南论坛》，2002年第2期，第38页。

② 吴潜涛：《当代中国公民道德状况调查》，北京：人民出版社，2010年版，第228~229页。

结　语

永不完结的公私之辨

"公私之辨"是中国传统伦理思想史上的重要范畴之一，公私范畴上承义利，下接善恶，"这两种价值所关注的是，人的行为活动怎样与主体构成义利—公私—善恶的道德关系；作出义与利、公与私、天理与人欲的价值判断；以及重义轻利与先义后利、大公无私与先私后公、尚善去恶的价值选择，这种判断和选择的宗旨，是为了追求真、善、美的理想人格的实现"①。"公私之辨"的实质是个人和社会的关系问题，是人在面对义与利的选择时能否达致社会善恶的追求的问题，而这是任何社会发展、历史演进和人的生存过程中都要面对的永恒矛盾，任何个人和社会都无法逃离其中。在不同的历史阶段和文化背景下面对的社会矛盾和历史问题不同，处置个人与社会关系的样态也就不同，从而处理天与人、义与利、理与欲、群与己的模式就不同，从而实现社会存善去恶的目的。那么本书对公私关系的探讨与措置只具有参照意义，而不是对公私关系的恒定的一成不变的处置方式。随着社会的发展、历史的演进，根据社会发展的需要与矛盾，公与私的关系应当是不同的，也要有相应的公与私的不同的处置方式。在未来新的社会背景下，也要不断续写新的公私之辨，那么公私之辨也将永不完结。

① 张立文：《中国哲学范畴发展史·人道篇上》，北京：中国人民大学出版社，1995年版，第245页。